养猪技术

YANGZHU JISHU

主　编◎杜俊成
副主编◎王鸿盛　陈秋实

重庆大学出版社

内容提要

本书按照养猪生产的工作过程,将内容分为猪品种的杂交利用、肉猪生产、仔猪生产、种猪生产、猪病防制和规模化猪场生产与管理6个项目,前5个项目为教学项目,最后1个项目为企业生产管理手册,符合学生从简单到复杂的认知规律和教学规律。本书力求将理论和实践紧密结合,每一个教学项目包括若干个学习任务,每个学习任务包括"知识准备""技能训练"两部分,部分任务附有"企业标准",便于学生开拓专业眼界和巩固所学知识,强化学生对综合问题的分析解决能力并提升职业能力。

本书可作为高职高专、成人教育畜牧类专业学生的教材,也可作为企业管理人员、技术人员及养殖人员的培训教材和参考书。

图书在版编目(CIP)数据

养猪技术 / 杜俊成主编. -- 重庆 : 重庆大学出版社, 2024. 7. -- ISBN 978-7-5689-4658-2

Ⅰ. S828

中国国家版本馆 CIP 数据核字第 2024U9F101 号

养猪技术

主　编　杜俊成
副主编　王鸿盛　陈秋实
策划编辑:范　琪

责任编辑:陈　力　　版式设计:范　琪
责任校对:刘志刚　　责任印制:张　策

*

重庆大学出版社出版发行
出版人:陈晓阳
社址:重庆市沙坪坝区大学城西路 21 号
邮编:401331
电话:(023) 88617190　88617185(中小学)
传真:(023) 88617186　88617166
网址:http://www.cqup.com.cn
邮箱:fxk@ cqup.com.cn(营销中心)
全国新华书店经销
重庆正光印务股份有限公司印刷

*

开本:787mm×1092mm　1/16　印张:14　字数:343 千
2024 年 7 月第 1 版　　2024 年 7 月第 1 次印刷
印数:1—1 000
ISBN 978-7-5689-4658-2　定价:45.00 元

　　根据"双高建设"需求,学校与企业合作共同开发教材,是"三教改革"的重要内容,促进"产教融合、校企融一、工学结合",突破校校、校企交流屏障,实现职业教育专业与产业、课程与生产标准、教学与生产过程紧密对接,实现学历证书与职业资格证书紧密对接,实现职业教育与能力培养紧密对接。基于此,我们在襄阳正大农牧食品有限公司的参与下,共同组织编写了本教材。

　　本教材为"教、学、做一体"的项目化教材。为体现"教、学、做一体",突出理论和实践紧密结合,我们将教材内容设计为6个教学项目,前5个教学项目包括13个学习任务,最后1个教学项目为企业生产管理手册,符合学生的认知规律和教学规律。每一个教学项目包括若干个学习任务,而每个学习任务又包括"知识准备""技能训练"两个部分,有些任务附有"企业标准"(资料来源于正大集团、温氏集团和大北农集团),满足"教、学、做一体"和对接岗位工作的需要,从而提高学生的知识水平、能力和素质。

　　另外,本教材立足于当前和未来发展,以规模化养猪为基本出发点,严格履行行业规范,倡导健全养猪安全体系。除了在学习任务中融入"企业标准",还将猪病防治技术操作规程、规模化猪场生产与管理作为重要内容纳入教材,充分体现了将养殖企业标准融入课程编写内容的要求,从而便于学生学习和参照执行。

　　本书由杜俊成任主编,王鸿盛、陈秋实任副主编。其中,概述、项目一和项目六由杜俊成编写;项目二由卢国栋编写;项目三由苏五珍编写;项目四中的任务一至任务三由吴井生编写,项目四中的任务四、任务五由陈秋实编写;项目五由张代涛、周华林、张雷和谭仕旦合编,杜俊成、王鸿盛和陈秋实负责全书统稿。本教材在编写过程中得到了襄阳农牧食品公司余国生、廖文军的指导和帮助,在此一并表示感谢。

　　因水平所限,尤其在养猪技术工作的具体要求上,不同的企业存在着异,本教材能否适用于当今高职院校的畜牧兽医专业学生还有待实践检验。因此,本教材在内容、标准、规范性等方面难免存在疏漏之处,恳请广大师生与读者批评指正。

杜俊成
2024 年 3 月

概述 ……………………………………………………………………… 1

项目一 猪品种的杂交利用 …………………………………………… 6
  任务一 猪的类型及品种识别 …………………………………… 6
  任务二 猪品种的杂交利用 ……………………………………… 17

项目二 肉猪生产 ……………………………………………………… 27
  任务一 肉猪生产前的准备 ……………………………………… 29
  任务二 肉猪生产技术 …………………………………………… 40

项目三 仔猪生产 ……………………………………………………… 58
  任务一 哺乳仔猪饲养管理 ……………………………………… 58
  任务二 断奶仔猪饲养管理 ……………………………………… 78
  任务三 后备猪培育 ……………………………………………… 90

项目四 种猪生产 ……………………………………………………… 97
  任务一 种公猪饲养管理 ………………………………………… 97
  任务二 猪的配种 ………………………………………………… 108
  任务三 妊娠母猪饲养管理 ……………………………………… 124
  任务四 猪的接产 ………………………………………………… 140
  任务五 泌乳母猪饲养管理 ……………………………………… 152

项目五 猪病防治 ……………………………………………………… 164
  任务一 猪常见传染病诊断与防治 ……………………………… 164

项目六 规模化猪场生产与管理 ……………………………………… 198

参考文献 ……………………………………………………………… 215

概　述

一、养猪业在国民经济中的地位与作用

我国是世界第一养猪大国,具有悠久的养猪历史和丰富的品种资源,为世界养猪业的发展做出了较大的贡献。特别是改革开放以来,人们的生活水平不断提高,对养猪业生产提出了更高的要求,其在改革中前进,在发展中壮大,科技含量不断增加,生产水平明显提高。在目前农业产业结构调整以及乡村振兴方面,养猪业的地位和作用日显突出。

(一)猪肉的大众化消费

国家统计局《2022 年国民经济和社会发展统计公报》显示,2022 年全年肉类总产量为9 227 万 t,其中,猪肉产量为 5 541 万 t,生猪存栏 45 256 万头,生猪出栏 69 995 万头。猪肉消费占我国肉类消费品半壁以上江山,约占世界猪肉总产量的 44.47%,近半数的猪肉在中国生产。猪具有早熟、多生、快长的特性,猪肉以其热值高、消化率和生物学价值高等优点,在我国肉类食品消费结构中一直占 60% 以上,居于主体地位。目前,我国人均年消费猪肉量为 26.9 kg 左右。

(二)提供优质有机肥料

猪粪尿含有大量农作物必需的氮、磷、钾等元素,还含有大量有机质,对改良土壤理化性状、结构,提高土壤肥力及吸肥保墒能力均具有良好作用。为实现高产、高效、优质可持续发展的生态农业,提供优质的有机肥料。

(三)提供轻工原料

猪全身都是宝,肉、脂、皮、骨、毛、脑、内脏等均可作为食品、油脂、毛纺、制革、医药等工业原料,如皮可以制革或制胶,鬃毛是机械、毛纺等工业的原料,肝、胆、脑、血、骨等可提取各种有价值的药品和工业用品。

(四)提供实验动物

研究表明,猪的很多生理特点与人非常接近,可作为医学界药物毒性实验的对象和脏器移植的供体(如角膜移植),为科学研究开辟新途径。

(五)出口创汇

生猪、猪肉、猪肉制品、猪皮、猪鬃等是我国重要的出口物资,其中猪鬃、火腿、肠衣在国际上享有很高的声誉。2022 年,我国畜产品出口达 64 亿美元,同比增长 6.3%。

(六)增加收入

我国养猪历史悠久,自然资源丰富,劳动力充足。目前我国养猪生产正从传统副业生产向专业化、集约化生产过渡,已成为经济发展的支柱产业,因此养猪生产是调整农业产业结构、增加粮食转化的附加值、活化和转移农村剩余劳动力以及振兴经济、富裕农民的重要

途径。

二、我国养猪业现状

自 20 世纪 80 年代以来,我国猪的年存栏数和年出栏数及年产肉量基本呈逐年增长趋势,我国成为生猪生产、消费和贸易大国。1978 年中国猪肉产量仅为 856 万 t,2022 年达到 5 541 万 t,产量为 1978 年的 6.47 倍,增长迅猛(表 0-1)。我国 2013—2022 年每年生猪出栏量平均 7 亿头左右,是全球最大的猪肉生产、消费市场。

表 0-1   我国生猪主要年份年末存栏数、出栏数和产肉量

年份	存栏数/亿头	出栏数/亿头	猪肉产量/万 t
1978	3.013	1.611	856
1996	3.628	4.123	3 158
1999	4.302	5.198	3 891
2002	4.647	5.414	4 460
2004	4.819	5.723	4 730
2006	5.088	6.121	5 197
2008	4.623	6.096	4 615
2010	4.644	6.670	5 070
2014	4.716	7.495	5 820
2015	4.580	7.241	5 645
2016	4.421	7.007	5 425
2017	4.416	7.020	5 451
2018	4.282	6.938	5 403
2019	3.104	5.441	4 255
2020	4.065	5.270	4 113
2021	4.492	6.713	5 295
2022	4.525	6.999	5 541

虽然我国养猪的总量增长较快,但生猪存栏量和出栏量基本已经达到满足需求的规模,随着养猪行业的不断发展,近年来呈现一些新特点。

(一)养殖模式由散养向规模化养殖转型

随着养猪产业由小到大、由分散到集约、由专业化生产到产业化经营不断发展,规模化养殖也出现不断扩大的趋势。据统计,2008 年我国年出栏 500 头以下的散养户数量为 7 222 万户左右,2020 年散养户数量下降到 2 062 万户,12 年时间,养猪散户共减少 5 160 万户。我国养猪业规模化率从 2017 年的 46.9% 升至 2022 年的 58.0%,规模化养殖已成为主流。规模化养殖可以提高养猪效率,降低成本,提高产品质量,符合市场需求。同时,规模化养殖也可以减少环境污染,保护生态环境。

(二)区域布局由分散向重点区域转移

布局区域化是现代养猪业的重要特征,也是发挥比较优势、增强产业竞争力的重要措施。目前世界畜牧业发达国家大都形成粮食主产区与畜牧业主产区有机结合的生产布局,大大提高了畜牧业的整体效益,随着规模化程度提高,我国养猪业也有两个明显的区域转移。

①由东部发达地区向西部欠发达地区转移。经济发达地区的北京与上海的生猪出栏呈逐年下降趋势,而经济欠发达地区的四川与云南却稳步上升,这主要是因为生猪养殖对周边环境的影响较大,同时占地比较多,单位面积产出不高,所以经济发达地区一般不支持发展。

②由粮食非主产区向粮食主产区转移。从产业链的角度来看,发展养猪生产最重要的一个限制因素为饲料原料的供应。为降低成本,将粮食就地转化为畜产品,提高农作物附加值,"猪随粮走"将成为主要布局趋势。从全国来看,主要有四大产业带,一是四川盆地粮食主产区;二是黄淮流域玉米、小麦主产区;三是东北玉米、大豆主产区;四是长江中下游水稻主产区。

(三)生产方式由数量型向质量型转变

20世纪末与21世纪初,由于片面追求经济效益,我国的猪肉产品多次出现质量安全问题,造成消费者恐慌而不敢消费。市场总量是有限的,近年来,由于国家重视以及消费者的需求,猪肉生产正向质量型靠近,主要体现在3个方面:一是在育种上,部分猪场不再追求瘦肉率、生长速度等指标,而是将肉色、肌内脂肪含量等肉质指标纳入育种计划;二是在生产上,饲料中的重金属含量得到有效控制,禁用药物与停药期也被强制执行;三是在运输与屠宰上,尽量减少猪的应激,加强检测与控制。这些措施的实行有效提高了我国猪肉的质量,增强了消费者信心。

但同时要看到,与国外发达国家相比,我国猪肉质量的差距依然比较大,特别是优质优价的市场体系还未建立,很多养猪生产者没有提高质量的动力,未来还有待继续加强这一方面的工作。

(四)生产能力由专业户向大集团转移

随着散养逐渐退出,企业与企业的竞争将加剧,兼并与重组会越来越频繁,最终大部分企业会被淘汰。近年来,国内外生猪养殖上、下游企业开始意识到我国生猪规模化养殖的市场机遇,纷纷宣布投入巨资进入养猪业,上游企业主要是大型饲料集团,如新希望、中粮、正虹科技、宁波天邦、正大等,下游企业主要是屠宰与食品生产企业,如双汇、雨润、六和、高金等。

2018年,出栏量最大的猪企为温氏股份,全年出栏量为2 230万头,排名第二则是牧原股份(1 103万头),随后是正邦科技(554万头)和新希望(310万头)。前20强猪企总出栏量为0.677亿头,占当年全年总出栏量9.76%。

而2021年,出栏量最大的猪企则变为牧原股份,全年出栏量为4 026.3万头,排名第二是正邦科技(1 496万头),随后是温氏股份(1 321.74万头)以及双胞胎集团(1 165万头)。前20强猪企总出栏量为1.36亿头,占全国出栏总量20.3%。生猪规模养殖行业的主要经营模式也发生革命性变化,产业链纵向结合越来越紧密,规模化、产业化、一体化阶段趋势更加明显。

三、我国养猪业存在的问题

(一)食品安全问题突出

近些年,接连出现的"红心鸭蛋"事件、"三聚氰胺"事件,尤其是"瘦肉精"事件使人们"谈肉色变",畜产品的安全问题已经逐步成为社会舆论的焦点。全国性的猪肉质量事件平均2年左右就要发生1次。2018年双汇"瘦肉精"事件,2022年龙大美食的"问题猪肉"恩诺沙星超标3~4倍,2023年发生的"鼠头鸭脖"事件,再次将食品质量安全问题推向全国舆论的风口浪尖。由于畜产品消费在国内肉类消费中占绝对优势,每次类似的事件都会引起全国关注。

国家虽然成立了相应的管理监督部门,但猪肉的产业链太长,种、养、加、销有十几个环节,跨越多个管理与监督部门,每一个环节都有可能引发质量问题,导致"瘦肉精"之类的事件一再发生,目前消费者对食品安全越来越重视,如何保证并提高猪肉质量是养猪业必须面对与解决的问题。

(二)疫病严重

我国原有对猪威胁较严重的疾病尚未得到全面、有效控制,如大肠杆菌病、沙门氏菌病、败血型仔猪副伤寒、慢性型副伤寒、猪瘟、口蹄疫等。近年来,由于种猪和疫苗进口,一些新的传染病也随之带入,如非洲猪瘟、猪的繁殖呼吸综合征、断奶仔猪多系统衰竭综合征等,目前尚无有效的防治办法。2018年8月爆发非洲猪瘟疫情,对我国生猪影响相当大,产能受损异常严重,2019年、2020年生猪出栏数仅分别为5.44亿头及5.27亿头,较2018年分别下降27.5%和31.65%,降幅惊人。我国对养猪生产环境中有害微生物和有害气体的快速检测和控制、环境的消毒管理规程、卫生控制的规范、卫生控制标准等还缺乏系统研究。加之种猪交流频繁和商品猪流通的无序状态,防疫体系不完善,疾病的综合防治措施不力,严重地危害了养猪业的发展。

(三)环保压力大

随着规模化、集约化程度提高,饲养数量及饲养密度急剧增加,饲养及加工过程产生的大量排泄物和废弃物对人类、其他生物以及畜禽自身生活环境的污染越来越突出,已成为一个不可忽视的污染源。畜牧业对生态环境的影响主要表现在空气污染、水资源浪费、水污染、森林砍伐、土地和土壤破坏等几个方面。

养殖业环境污染问题有一个容易被忽视的原因是对资源利用重视不够,不是将畜禽粪便和污水作为资源看待,而是作为废弃物处理,处理不及时即成为污染源。治理养猪业带来的环境污染,迫切需要进一步加强研究减少畜禽臭气及其他污染物(如N、P、重金属等)排放的营养调控技术和饲养技术,发展资源再生利用、生态型可持续健康养猪新技术、新模式。

四、我国养猪业未来发展方向

(一)标准化、规模化养殖是未来的发展方向

我国是生猪养殖大国,但是与美国等生猪养殖大国相比,我国标准化、规模化养殖程度较低,近年来虽然有所改善,但中小规模养殖场仍占据主导地位。

与标准化、规模化大型养殖场相比,中小规模养殖场存在生产效率低下、环保措施不到位、疫情防控薄弱等一系列问题,已难以适应现代畜牧业生产发展的需要,标准化、规模化养殖是我国生猪养殖业未来的发展方向。近年来,在我国政府大力扶持和推动下,中小规模养殖场不断缩减,养殖规模占比持续减少;规模化大型养殖场不断增加,养殖规模占比持续增长,且呈现加速转变的趋势。

(二)食品安全受重视,促进高端猪肉品牌发展

随着我国经济发展和人民生活水平不断提高,食品安全已经成为民众关注的焦点。目前国内以散养为主的养殖模式是引发猪肉食品安全问题的主要原因之一,在散养情况下,政府监管部门无法对散养户进行全面监管,猪肉质量和安全无法保证,这种情形在客观上促进了国内高端猪肉品牌的发展。

(三)互联网将引发养殖行业变革

"中国制造2025""互联网+"等政策的逐步落实,将带动大量企业向智能制造方向迈进,实现整个产业价值链的智能化。传统产业的养殖业目前正处于向现代养殖业转型的关键时期,养殖业的发展必将和移动互联、大数据、物联网、人工智能等技术深度融合,并逐步完成"从农场到餐桌"食品安全可溯源系统的产业构建。

通过设备和智能数字技术的应用和管理,生产管理变得简单、有效和稳定。结合互联网技术,大型饲料及养殖企业开发出针对猪场管理的智能化解决方案,通过分布在全国各地的智能设备及业务人员对养殖场的饲养情况进行个体数据录入监测、实时数据动态跟踪,从而可以及时提供科学的养殖技术服务、信息服务,为养殖企业提供个性化的方案,帮助养殖企业提高效率,增加收益。

(四)绿色养殖将成为趋势

养猪业是一个高污染、高排放的行业,为了适应社会环保要求,绿色环保养殖已经成为养猪业未来发展的趋势。未来将会更多推广采用环保技术,减少废弃物排放,降低环境污染,提高养殖场的环境质量和生态效益,并提高产品质量,增加市场竞争力。

在不同畜种中,虽然牛的排放居首位,但是由于中国的猪远多于牛,养猪业的排放总量也非常大。没有低碳畜牧业,就没有低碳生活,解决养猪业的碳排放问题是未来工作的一个重要任务。

项目一　猪品种的杂交利用

项目指南

　　选择猪品种及其杂交组合是养猪生产最基础的技术环节。选择猪品种就是为生产选择生长周期短、饲喂饲料少、获得数量多肉质好的猪肉提供优良养殖对象，从而提高养殖效益。本项目的学习任务有两个，一是通过观察，掌握中国地方猪种、培育品种及引入优良品种的特点，学会识别各种类型的猪品种；二是在掌握猪杂交方式的基础上，学会对不同杂交组合的杂交优势进行评价，并结合实际生产情况进行正确选择。学习形式可以结合实际条件，以分组讨论、多媒体观摩及现场观察、分析等形式开展。

　　【项目重点】一是常见猪品种的产地、外貌和生产性能特点；二是猪的杂交组合类型及选择。

　　【项目难点】不同杂交组合的杂交优势比较。

　　【学习目标】通过本项目学习，学生掌握两方面的专业能力，一是对常见品种猪的优劣进行评价，结合当地实际条件选择适宜饲养的猪品种；二是在对不同杂交方式的杂种优势进行分析的基础上，学会利用杂种猪进行商品猪生产。同时，培养学会观察、分析、综合判断、评估与选择和积极参与、相互配合、尊重科学、讲求盈利等社会能力。

　　【参考学时】10 学时。

任务一　猪的类型及品种识别

📖 知识准备

　　我国猪遗传资源极为丰富，从 1986 年出版的《中国猪品种志》可知，我国地方猪种分为 6 种类型有 48 个品种，培育品种 12 个，从国外引进经过我国长期风土驯化的猪种 6 个，共计 66 个。猪的品种可以按照多种方法分类，通常根据自然区域、经济用途、来源及培育方式等进行划分。

一、猪的品种分类

（一）按自然农业区域分类

　　这种分类法主要用于我国地方猪种的分类，可把我国现有的地方猪种分归六大类型。具体为：

①华北型。主要分布在淮河、秦岭以北地区。这一区域一般气候较寒冷、干燥，因而猪的体质健壮、四肢粗壮，为适应严寒的自然条件，皮厚多皱，毛粗密，毛色多为金黑色。

②华南型。主要分布在南岭与珠江流域以南。这一区域位于亚热带，雨水充足，饲料丰富，从而形成这类猪体躯较短、矮、宽圆，毛色多为黑色或黑白花。

③江海型。主要分布在淮河与长江之间。这一区域因交通发达，农业丰产，饲喂方法多为舍饲，所以形成这一地区复杂猪种，在体型外貌、生产性能上差异较大，毛色为黑色或有少量白斑，以繁殖力高而著称。

④华中型。主要分布在长江和珠江之间。这一地区温暖、自然条件较好，猪体质疏松，背较宽且多下凹、四肢短、腹大下重，毛稀且多为黑白花，生长较快、肉质较好。

⑤西南型。主要分布在云贵高原和四川盆地，这一区域气候温和、农业生产发达，猪外形特点是头大、腿较粗短、毛以金黑和"六白"较多。

⑥高原型。分布在青藏高原。高寒气候、饲料缺乏、终年放牧饲养，体型较小、嘴尖长而直、皮厚毛长。

（二）按经济用途分类

猪的经济用途类型，人们从经济利用角度出发，根据猪只生产瘦肉和脂肪的性能，以及相应的体躯结构特点进行划分。具体为：

①瘦肉型猪。头小肩轻，体躯浅长，臀腿丰满，体型呈流线型。一般体长大于胸围 15 ～ 20 cm。有效地利用饲料中的蛋白质转化为瘦肉，生长快，饲料转换率高。体重达 90 kg 时胴体瘦肉率在 55% 以上。从国外引进的长白猪、约克夏、杜洛克、汉普夏等猪为其代表。

②脂肪型猪。体躯短、宽、深。一般胸围大于或等于体长，它利用饲料中碳水化合物转化脂肪的能力较强，而利用饲料中蛋白质转化瘦肉的能力较差。生长较慢，比较费料，90 kg 时胴体瘦肉率在 45% 以下。老型巴克夏为其代表。一些地方品种猪多属脂肪型。

③兼用型猪。生产瘦肉、脂肪的性能及相应体躯结构特点、饲料转换率、生长速度等都介于瘦肉型猪与脂肪型猪之间。体重 90 kg 时胴体瘦肉率为 45% ～ 55%。苏白猪为其代表。

猪种经济用途类型的比较见表 1-1。

表 1-1　猪种经济用途类型比较

经济用途类型		瘦肉型	脂肪型	兼用型
1. 体形外貌	体型	流线型	方砖型	处于中间
	头颈部	轻而肉少	重而肉多	处于中间
	四肢	高、四肢间距宽大	矮、四肢间距窄	处于中间
2. 胴体特征	体长与胸围比	大于 15 ～ 20 cm	基本差不多，不超过 2 ～ 3 cm	处于中间
	瘦肉率	高于 55%	低于 45%	45% ～ 50%
	背膘	薄、小于 3.5 cm	厚、多于 4.5 cm	3.5 ～ 4.5 cm
3. 饲料利用特点		转化瘦肉率高	转化脂肪率高	处于中间

（三）按猪种的来源及培育方式分类

①地方猪种。1985 年版的《中国猪品种》介绍有 48 个品种，但被国家认证推广只有 15 个优良品种，其中太湖猪、金华猪、内江猪、荣昌猪、陆川猪等影响较大。地方品种在体型上"北大南小"，在毛色上"北黑南花"。

②引入品种。国外猪品种有 200 多个，其中在国际上流行只有 10 多个，目前我国推广的主要品种有大约克夏、长白猪、杜洛克、汉普夏、皮特兰等瘦肉型猪。

③我国新培育猪种。我国新培育品种或品系通过鉴定的有 12 个，其中部分曾为优良肉用型品种在全国推广。主要有哈白猪、新淮猪、上海白猪、三江白猪、湖北白猪等品种。

二、猪常见品种的评价

（一）中国地方猪种

①太湖猪。主要分布在长江下游及太湖流域。太湖猪包括二花脸、梅山、枫径、嘉兴黑等猪，梅山猪为常见的一种。猪体较大，皮肤有明显趋褶，被毛黑色或青灰色。个别类群在吻部及四肢下部有白色。耳特大下垂，近似三角形，乳头 8～9 对。凹背斜臀。它突出的特点是性成熟早，繁殖力高，产仔多，每胎平均 15 头左右，是目前世界上繁殖力最高的猪品种。其泌乳量高，性情温顺，哺育能力强，育成率高，生长较快，90 kg 时胸体瘦肉率为 43.75%，肉质好。太湖猪是优秀的杂交母本（图 1-1）。

图 1-1 太湖猪

②金华猪。又称两头乌，产于浙江省金华地区。金华猪体型中等偏小，毛色除头颈和臀尾为黑色外，其余均为白色，故有"两头乌"之称。在黑白交界处有黑皮白毛的"晕带"。耳中等大、下垂，额上有皱纹，颈粗短，背微凹，腹大微下垂，臀较倾斜，四肢较短。乳头多为 7～8 对。金华猪具有性成熟早、性情温驯、母性好和产仔多等优良特性。经产母猪每窝产仔 14.22 头。75 kg 屠宰瘦肉率 43.36%。金华猪以肉质好、适宜腌制火腿和腊肉而著称。"金华火腿"是中国著名传统的熏腊制品，为火腿中的上品（图 1-2）。

③东北民猪。主要分布在东北地区。该猪全身黑色，鬃长毛密，嘴筒长直，头纹纵行，耳大下垂。背稍凹，腹大，乳头 7～8 对，体躯较扁，后臀稍倾，四肢粗壮，后大腿侧面有少量皱褶。其突出特点是耐寒，耐粗放饲养，抗病力强。性成熟早，有较强的繁殖力，母猪发情明显、受胎率高、奶好、母性强，仔猪成活率高。经产母猪每胎产仔高达 14 头。东北民猪肉色

图1-2　金华猪

鲜红,肉质极佳,系水力强,大理石纹适中,肉味香浓,具有中国猪优良的种质特性。但猪皮较厚,花板油沉积能力较强。90 kg时胴体瘦肉率为46.13%。东北民猪是很好的杂交母本,与引进品种猪杂交,杂种优势和经济效益都比较显著(图1-3)。

图1-3　东北民猪

　　④香猪。香猪以体小早熟、肉味鲜闻名全国。香猪又称"迷你猪",来自我国农业部门授予"中国香猪之乡"贵州黔东南地区。香猪特点概括为"一小、二香、三纯、四净":一小,指其体型矮小灵巧,2~3个月3~4 kg。二香,指其肉嫩味香,肉质细嫩,味带醇香,有"一家煮肉四邻香""颊齿余香三日长"美名,是烤乳猪的最佳原料。三纯,指其基因纯合。近亲繁殖,其基因高度纯合,是人类理想的实验动物。四净,指其纯净无污染。其饲养以放牧野食为主,为纯净无污染的绿色食品(图1-4)。

图1-4　香猪

国内还有很多优良地方品种猪,如内江猪、荣昌猪、华中两头乌猪、两广花猪、藏猪、台湾桃园猪等,在此就不详细介绍,见表1-2。

表1-2 我国优良地方猪种

华北型	华中型	华南型	江海型	西南型	高原型
民猪、八眉猪、黄淮海黑猪、汉江黑猪、沂蒙黑猪	宁乡猪、华中两头乌猪、湘西黑猪、大围子猪、大花白猪、金华猪、龙游乌猪、闽北黑猪、嵊县黑猪、乐平猪、杭猪、赣中南花猪、玉江猪、武夷黑猪、清平猪、南阳黑猪、皖浙花猪、莆田猪、福州黑猪	两广小花猪、粤东黑猪、海南猪、滇南小耳猪、蓝塘猪、香猪、隆林猪、槐猪、五指山猪	太湖猪、姜曲海猪、东串猪、虹桥猪、圩猪、阳新猪、台湾猪	内江猪、荣昌猪、成华猪、雅南猪、湖川山地猪、乌金猪、关岭猪	藏猪

(二)我国的培育品种

我国育成新品种有38个。培育新品种的目的,是保留我国地方品种猪优点,改进其缺点。下面简要介绍几个主要培育品种:

①哈尔滨白猪。哈尔滨白猪简称哈白猪,产于黑龙江省南部和中部,以哈尔滨市及周围各县较为集中。哈尔滨白猪是当地猪种同约克夏、巴克夏和俄国不同地区的杂种猪进行无计划杂交,形成适应当地条件的白色类群。1953年以来,通过系统选育,扩大核心群,加速繁殖与推广,1975年被认定为新品种。

哈白猪具有较强的抗寒和耐粗饲能力,肥育期生长快耗料少,母猪产仔和哺乳性能好等特点(图1-5)。

图1-5 哈白猪

②三江白猪。三江白猪主产于黑龙江省东部合江地区。以长白猪和东北民猪为亲本,进行正反杂交,再用长白猪回交,是经6个世代定向选育10余年培育成的瘦肉型猪新品种,1983年通过鉴定,正式命名为三江白猪。

三江白猪全身被毛白色,具有很强的适应性,不仅抗寒,而且对高温、高湿的亚热带气候也有较强的适应能力。在农场生产条件下,表现出生产快、耗料少、瘦肉率高、肉质良好、繁殖力较高等优点(图1-6)。

图 1-6 三江白猪

③湖北白猪。湖北白猪主产于湖北武昌地区。1973—1978 年展开大规模杂交组合试验,确定以通城猪、荣昌猪、长白猪和大白猪作为杂交亲本,并以"大白猪×(长白猪×本地猪)"组合组建基础群,是 1986 年育成的瘦肉型猪新品种。

湖北白猪体格较大,被毛白色,能很好适应长江中下游地区夏季高温和冬季湿冷的气候条件,并能较好地利用青粗饲料,兼有地方品种猪耐粗饲特性,在繁殖性状、肉质性状等方面均超过国外著名的母本品种。

④上海白猪。上海白猪中心产区位于上海市近郊的闵行区和宝山县。1963 年前很长一个时期,上海市及近郊已形成相当数量的白色杂种猪群,这些杂种猪具有本地猪和中约克夏猪、苏白猪、德国白猪等血液。1965 年以后,广泛开展育种工作。1979 年被认定为一个新品种。

(三)引入品种

①大约克夏猪。原产于英国,是典型的瘦肉型猪。大约克夏猪体型大、被色全白,又名大白猪。大约克夏猪全身被毛白色,头颈较长,脸稍凹,耳中等大小,较薄稍向前立,体躯长,肌肉发达,背平直稍呈弓形,腹充实而紧。具有增重快、繁殖力高、适应性好等特点。6 月龄体重达 90 kg,窝产仔数 11.8 头,日增重 930 g,胴体瘦肉率 61.9%。其体质和适应性、繁殖力等较强,是我国杂交改良推广最为成功的一个引入品种。在我国杂交繁育体系中一般作为父本,在引入品种三元杂交中常用作母本,或第一父本(图 1-7)。

图 1-7 大约克夏猪

②长白猪。原产于丹麦,也是世界著名瘦肉型品种。原名兰德瑞斯,因其又长又白,我国称长白猪。该猪全身白色,头狭长,颜面直,耳大向前倾,颈肩部较轻、背腰长,比一般猪多长出 1~2 对肋骨,后躯发达,肌肉丰满。体型呈楔形。乳头 7~8 对。这种猪生长快,6 月龄体重达 90 kg,窝产仔数 11.1 头,日增重 947 g,胴体瘦肉率达 63%~65%。值得提及的是,我国 20 世纪 60 年代引进的长白猪,出于选育工作及饲料等原因,胴体瘦肉率已由原来的 60% 左右降低到 55% 左右,目前以从丹麦引进的猪为最好。此猪不耐寒,适应性比大白猪差,对饲料条件要求较高,发情不明显。长白猪在杂交利用中一般作为父本,在引入品种三元杂交中常用作母本,或第一父本(图 1-8)。

图 1-8 长白猪

③杜洛克猪。原产于美国,全身红毛为其突出外貌特征。色泽从金黄色到棕红色深浅不一。头较清秀,耳稍直立前倾,耳尖前垂。体躯长而宽深,弓背。腿臂肌肉发达、丰满,四肢较粗壮。性情温顺,较耐寒,适应性相对较强。153 日龄活重达 90 kg,平均窝产仔 9.78 头,母性好,体质强健,生长快,较早熟,也是较好的杂交父本猪。据试验,做二元杂交父本不尽理想,而在三元杂交中做终端父本表现很好(图 1-9)。

图 1-9 杜洛克猪

④汉普夏猪。原产于美国,它突出的外貌特征是全身黑色,沿前肢和肩部围绕一条“白带”,故称为“银带猪”。嘴筒较长直,耳直立,弓背,体躯较长,肌肉发达,157 日龄可达 90 kg,平均窝产活仔数 8.78 头,母性好,增重快,饲料利用率高,胴体瘦肉率高。该猪体质结实,是较好的杂交父本猪(图 1-10)。

⑤皮特兰猪。原产于比利时。被毛灰白,夹有黑色斑块,还杂有部分红毛。皮特兰猪具有体躯宽短、背膘薄、后躯丰满、肌肉特别发达等特点,是目前世界上瘦肉率最高的一个猪种。但该品种的肌纤维较粗,肉质肉味较差。日增重 800 g 以上,胴体瘦肉率 64%。在生产

图 1-10　汉普夏猪

商品猪的杂交中多用作终端父本。

　　另外,引入的其他猪种由于不适应我国的饲养条件或发展趋势,目前饲养量极少,如中约克夏猪、巴克夏猪、苏白猪、克米洛夫猪等,这里不再详细介绍。

技能训练

技能一　猪的主要品种识别及外貌鉴定

一、目的及要求

　　学生通过观察猪的外貌特征特点,识别猪的主要品种,并掌握对优良种猪外貌进行鉴定的程序和方法。

二、设备和材料

　　①不同猪品种的电子图片、纸质图片、挂图、录像、光碟、幻灯片和模型等,投影仪或幻灯机。

　　②某养猪场现有的主要种猪(大白猪、长白猪、杜洛克猪、地方猪等)若干头。

三、方法和手段

　　采用投影观看和讲解,学生掌握我国现今饲养较多猪的外貌特征和生产性能,对图片中的品种进行识别,并通过猪的模型和现场观察进行猪的外貌鉴定评分。

四、内容

　　(一)观看投影和图片,识别猪的品种

　　①在实训室集体投影观看我国饲养的主要地方品种、培育品种和引入品种猪的图片,配合观看录像、光碟、挂图或幻灯片,并通过实训教师的讲解,学生对各主要品种猪的外貌特征和生产性能直观了解和掌握,然后,随机分组或单独对大白猪、长白猪、杜洛克等品种进行识别。重点识别地方猪种:东北民猪、太湖猪、金华猪、香猪,引入品种:长白猪、大白猪、杜洛克

猪、皮特兰猪、汉普夏猪几个品种。

②组织安排学生到学校或其他养猪场,进行现场品种识别。学生先观察不同品种的种猪外貌特征,再分别对种猪的不同品种进行识别判定。

(二)种猪的外貌鉴定

体型外貌不仅反映猪的经济类型和品种特征,还在一定程度上反映猪的生长发育、生产性能、健康状况和对外界环境的适应能力,在外貌鉴定时常采用评分鉴定法(图1-11)。

图1-11　长白猪的理想体型

1. 注意事项

①首先明确鉴定目标,熟悉该品种的外貌特征,头脑有一个理想的标准。

②鉴定人应离猪有适当距离,以便于先观察猪的整体外貌,看其体型各个部分结构是否协调匀称,体格是否健壮,然后有重点地观察鉴定的各部位。

③有比较才有鉴别,定时对照同一品种不同种猪的个体进行比较鉴别。

④在鉴定时,猪只体况适中,站立在平坦的地面上,猪头颈和四肢保持自然平直的站立姿势。

2. 鉴定的方法和程序

(1)首先按品种特征、体质、性别特征进行总体鉴定

品种特征:该品种的基本特征如体型、头型、耳型和毛色等特征是否明显,尤其看是否符合该品种生产方向要求的体型和生长发育基本要求。

体质:是否结实,肢蹄是否健壮,动作是否灵活,各部位结构是否匀称、紧凑,发育是否良好。

性别特征:主要看种猪的性别特征是否表现明显,公猪的雄性特征如睾丸发育及包皮的形状和大小等,母猪的乳头数,乳头及阴户的发育,有无母猪公相,有无其他遗传疾病等。

(2)各部位鉴定

总体鉴定基本合格后,再进行各部位鉴定。从侧面观察:头长、体长,背腹线是否平直或背线稍拱,前、中、后躯比例及其结合是否良好,腿臀发育状况,体侧是否平整,乳头的数目、形状及排列,前后肢的姿势和行动是否自如等。从前面观察:耳型、额宽及体躯的宽度(包括胸宽、肋骨开张度、背腰宽等),前肢站立姿势及距离的宽度等。从后面观察:腿臀发育(宽深度)及背腰宽度,后肢姿势和宽度,公猪睾丸发育,母猪外生殖器发育等。然后转到侧面复查,根据综合总体和各部位的鉴定情况给予外貌评分,评定等级。

五、报告

①简述所鉴定主要品种猪的外貌整体特征及各部位特点,写出实训报告。

②在参观学校或其他养猪场后,试一试对所观察的某头种猪进行评分,完成一份该种猪的评分表(表1-3、表1-4)。

表1-3 长白猪种猪的外貌评分表

类别	说明	标准评分
一般外貌	头颈轻、身体长,后躯很发达,体高,背线稍呈弓状,腹线大致平直,各部位匀称,身体紧凑,被毛光泽无斑点,滑无皱褶,性情温顺有精神,性征表现明显,体质强健,合乎标准	25
头、颈	头轻,鼻端宽,下巴正,面颊紧凑,目光温顺有神两耳间距不狭窄,头颈肩转移平顺	5
前驱	轻,紧凑,肩的附着良好,向前肢和中躯转移良好,腰深、充实,前胸宽	15
中躯	背腰长,向后躯转移良好,背大体平直强壮,背的宽度不狭窄,肋部开张,腹部深、充实,前胸宽	20
后躯	臀部宽、长,尾根附着高,腿厚、宽,飞节充实、紧凑,整个后躯丰满,尾的长度、粗细适中	20
乳房、生殖器	乳房形质良好,正常的乳头有12个以上,排列整齐,乳房无过多脂肪,生殖器发育正常,形质良好	5
肢、蹄	四肢稍长,站立端正,肢间宽,飞节健壮,管骨不太粗,很紧凑,系部短有弹性,蹄质好,左右一致,步态轻盈正常	10
合计		100

表1-4 理想瘦肉型种猪与一般肉猪的体型比较

项目	理想瘦肉型体型	一般肉猪体型
头颈	头颈轻秀,下颚整齐	颈过短或过长,下颚过垂
肩	平整	粗糙
背腹部	背平或稍拱,腹线整齐	背腹线不整齐
四肢	中等长	卧系、腿过短或过长
臀腿	肌肉丰满,尾根高	大腿薄、尾根低、斜尻
躯体	长、宽、深都适中	体侧深、体躯较薄

技能二　比较中国猪与国外猪的优缺点

一、目的及要求

通过分析比较中国猪与国外猪的外貌及生产性能特点,加深对不同类型猪"外貌特点是生产性能反映"的理解,学会比较、归纳、分析问题。

二、材料和设备

笔记、教材、其他参考书籍、相关期刊及论文、相关网站。

三、方法和步骤

结合课堂所学,学生课前自行收集资料,分组汇集归纳所学知识,写出要点。在课堂上以学生为主,师生共同用归纳总结的方法,在掌握中国猪与国外猪的外貌及生产性能特点基础上,厘清思路,进行归纳总结,得出结论。在分析时,尽量引用收集的材料和数据,针对现实生产情况进行。以学生为主,教师起引导、组织作用,教师对分析课进行评价。

四、训练内容

(一)归纳总结我国地方猪的特点

1. 从北向南特征变化

体格由大到小,脸上皱纹呈现纵行、菱形、横形变化。毛色由黑而花,鬃毛由长、粗、硬到稀、短、细软。背腰平直而渐向凹陷,腹大下垂。背膘逐渐增厚,趋向脂肪型。体型"北大南小",毛色"北黑南花",产仔数以长江中下游的太湖猪最高,向北、向南、向西均有降低的趋势。

2. 地方猪品种特点

地方品种总的特点为:①适应性强:耐寒、耐暑、耐粗饲、抗病力强,长期自然选择的结果,遗传力高。②繁殖力强:表现性成熟早,发情症状明显,生殖器官病少,受胎率高,产仔数多,母性强。③肥育性能差:沉积脂肪能力强,但肥育性能低,一般饲料利用率低,日增重少。④胴体品质:肌纤维细,肉质鲜美,没有 PSE 肉(Pale Soft Exudative Meat,PSE),但瘦肉率低,腹脂肪高。⑤外貌表现:体型差,背凹、腹垂等。

(二)归纳总结我国培育品种的特点

培育品种的目的,保留我国地方品种猪母性强、发情明显、繁殖力高、肉质好、适应本地条件、抗逆性强、耐粗饲等优点,改进其增重慢、体型结构不良、屠宰率低、胴体瘦肉率低等缺点。故归纳总结培育品种特点:克服地方猪品种背腰凹,腹大下垂,皮厚,日增重低,饲料利用率低的缺点,保留繁殖力高、适应性强的优点。

优点:与引入品种相比具有发情明显、繁殖力高、抗逆性强、肉质鲜嫩无应激综合征和 PSE 肉。与地方品种相比皮较薄,背腰宽平,大腿丰满,采食量大,生长速度、屠宰率和瘦肉率明显提高。

缺点:因培育品种在选育程度上远不及引入品种,所以品种外形整齐度差,体躯结构不够理想,腹围比引入品种大,生长速度、料重比及瘦肉率均低于引入品种。

（三）归纳总结国外猪品种的特点

国外猪品种共同特点为:①肥育性能好:日增重大,饲料利用率高,肥育期短。②胴体品质好:胴体重,屠宰率高,瘦肉率高,但易出现 PSE 猪肉。③繁殖力低:发情不明显,性成熟迟,繁殖疾病多,产仔少,哺育率低。④外貌表现:体大、长、高,后躯发达,背、腰、腹下平直或稍弓,耳小或中等大小,直立或平伸。⑤适应性较差,对饲养管理条件要求高。

五、报告

写出中国猪与国外猪优缺点的分析比较报告一份。

任务二　猪品种的杂交利用

📖 知识准备

种（良种猪）、料（营养饲料）、舍（猪舍环境控制）、病（猪病防治）、管（经营管理）等是现代养猪生产的五大基本要素。在促进畜牧业发展的各种因素中,家畜品种改良对畜牧业发展的贡献率约为40%,饲料营养贡献率为20%,饲养管理贡献率为20%,疫病防治所带来的贡献率为15%,其他方面的改善和提高贡献率为5%。由此可见,猪种质量的好坏对养猪业的发展起着决定性作用。

一、猪的杂交方式

猪的杂交方式有多种,下面介绍我国目前常用的几种杂交方式。

（一）二元杂交

二元杂交又称简单杂交,是利用两个品种或品系的公、母猪进行杂交,杂种后代全部作为商品育肥猪不再配种繁殖（图 1-12）。

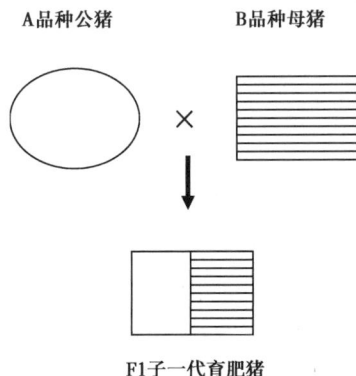

图 1-12　二元杂交示意图

优点是简单易行,应用广泛,能获得全部的后代杂种优势,后代适应性较强,这种杂交方式对提高产肉、产卵、产乳及繁殖性能都有明显效果。

缺点是母系、父系的杂种优势均得不到利用。因为双亲均为纯种,而杂种一代又全部用作育肥。不能充分利用繁殖性能方面的杂种优势,所需大量母猪要靠另一个纯繁群补充,成本较高。

(二)三元杂交

从二元杂交所得的杂种一代,选留优良的个体作母本,再与另一个品种的公猪进行杂交。第一次杂交所用的公猪品种称为第一父本,第二次杂交所用的公猪称为第二父本(图1-13)。

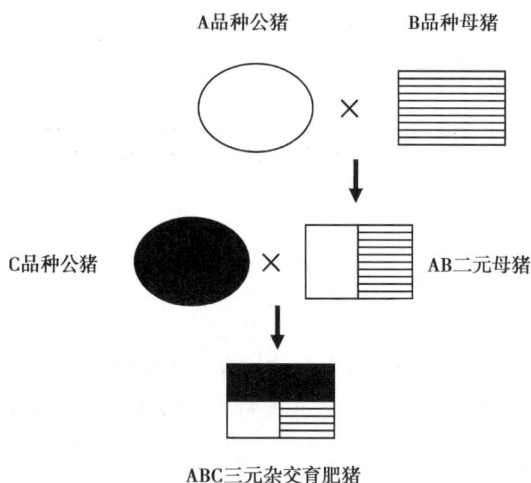

A品种公猪　　　　B品种母猪

C品种公猪　　　　AB二元母猪

ABC三元杂交育肥猪

图1-13　三元杂交示意图

优点是获得全部后代杂种优势和母系杂种优势,既使杂种母猪在繁殖性能方面的优势得到充分发挥,又能充分利用第一和第二父本在肥育性能和胴体品质方面的优势,其效果一般好于二元杂交。

缺点是三元杂交繁育体系较为复杂,不仅保持3个亲本品种纯繁,还要保留大量的一代杂种母猪群。

(三)四元杂交

四元杂交又称双杂交,以两个二元杂交为基础,其中一个二元杂交后代中的公猪作父本,另一个二元杂交后代的母猪作母本,再进行1次简单杂交,所得四元杂种猪全部作为商品肥育(图1-14)。

优点是后代能集本身、母系和父系的杂种优势于一体,具有最高的杂种优势率,商品猪体重差异小,便于全进全出的工厂化生产方式。

缺点是杂交繁育体系复杂,不仅要维持四个亲本品种纯繁,而且要饲养大量的二元杂交种母猪和公猪,投资较大,费用昂贵,制种和组织工作更复杂。目前国外一些大型猪场采用这种杂交方式饲养育肥猪,国内一般更趋向于应用三元杂交。

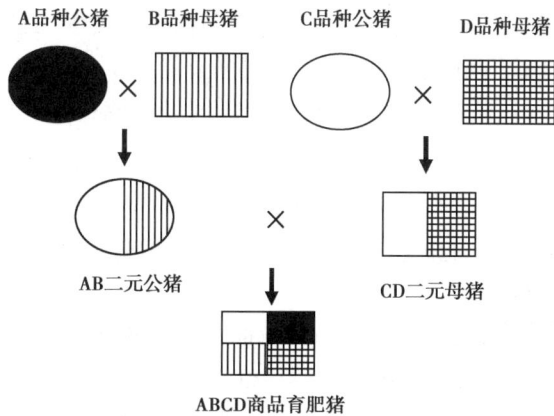

图 1-14　四元杂交示意图

(四)轮回杂交

两个、三个或更多个品种轮流参加杂交,杂种母猪继续参加繁殖,杂种公猪供经济利用。最简单的是二元轮回杂交,指在杂交一代中选择优秀母本,逐代分别与母系品种及另一个品种的纯种公猪轮流交配(图 1-15)。

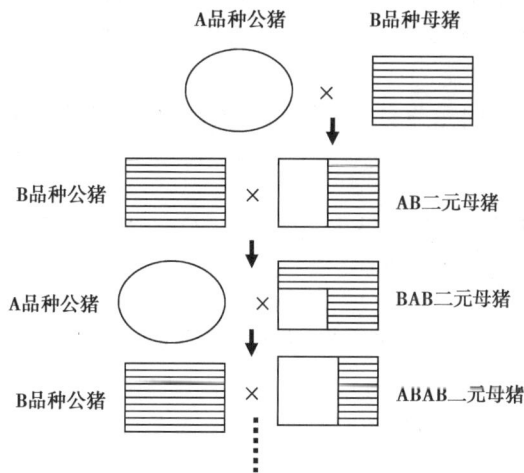

图 1-15　两品种轮回杂交示意图

优点是可永远保持一个杂交母本和两个纯种父本交配。母猪和商品猪本身都是杂种,均应显现杂种优势。而且方式比较简单,只要饲养两个品种的少量公猪,及时补充生产群杂种小母猪即可,不必进行亲本品种纯繁。

缺点是一代杂交后,其后代杂种优势率略有降低。

二、杂交亲本的选择

杂交亲本应按照父本和母本分别选择,两者选择标准不同,要求也不同。父母本之间遗传差异大,这样杂种优势才明显。

(一)父本的选择

父本猪种突出其品种的纯度。应选择生长速度快、饲料利用率高、胴体品质好的品种或品系作父本。父本的数量很少,所以多用外来的品种作杂交父本。具有这些特性一般都是经过高度培育的品种,如长白猪、大白猪、杜洛克猪等。这些品种性状遗传力较高,种公猪的优良特性容易遗传给杂种后代。适应性与种猪来源问题可放在次要地位考虑,因为父本饲养数量较少,花费不大。

(二)母本的选择

母本猪种特别突出繁殖性能的特点,包括产仔数、仔猪初生重、仔猪成活率、仔猪断奶窝重、泌乳力等性状都比较优良。

①应选择本地区数量多、适应性强的品种或品系作为母本,因为母本需要的数量大,种猪来源问题很重要,适应性强容易在本地区基层推广。

②应选择繁殖力高、母性好、泌乳能力强的品种或品系作母本,这关乎杂种后代在胚胎期和哺乳期的成活和发育,因而影响杂种优势的表现,与降低杂种生产成本也有直接关系。

③在不影响杂种生长速度的前提下,母本的体型不要太大,以节约饲料为准,体型太大浪费饲料,增加饲养成本。以上几条应根据当地实际情况灵活应用。

三、利用杂种猪进行商品猪生产

经济杂交指利用杂交获得生活力强、生产性能高的杂种直接肥育,达到提高商品猪的质量,降低成本、增加经济收入的目的。在生产上,多利用杂种猪进行商品猪生产。

目前,条件好的养殖场可搞"三洋"三元杂交,条件一般可用"一洋一本""两洋一本"或"三洋一本"的二元、三元或四元杂交。"洋"指引入品种,"本"指本地猪。

(一)二元杂交猪

常用的二元杂交组合有三种类型:洋×洋、洋×本、本×本。本×本型杂交,由于对后代的生产性能改变不大,现在多不再使用。

1."洋洋"二元杂交

利用引进的杜洛克、长白、大白等瘦肉型猪进行杂交,生产杜长、杜大、长大、大长等杂交猪。其杂交模式如下:

杜洛克♂×长白(或大白)♀　　　长白(或大白)♂×大白(或长白)♀

↓　　　　　　　　　　　↓

杜长(或杜大)　　　　　　　长大(或大长)

"洋洋"二元杂交的后代可以直接用于肥育,杂交效果很好,但种猪成本较高,在养猪生产中多半继续留种,作为杂交母本或父本使用。

2."洋本"二元杂交

利用引进的杜洛克、长白、大白等瘦肉型猪与本地猪进行杂交,生产杂交猪。其杂交模式如下:

长白(或大白或杜洛克)♂×本地♀

↓

长本(或大本或杜本)

"洋本"二元杂交的后代可以直接用于肥育,在生产上使用较多,杂交效果较好,也可选择留种,继续进行三元杂交。

(二)三元杂交猪

常用的三元杂交类型,主要有"三洋"三元和"两洋一本"两种。常用的三元组合有六个:杜大长、杜长大、杜大本、杜长本、大长本、长大本。

1."三洋"三元杂交

利用引进的杜洛克、长白、大白等瘦肉型猪进行杂交,生产杜长大、杜大长等三元杂交猪。其杂交模式如下:

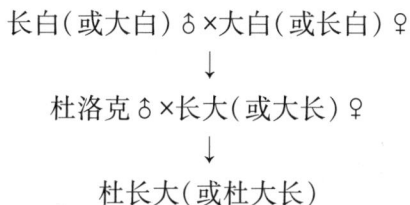

长白(或大白)♂×大白(或长白)♀

↓

杜洛克♂×长大(或大长)♀

↓

杜长大(或杜大长)

2."两洋一本"三元杂交

利用引进的杜洛克、长白、大白等瘦肉型公猪与本地猪进行杂交,生产杜长本、杜大本等三元杂交猪。其杂交模式如下:

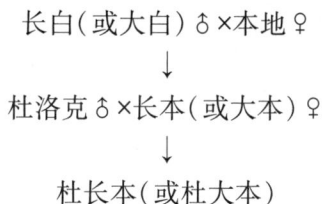

长白(或大白)♂×本地♀

↓

杜洛克♂×长本(或大本)♀

↓

杜长本(或杜大本)

生产实践证明:杜大长和大杜长三元杂交组合比较,杜大长具有生长快、饲料报酬高等优点。因此,在三元杂交中,也应正确地选择父母本。第一母本应按二元杂交时母本的要求进行选择,第一父本选用与第一母本在生长肥育和胴体品质上互补且多产性较好的引进猪种,我国应首选大白猪,其次是长白猪;终端父本的挑选应着重生长速度和胴体品质,我国应先选杜洛克。

(三)迪卡配套系猪

配套是指两个以上专门化品系杂交所生产的杂种猪,主要有迪卡猪、PIC 猪、斯格猪等。

迪卡猪是美国迪卡公司培育的配套系猪的总称,迪卡是美国的地名。配套系指多个优良猪种,根据各自具有的优良性状,在复杂选育基础上,运用杂交试验方法建立起来,能够稳定取得最大杂种优势的一个体系。配套系猪种与传统的猪种如长白猪、大白猪等不同,它不属于品种的概念。培育配套系猪代表当今国际猪育种的方向,配套系种猪是当今世界发展养猪业最好的种猪。

迪卡配套系猪有一个完整的繁育体系,这个体系保证繁育的种猪具有各种优良性状,这是它的技术标志。该繁育体系由以下几个部分组成:

①曾祖代(代号 GGP)又称原种,即原来之种的意思。迪卡曾祖代原种猪包括 5 个专门化品系(注意:这里不称为品种),分别用 A、B、C、E、F 字母表示,这 5 个专门化品系的猪分别来源于当今世界最优秀的猪种,如杜洛克、汉普夏、长白猪、大白猪等,因此可以说,迪卡猪集中了这些猪种的所有优点。

②祖代(代号 GP)包括 A 系、C 系公猪,B 系、D 系母猪(A 系、C 系母猪,B 系、D 系公猪在原种猪场肥育上市)。祖代猪场饲养曾祖代原种猪场生产的祖代种猪,按照 A 公×B 母,C 公×D 母的方式进行生产,得到迪卡父母代种猪,即 AB 系公猪、CD 系母猪(AB 系母猪、CD 系公猪在祖代猪场肥育上市)。

③父母代(代号 PS)包括 AB 系公猪、CD 系母猪。父母代猪场饲养指从祖代猪场购入的父母代 AB 系公猪和 CD 系母猪,按照 AB 公×CD 母的方式进行生产,得到配套系终端的迪卡商品代育肥猪 ABCD,所以父母代猪场又称为商品猪场。父母代猪场的繁殖方式是双杂交,得到的杂种后代集中曾祖代原种猪 5 个专门化品系的全部优点,生产性能最好。在许多地区,迪卡商品代肥猪的生产性能超过其他许多猪种的杂交组合,表现非常好。但要牢记,商品代肥猪绝不可留作种猪使用。

迪卡配套系曾祖代原种猪来源于当今世界最优秀的猪种,但不是把这些猪种随意从各个猪场购来进行杂交,就会得到如同迪卡配套系猪一样的效果,尽管迪卡曾祖代原种猪包括很多优秀的猪种,但必须应用先进的选育技术培育专门化品系,并通过系统的杂交试验方法(配合力测定)才能建立配套体系。

四、猪的杂交繁育体系

繁育体系的建立和完善是现代化养猪生产获得高效益的重要组织保证。完整的繁育体系主要包括以遗传改良为核心的育种场(群),以良种扩繁特别是母本扩繁为中介的繁殖场(群)和以商品生产为基础的生产场(群)。一般育种群较小,但性能高,须在繁殖场加以扩大,以满足生产一定规模商品肉猪所需的父母本种源。这样一个三层次的繁殖体系犹如金字塔形。

(一)育种群

育种群处于繁育体系的最高层,主要进行纯种(系)的选育提高和新品系的培育。其纯繁的后代,除部分选留更新纯种(系)外,主要向繁殖群提供优良种源,用于扩繁生产杂交母猪或纯种母猪,还可按繁育体系的需要直接向生产群提供商品杂交所需的终端父本。因此育种群是整个繁育体系的关键,起核心作用,故又称为核心群。

(二)繁殖群

繁殖群处于繁育体系的第二层,主要进行来自核心群种猪的扩繁特别是纯种母猪的扩繁和杂种母猪的生产,为商品群提供纯种(系)或杂交后备母猪,保证生产一定规模商品肉猪的需要。同时,繁殖群按特定繁育体系(如四元杂交)的要求,生产杂种公猪提供商品群杂交所需的杂种父本。

(三)商品群

商品群处于繁育体系的底层,主要进行终端父母本的杂交,生产优质商品仔猪,保证肥育猪群的数量和质量,最经济有效地进行商品肉猪的生产,为人们提供满意的优质猪肉。核心群选育的成果经过繁殖群到商品群才能表现出来。育种群的投入到商品群才有产出,因此商品群获得的利润应该拿出一部分再投入育种群,进一步选育提高核心群的质量,生产更好的商品猪,商品群最终获得更多的利润,从而形成一个良性循环的统一繁育体系(图1-16)。

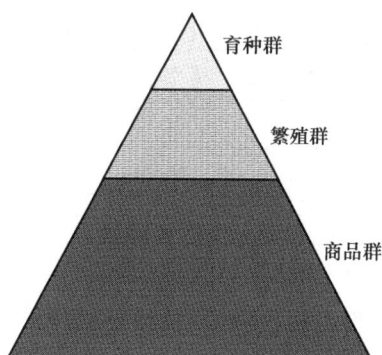

图1-16 三层次繁殖体系

技能训练

技能一 比较不同杂交组合的杂交优势

一、目的及要求

通过对猪品种的二元杂交、三元杂交和四元杂交的杂交效果进行分析比较，学生知道杂交的品种不是越多越好，从而进一步学会选择杂交优势强的杂交组合类型。

二、材料准备

教材、参考书籍、笔记、相关网站、相关期刊及论文。

三、方法和步骤

结合猪的杂交利用知识，学生课前自行收集二元、三元和四元杂交方面的资料，分组汇集归纳所收集的材料与数据，写出要点。在课堂上以学生为主，师生共同用归纳总结的方法，在掌握不同杂交组合的生产性能基础上，进行分析比较，得出结论。在分析时，尽量引用搜集的杂交试验材料和数据。以学生为主，教师起引导、组织作用，教师对此次讨论课进行评价。

四、比较分析内容

（一）二元杂交比较分析

除了同学们自行搜集的资料与数据，还给大家提供两个二元杂交效果的数据，见表1-5、表1-6。请同学们结合手上资料，总结分析二元杂交的品种、杂交类型（地方×地方、地方×引入、引入×引入），其杂交效果表现的规律性并记录下来，分组总结、分析、汇报。

表 1-5　引进品种与地方品种的二元杂交效果

父本	母本	日增重/g	料肉比	屠宰率/%	膘厚/cm	眼肌面积/cm^2	瘦肉率/%
汉普夏猪	本地猪	606	3.85	71.02	3.67	29.20	48.63
长白猪	本地猪	554	3.47	68.58	4.23	23.43	46.79
本地猪	本地猪	481	4.58	66.89	5.20	19.85	40.38

表 1-6　引进品种的二元杂交效果

组别	产仔数	断奶窝重/kg	达 90 kg 日龄/d	膘厚/cm	眼肌面积/cm^2	瘦肉率/%
长×大	10.10	141.8	204	3.53	29.36	57.83
杜×长	9.67	120.3	188	3.12	33.70	58.87

注:表中"长"指长白猪,"大"指大约克夏猪,"杜"指杜洛克猪,下同。

（二）三元杂交比较分析

这里提供部分三元杂交效果的数据,如表 1-7 所示。请同学们结合手上资料,总结分析三元杂交的品种、杂交类型（"两洋一本""三洋"）,杂交效果表现有哪些规律？并记录下来,分组总结、分析、汇报。

表 1-7　某场进行的猪品种三元杂交试验结果

类型	"两洋一本"三元				"三洋"三元			
项目	杜长本	杜大本	长杜本	大杜本	杜大长	大杜长	杜长大	长杜大
窝产活仔/头	13.26	12.97	13.17	12.95	11.40	10.37	11.80	10.50
均窝重/kg	17.72	17.90	17.60	16.10	16.60	15.20	16.50	15.55
20 日窝重/kg	67.60	63.00	62.40	65.80	64.00	54.00	66.95	58.00
35 日窝成活数/头	12.07	11.36	11.76	11.49	11.80	10.00	11.53	10.20
35 日均窝重/kg	94.83	94.20	102.15	102.17	102.10	89.00	108.17	96.08
日增重/g	787	812	739	778	843	779	850	790
料重比	3.04	3.02	3.29	3.09	2.84	3.01	2.80	3.09
达 90 kg 日龄/d	165	161	171	166	157	167	155	164
屠宰率/%	74.44	75.22	76.13	74.40	77.13	79.10	75.44	76.91
眼肌面积/cm^2	35.10	29.37	31.59	24.61	37.13	34.06	41.44	36.11
瘦肉率/%	60.16	56.19	59.30	55.48	63.10	58.48	64.03	59.89

（三）二、三、四元杂交比较分析

同上,见表 1-8 和表 1-9 所示数据,请同学们结合手上资料,总结分析二、三、四元杂交不同性状（如繁殖力性状、肥育性状等）的杂交效果所表现出来的特点,请把结论记录下来,分组总结、分析、汇报。

表1-8　某场猪品种二、三、四元杂交试验结果

组别	初生个重/kg	断奶个重/kg	日增重/g	料肉比	眼肌面积/cm²	瘦肉率/%
长大	1.35	6.77	436	3.66	33.39	58.47
杜长大	1.24	7.37	479	3.04	38.59	62.14
皮杜长大	1.34	7.88	508	2.85	48.09	65.83

注：表中"皮"指皮特兰猪，"太"指太湖猪。

表1-9　某场猪品种三、四元杂交试验结果

组别	产仔数/头	初生窝重/kg	断奶窝重/kg	日增重/g	料肉比	眼肌面积/cm²	瘦肉率/%
杜长大	10.14	13.45	96.95	746	2.82	41.87	65.43
长大皮太	12.71	14.30	107.71	693	2.97	38.54	61.23
长大杜太	13.86	16.11	118.27	690	2.88	37.50	61.06
皮杜大太	11.63	12.86	96.09	669	3.04	39.85	63.44

注：表中"皮"指皮特兰猪，"太"指太湖猪。

五、报告

分析比较表1-10中二、三、四元杂交的杂交效果，写出相关要点。

表1-10　某杂交试验效果比较表

指标	纯种繁殖	二元杂交	三元杂交	四元杂交
窝产仔数/头	100	101	111	113
窝成活数/头	100	107	125	126
35 d断奶窝重/kg	100	108	110	109
154 d个体重/kg	100	114	113	111
窝产肉量(6月龄全窝重)/kg	100	122	140	140

技能二　规模化猪场选择猪的杂交组合

一、目的及要求

在对校园周边地区（或校属猪场）猪品种的杂交情况调查基础上，通过分析具体市场情况及肉猪销售渠道（外销或内销）情况，依据场家的生产条件（猪场类型、资金、规模、技术等）选择适宜的杂交组合。

二、材料准备

教材、参考书籍、笔记、相关期刊及论文、相关网站,以及校园周边地区(或校属 猪场)。

三、方法和步骤

学生课外时间对校园周边地区(或校属猪场)猪品种的杂交情况进行调查,并自行搜集杂交组合选择方面资料,先分组汇集归纳所搜集的材料,写出要点。在课堂上以学生为主体,教师为主导,在分析养猪销售市场及需求特点的基础上,结合猪场自身生产条件进行正确选择。在分析时,尽量引用调查或搜集的材料,教师对各组的选择进行评价。

四、杂交组合选择方法及内容

根据猪的杂交改良现状,充分利用猪种资源,最大限度地提高养猪效益,针对不同规模的商品猪场,选择适宜的杂交组合。

(一)中小规模养猪场选择组合

猪场技术力量一般,设施条件较好,商品猪内外销路兼顾,对瘦肉率及肉质要求不高。应以本地良种猪或筛选的"大长本"做母本,用配合力好的引进优良公猪交配生产商品猪。这种方式具有配套简单、母猪繁殖性能好、引种费用低、商品猪肉质好等优点,如大约克或"大长"公猪与本地母猪、杜洛克公猪与"大长本"母猪杂交生产的商品猪。

(二)大规模养猪场选择组合

猪场技术力量较强,设备和工艺先进,生产的商品猪主要用于外调或出口,对胴体瘦肉率及肉质要求很高。应引进瘦肉型种猪,选择"杜长大"的杂交模式。引进大约克和长白新品系种猪,一方面进行继代选育,保证质量,降低引种费用和引进疫病的风险;另一方面利用两个纯种进行正反杂交,生产"长大"或"大长"母猪,引进杜洛克公猪或精液,与"长大"或"大长"母猪配种生产高产高效的"杜长大"或"杜大长"商品猪。

五、报告

请查资料,列出我国养猪生产普遍使用的杂交组合类型。

项目二　肉猪生产

项目指南

　　肉猪生产是养猪过程中相对简单、操作较容易的技术环节,从仔猪断奶到肉猪出栏。肉猪生产的目的:在较短的时间内,使用较少的饲料获得数量多、肉质好的猪肉,提高肉猪的日增重、出栏率,从而满足人们对猪肉数量、质量的消费需求。本项目的学习任务有两个,一是在了解猪的一般饲养管理原则和肉猪生产特点的基础上,做好肉猪生产前的准备工作;二是掌握肉猪苗选择与饲养、环境控制及适时出栏等生产技术。学习形式可以结合实际条件,以分组讨论、多媒体观摩及现场操作等形式开展。

　　【项目重点】一是肉猪适宜饲料营养水平的掌握;二是肉猪肥育方式及环境控制。

　　【项目难点】肉猪适宜饲料营养水平的掌握。

　　【学习目标】通过本项目学习,学生掌握两方面的专业能力,一是在肉猪生产前做好相关准备工作;二是掌握肉猪苗选择与饲养、环境控制及适时出栏等关键生产技术。同时,培养认真分析、深入思考、手脑结合、勇于实践和积极参与、尊重科学、注重产品质量安全、追求经济效益等社会能力。

　　【参考学时】10 学时。

项目引入

一、猪群类别的划分

　　在实际养猪生产中,需要根据各类猪群的特点进行饲养管理,因此必须将不同年龄、体重、性别和用途的猪划分为不同的群体。划分的方法和名称均应统一,以便猪场彼此交流和统计管理,见表2-1。

表 2-1　猪群类别划分

猪群类别		所处生理时期	大致月龄或年龄
仔猪	哺乳仔猪	出生到断奶(28 ~ 42 日龄)	0 ~ 2 月
	断奶仔猪	又称保育猪或育成猪,指从断奶至公母猪分群阶段的仔猪	2 ~ 4 月
	后备猪	公母分群至初次配种阶段的仔猪	4 ~ 8 月

续表

猪群类别		所处生理时期	大致月龄或年龄
种猪	检定公猪	从初配至产生后代的公猪,它们虽然已经参加配种,但需根据子代成绩鉴定,决定是否留种	1.0~1.5 岁
	检定母猪	从初配妊娠到第 1 个产仔猪断奶的母猪,根据其生产性能、外貌表现等鉴定其是否留种	1.2~1.4 岁
	种公猪	又称为基础公猪,指经生长发育、体质外形、配种成绩、后裔生产性能等鉴定合格的种用公猪	1.5 岁以上
	成年母猪	又称基础母猪,指 3 产及 3 产以上,经产仔鉴定合格留作种用的母猪	1.5 岁以上
肉猪	育肥猪	专门用来生产猪肉的猪,20~60 kg 称生长期,60 kg 至出栏称育肥期	2~6 月

二、养猪的生产流程

猪的生长发育经历不同的阶段时期,仔猪出生要经历哺乳、断奶,之后其生产方向发生变化,一个方向是作为种猪选留,另外一个方向是进行肉猪生产,生产流程如图 2-1 所示。

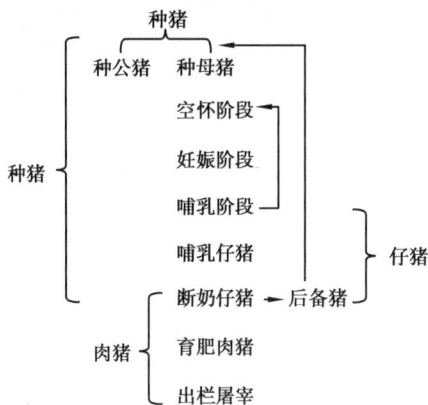

图 2-1 养猪生产流程示意图

(一)种猪

种猪可分为种公猪与种母猪,主要作用是生产并哺育仔猪。种母猪分为空怀阶段、配种后妊娠阶段、产仔后哺乳阶段。种猪的寿命虽然不短,但使用年限有限,使用年限的长短视其繁殖能力优劣而定。目前,现代化养猪生产种猪均高强度利用,被高效地用于繁殖仔猪。种公猪一般可利用 2~3 年,种母猪可利用 5~6 年,长的可用 8 年。种猪利用年限过长,会产生不良后代,淘汰的种猪可作为肉用出售。新的种猪从已经选留的后备猪中进行选拔补充。

(二)肉猪

肉猪生命是短暂的,主要作用是供应人类的肉食。肉猪出生,经过哺乳、断奶育成、育肥,达到出栏上市体重屠宰,很快结束其一生。肉猪生命的长短视养猪生产水平而定,养猪生产水平越高的国家,肉猪的寿命越短。目前,世界先进水平是出生后150日龄以内体重达到90~100 kg上市屠宰。我国较先进的地区,猪出生后5~6月龄体重达90~110 kg屠宰。

任务一 肉猪生产前的准备

📖 知识准备

一、猪的一般饲养管理原则

(一)猪的生物学特性

1. 繁殖率高,世代间隔短

猪性成熟较早,常年发情,且多胎高产。地方猪种在3~5月龄即可发情,培育品种和引进品种初情期晚一些。一般5~8月龄达到性成熟,8~10月龄即可初次配种。妊娠期平均114 d。在正常情况下,1头母猪每年至少可分娩2胎,每胎产仔数10~12头,若缩短哺乳期,可以达到2年5胎。据报道,我国太湖猪窝产活仔数平均超过14头,个别高产母猪一窝产仔数超过22头,最高纪录窝产仔数达42头。其世代间隔短,12个月就可有下一世代产生。

2. 生长速度快,沉积脂肪能力强

猪的生长周期短,生长强度大。猪的初生重较小,平均为1~1.5 kg,约占成年猪体重1/200。但生后生长速度很快,30日龄体重达6~10 kg,60日龄体重达18~20 kg,160~170日龄体重可达90~120 kg。在肉用家畜中,猪与牛、马相比,虽然胚胎期短,但从初生到成年的生长强度很大,见表2-2。

表2-2 各种家畜生长强度比较

畜别	妊娠期/d	生长期/月	初生重/kg	成年体重/kg	体重增加倍数
猪	114	36	1.0~1.5	200	7.32
牛	280	48~60	35	500	3.84
羊	150	24~56	3	60	4.32
马	340	60	50	500	3.32

猪的生长特点是不仅体重增加很快,而且体组织的变化也呈现明显的规律性。在一般情况下,保育猪(1~2月龄)阶段骨骼生长较快,进入后备生长猪(3~4月龄)阶段肌肉生长加快,肥育猪(5~6月龄)阶段,脂肪沉积速度显著加快,如图2-2所示。故有"小猪长骨,中

猪长肉,大猪长膘"之说。生产应根据这一规律科学饲养后备猪和肥育猪,即在猪的生长发育前期充分饲养,后期可适当限饲,这样不仅提高肉猪的胴体瘦肉率,而且有利于降低饲料消耗,缩短饲养周期,提高经济效益。

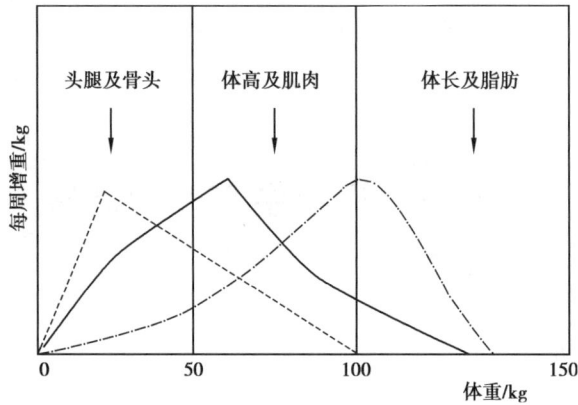

图 2-2 不同生长期猪体各部位增长比较

3. 杂食性

猪是杂食性动物,门齿、犬齿和白齿都很发达。猪胃的结构属食肉动物单胃和反刍动物复胃之间的中间类型,因而猪能够广泛采食动物性、植物性和矿物质等饲料,并且采食量大、消化能力强、利用率高。猪对精料有机物的消化率为76.7%,对青草和优质干草的消化率分别为64.6%和51.2%。尤其我国地方猪种,具有良好的消化青粗饲料能力。但应注意,猪对纤维素多、体积较大的粗饲料利用能力差。猪对食物的味道敏感,且有选择性,尤其喜食甜味。

4. 嗅觉和听觉灵敏,视觉较差,触觉灵敏

猪嗅黏膜的绒毛面积大,嗅区的神经非常密集,因此猪的嗅觉非常灵敏。仔猪在生后几小时便能依靠嗅觉辨别气味,寻找乳头,3 d 内即可固定乳头;猪还能依靠灵敏的嗅觉有效地寻找埋在地下的食物,识别同群内的个体,辨别自己的圈舍,并对外来的仔猪迅速识别;同时猪灵敏的嗅觉在性活动中,也占有重要地位。例如,发情母猪闻到公猪特有的气味,即使公猪不在场,也会表现"呆立"反应。

猪具有外形大、内腔深而广的耳朵,因而听觉相当发达,即便很微弱的声音都能被敏锐地觉察。这种特点虽有利于管理猪群,但猪群易产生应激反应。

猪的吻突是主要触觉器官。猪用鼻子探寻、识别所有接触的物体。新生仔猪用鼻子的触觉,顺着母猪被毛走向寻找奶头,被毛走向都朝着母猪腹部与乳房中部。

与公猪的身体接触,可刺激母猪发情。如果母猪生活在活动范围较大的猪栏里,四周又飘溢着公猪气味,发情期就会来得早。在暑热天,特别在季节交替时,隔离母猪有不育与不发情现象,其主要原因不是高温影响发情,而是高温使母猪的嗅觉、触觉器官不能充分发挥其功能。因此,此时母猪与公猪的身体密切接触对提高繁殖力有重要作用。

在养猪生产中,应根据猪的这些特性对猪群进行合理调教、分群、合群、发情鉴定和采精训练等,以方便管理,提高养猪生产水平。

5. 对温、湿度敏感,不耐热

猪对温度和湿度的反应比较敏感。大猪怕热,小猪怕冷,见表2-3,尤其初生仔猪特别怕冷。另外,猪在阴暗潮湿的环境中易患感冒、肺炎、皮肤病和其他疾病,特别是高温高湿和低温高湿的环境条件,对猪群的健康和生产有明显影响。在生产中,猪群的生产性能要得到充分发挥,应针对不同类别的猪群创造相宜的环境条件。

表2-3　各类猪群对环境温度的要求

生长阶段		温度/℃	生长阶段	温度/℃
仔猪	1日龄	35	生长猪28~70日龄	24
	2日龄	33	育成猪71~108日龄	22
	3日龄	31	种公猪	14~15
	4~7日龄	29	空怀及妊娠前期母猪	14~15
	8~14日龄	27	妊娠期后母猪	18
保育猪	15~27日龄	25	哺乳母猪	20

6. 定居漫游,群体位次明显

在开放式饲养或散养情况下,或舍外自由活动或放牧运动后,猪表现出定居漫游的习性。但在圈养时又表现一定的群居性和明显的位次秩序,如图2-3所示。在生产中应根据这一特点,合理安排猪群的饲养密度,及时进行调教,保证猪群健康有序生活,以利于其生产性能提高。

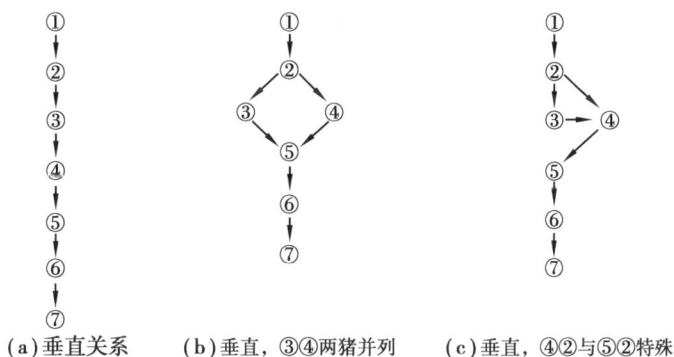

(a)垂直关系　　(b)垂直,③④两猪并列　　(c)垂直,④②与⑤②特殊

图2-3　猪群强弱位次示例

7. 爱好清洁,容易调教

现代培育猪的祖先是穴居动物,保持穴居内的清洁是其天性。而且猪具有活泼平衡的神经类型,容易调教。其采食、趴卧和排泄粪尿往往都有固定的地点,通过调教训练可有效培养猪群采食、趴卧休息和排粪尿"三点定位"的良好习性。

(二)猪的一般饲养管理原则

尽管公猪、母猪、仔猪、育成猪在饲养管理上有不同的特点,但必须掌握以下共同的原则。

1. 科学配制日粮

猪体需要的各种营养物质均由饲料供给,而各种饲料所含的营养物质种类与数量不一样,因此,应根据猪体对各种营养物质的需要量及各类饲料各营养物质的种类和数量科学配制日粮,多种饲料合理搭配,千万不可长期饲喂单一的饲料。

2. 分群分栏饲养

为有效地利用饲料和圈舍,提高劳动生产率,降低生产成本,应按品种、性别、年龄、体重、强弱、吃食快慢等进行分群喂养,以保证各类猪正常生长发育,但成年公猪和妊娠后期的母猪应单栏饲养。分群后,经过一个阶段的饲养,在同一群内可能还会出现体重大小和体况不一样的情况,应及时加以调整,并保持合理的密度,可参考表2-4。

表 2-4　猪群分群、分栏及密度表

分群	分栏情况	密度/(m² · 头⁻¹)
种公猪	单栏	6.0 ~ 8.0
后备公猪	单栏或小群(2 ~ 3 头)	1.6 ~ 2.0
种母猪	妊娠前期每栏2 ~ 3 头,临产时单栏	6.0 ~ 8.0
后备母猪	小群(6 ~ 8 头)	1.6 ~ 2.0
肥育猪	大群(10 ~ 25 头)	1.0 ~ 1.2

3. 不同的猪群选定不同的饲养方案

根据猪的不同生长阶段、体况、用途、对产品的特别要求等,按饲养标准,分别拟出各类猪的饲养方案。方案内容有其日粮的营养浓度及营养增减依据、饲喂方式及饲料形态、推荐个体采食量、饲料精青比。越来越多的猪场已全程不使用青饲料,建立营养平衡的好饲料就是最好的"药物"的新理念,如图2-4所示。

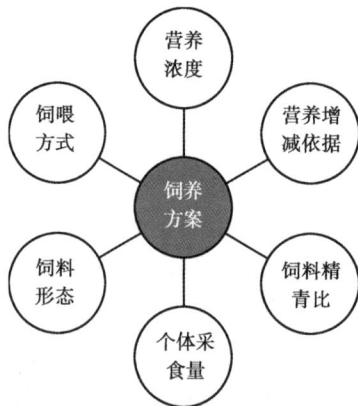

图 2-4　饲养方案示意图

4. 坚持"四定"喂猪

根据猪的生活习性,建立"四定"生活制度。①定时饲喂。每天喂猪的时间、次数固定,这样不仅使猪的生活有规律,而且有利于消化液分泌,可提高猪的食欲和饲料利用率。②定量饲喂。掌握喂食数量,不可忽多忽少,以免影响食欲,造成消化不良。定量不是绝对的,应根据气候、饲料种类、食欲、粪便等情况灵活掌握。③定温饲喂。根据不同季节温度的变化,调节饲料及饮水的温度。④定质饲喂。日粮的配合不要变动太大,饲料清洁新鲜,饲料变更要逐渐过渡,否则会导致猪消化不良或患病。一般变更期为 1 周,即在 1 周内,饲料是逐渐减少或逐渐增加的。

5. 合理调制饲料

根据饲料的性质,采取适宜的调制方法,青饲料除切碎、打浆鲜喂,还可调制成青贮饲料或干草饲喂;粗饲料常以粉碎、浸泡、发酵等方法调制;精饲料中各种籽实类通过粉碎后生喂,但生豆类需经蒸煮或焙炒消除抗胰蛋白酶因子和豆腥味才可喂猪。另外,棉籽饼、菜籽饼饲喂前应经过脱毒处理方可饲喂。

6. 改进饲喂方法

不同的饲喂方法,对饲料利用率和胴体品质均有一定影响。育肥猪自由采食增重快,但胴体短而较肥;限量饲喂虽会降低日增重,但可提高饲料利用率及瘦肉率。应普及生饲料喂猪,一般以湿拌料、稠粥料或生干粉料喂猪,并应积极发展颗粒饲料饲喂。从表 2-5 可以看出,在配方不变的情况下,颗粒料更有利于猪的生长。

表 2-5　不同料型对仔猪生长的影响

料型	干粉料	颗粒料
初生重/kg	7.16	7.15
末重/kg	11.15	11.55
日增重/g	190.51	210.49
采食量/g	329.32	351.26
饲料转化率	1.73	1.68

7. 供给充足饮水

水对饲料的消化、吸收、运输、体温调节、泌乳等生理机能起着重要作用。为此,每天必须供应充足而清洁的饮水。猪在夏季需水多,冬季需水少;喂干粉料需水多,喂稠料需水少。猪每采食 1 kg 干饲料需水 1.90 ~ 2.50 kg,夏季天气炎热时,每采食 1 kg 干饲料需水 4 ~ 4.50 kg。

8. 加强猪的管理

低温会造成猪能量消耗,高温会影响猪的食欲。所以各种猪舍,冬季应搞好防寒保温,夏季应注意防暑降温。圈养密度过大,会导致增重速度和饲料利用率降低。训练猪只养成固定地点排泄、采食、睡觉和接近人的习惯,有助于提高管理工作效率。防疫卫生是管理的一项经常性工作,经常保持圈舍清洁卫生,定期进行消毒、防疫和驱虫。

由"防重于治(制)"提升到"防养并重"。养即营养+环境+管理。养是主动消除各种不利因素,打造猪群强健的体质、最佳的免疫力、最有效的抗病力和适应性。

二、肉猪生产的特点

肉猪按其生长发育阶段可分为 3 个时期:从断奶至体重 35 kg 为生长期,称为小猪阶段或前期;体重 35 ~ 60 kg 为发育期,称为中猪阶段或中期;体重 60 kg 至出栏为肥育期,称为大猪阶段或后期。

就其体重增长而言,6～8月龄前增重较快,饲料转换率也高。10月龄以后,增重速度减慢。因此要抓住增重速度高峰期,发挥其增重潜力,降低饲养成本。

从其营养物质日沉积量和体组织组成成分来看,蛋白质沉积在肥育开始时逐渐增加,然后几乎保持不变。脂肪沉积随肥育进展不断增加(表2-6)。因此,体组织生长高峰出现的顺序为骨骼→肌肉→脂肪,即生长发育早期,骨骼的生长发育最快,而后为肌肉,后期则大量沉积脂肪。以脂肪沉积的增加增重是不经济的,这样每千克增重的营养物质消耗增多,出售的价位降低,所以养大猪不经济。由此可以看出,瘦肉型猪比兼用型和脂肪型猪更经济。肉猪生产要利用这个规律,前期给予高营养水平,注意日粮中氨基酸的含量及其生物学价值,促进骨骼和肌肉快速发育,后期适当限饲减少脂肪的沉积,防止饲料浪费,提高胴体品质和肉质。

表2-6 肥育猪日沉积与体组织组成成分

体重/kg	日沉积				每千克体组织成分		
	体组织/g	蛋白质/g	脂肪/g	能量/MJ	蛋白质/g	脂肪/g	能量/MJ
20	500	94	65	4.8	188	130	9.6
40	650	113	135	8.0	174	210	12.5
60	750	125	220	11.8	167	295	15.7
80	800	125	300	14.9	156	375	18.7
100	750	113	340	16.1	151	450	21.5

随着肉猪体组织及增重变化,猪体的化学成分也呈一定规律性变化,即随着年龄和体重增长,机体的水分、蛋白质和灰分含量下降,而脂肪含量则迅速增加(表2-7)。

表2-7 猪体化学成分变化

体重/kg	灰分/%	蛋白质/%	脂肪/%	水分/%
20	3.6	16.4	10.1	69.9
40	3.5	16.5	14.1	65.7
60	3.3	16.2	18.5	61.8
80	3.1	15.6	23.2	58.0
100	2.9	14.9	27.9	54.2
120	2.7	14.1	32.7	50.4

从表2-7可以看出,肉猪随着年龄和体重增长,蛋白质和灰分含量下降,但变化不太大。而水分和脂肪的变化很大,脂肪增加的同时水分下降,但两者之和没有太大变化,体重15 kg时脂肪和水分之和为79.9%,体重120 kg时稍有增加,为83.1%。在肉猪生产中,可根据其生长发育的不同阶段控制营养水平,加速或抑制猪体某些部位和组织的生长发育,以改变猪的体型结构、生产性能和胴体品质。

肉猪从饲料中获得营养维持需要和增重。它包含两个方面：一是肉猪摄食的营养首先用于维持需要，若有剩余，则用于增重。如果肉猪日粮中的营养只够维持需要，那么肉猪则只吃不长，只是维持生命而已；若除去维持需要稍有剩余，肉猪则生长缓慢；若除去维持需要剩余相对比较充足，肉猪则长得较快，这样才能充分发挥其肥育潜力。二是肉猪生活一天，无论增重与否，都用掉一天的维持消耗，而且随着体重增加，维持消耗相对也有所增加。因此，肉猪肥育期若无端延长，则需用很多饲料维持生命，这是一个很大的浪费，也就是说，缩短育肥期可以节省大量饲料，这就是人们极力追求快速育肥的道理。

三、肉猪生产前的准备

生长育肥猪生产前的合理准备十分必要，既方便生产管理，又能提高生产管理效率。主要工作包括圈舍的准备和消毒、设备和饲料的完善、科学地组织猪群、合理驱虫、去势和免疫接种等。

（一）圈舍的准备和消毒

圈舍准备，首先需要确定肉猪的群体规模和饲养密度，其次，确定所需要的圈舍数量，并对圈舍进行维修和严格消毒，才能用来进行肉猪生产。

1. 饲养密度

肉猪的饲养密度，指平均每头猪占用猪栏的面积（m^2），又称为占栏面积。适宜的饲养密度对肉猪的增重、健康、饲料转化率以及猪群管理非常重要。

一般来说，生长肥育猪的饲养密度是每栏或每群 10～20 头，每头猪的占栏面积全期平均为 1.0 m^2 左右。原窝培育（每圈养 8～12 头猪）是肉猪群养的最好方式，将同一窝出生或同窝哺乳、保育的猪养在同一个圈（栏）内直到出栏。

根据我国中、小型集约化养猪场建设标准和各地区的实际情况，猪群饲养密度大小可以参考表 2-8。

表 2-8　肉猪适宜饲养密度

肉猪体重阶段	每栏头数/头	肉猪的占栏面积/（$m^2 \cdot$ 头$^{-1}$）	
		混凝土实体地面	漏缝地板地面
20～60 kg	8～12	0.6～0.9	0.4～0.6
60～100 kg（出栏）	8～12	0.8～1.2	0.8～1.0

2. 圈舍的维修、清扫和消毒

肉猪多采用舍饲。圈舍的科学设计与合理设施是影响猪舍小气候环境条件好坏的关键因素。猪的圈舍要求保温隔热，通风良好，空气中有毒有害气体和尘埃的含量应符合要求。

在圈舍使用之前，应首先检查圈舍的门窗、圈栏和圈门是否牢固，圈舍的地面、食槽、输水管道和饮水器是否完好无损，自动喂料系统、通风及其他设施能否正常工作等，并及时进行更换或维修；其次，对圈舍进行彻底清扫，包括地面、墙壁、围栏、排粪沟，特别要重视对圈舍天花板或圈梁、通风口的彻底清扫；最后，对圈舍进行严格消毒后再投入使用。

消毒方法和步骤：首先清除固体粪便和污物，用高压水冲洗围栏、地面和墙壁；其次，加强圈舍通风。风干后，对地面和墙壁用 2%～3% 的火碱溶液喷雾，6 h 后用高压水冲洗地面和墙壁残留的火碱;干燥后,用甲醛熏蒸消毒,每立方米空间用 36% ~40% 甲醛溶液 42 mL、高锰酸钾 21 g,在 21 ℃ 以上温度、70% 以上相对湿度下封闭熏蒸 24 h(应该注意,熏蒸主要适用于密闭猪舍),调整圈舍温度达 15 ~22 ℃,可转入生长肥育期猪进行生产。操作者在整个过程中要做好自身安全防护。

(二)合理组群及调教

1. 合理组群

饲养肉猪必须采取群饲方式,这样可充分利用圈舍,节约资源,提高劳动效率,同时促进猪的食欲。但分群不合理就影响其生长性能,如猪群整齐度差、互相咬尾咬耳等。分群应把握尽量维持群体的同质性原则,即同样的品种或杂交组合,同样的体重和年龄。也尽量保持猪群的稳定性,不要频繁调动猪群。

具体而言,肉猪应根据其来源、体重、发育状况和采食特性等合理分群,在大规模集约化猪场,还应考虑猪的性别差异(因性别及生长性能与所供日粮营养水平有关)。在一般情况下,群体的个体体重差异不超过 2 ~4 kg。

为减轻猪群争斗、咬架等现象造成应激,建议组群前采取 3 项措施。

①用带有气味的消毒剂,如来苏尔或酒精对猪群进行喷雾消毒,以混淆气味、消除猪只之间的敌意。

②分群前停饲 6 ~8 h,但在要转入的新圈舍食槽内撒放适量饲料,猪群转入后能够立即采食而放弃争斗。

③在新圈舍悬挂铁链等小玩物或播放音乐,以转移其注意力。另外,所分成的群体大小应在充分考虑"原窝培育"基本原则的基础上,每群以 8 ~12 头为宜。

肉猪分群后,在短时间内会建立较为明显的群体位次,此时尽可能保持群体的稳定。但是,经过一段时间饲养后(特别是在生长期结束、体重达到 60 kg 左右时),应对猪群进行 1 次调整。

2. 加强调教

肉猪在分群和调群后,及时进行调教。肉猪调教的内容主要有两项:①防止强夺弱食。在保证栏舍内全群有足够采食槽位的基础上,防止强夺弱食,猪群内的每个个体都能有均等的采食机会。防止强夺弱食的主要措施是分槽位采食和均匀投放饲料。②"三点定位"。训练猪的"三点定位"习惯,猪在采食、睡觉和排泄时有固定的区域,并形成条件反射,以保持圈舍清洁、卫生和干燥。"三点定位"训练的关键在于定点排泄。具体方法是猪调入新圈前,预先把圈舍打扫干净,在猪躺卧处铺上垫草,食槽内放入饲料,并在指定排便地点堆放少量粪便、洒水。猪调入新圈后,若有个别猪不在指定地点排便,及时将其粪便铲到指定地点并守候看管,这样,经过 1 周左右训练,就会使猪形成"三点定位"习惯。

(三)驱虫

患寄生虫病的猪生长缓慢,消瘦,被毛蓬乱无光泽,严重的会导致僵猪。驱虫可以明显提高肉猪的增重速度,减少饲料消耗,并能增进猪的健康和抗菌力,提高肉猪生产的经济效益。

在猪的整个生长肥育期间,主要应重视驱除猪蛔虫、姜片吸虫、疥螨和猪虱等体内外寄生虫,通常需要进行 2~3 次驱虫。第一次在仔猪断奶后约 1 周,第二次在生长肥育阶段、体重达到 50~60 kg。必要时,可分别在仔猪断奶前或 135 日龄左右增加 1 次驱虫。所有引进的猪,首先要进行隔离,然后进行驱虫,健康体壮才能合群。

驱虫药最好选用功能全面的复方药。猪场主要是疥螨病、虱和线虫,比较适用的剂型是针剂、预混剂。可选用驱虫药有:伊维菌素(图 2-5)、伊力佳、虫蝇净、杀螨灵、帝诺玢、净乐芬等。用针剂伊力佳,则皮下注射 1~2 mL。复方药针对的虫种、来源比较全面,同时大多注意适口性,有些复方产品如虫蝇净,充分应用现代生物技术的中草药制剂,弥补抗生素类制剂的不足,使用方便,在饲料中加入时,应连续使用 6 d。目前来看,高效、安全、广谱的抗寄生虫首选药物是伊维菌素及其制剂,口服和注射均可,对猪的体内外寄生虫有较好的驱除效果。采用 1% 伊维菌素注射液对猪进行皮下注射,使用剂量为 0.3 mg/kg 体重;如用预混剂混饲,每吨饲料加 330 g,连用 7 d,对驱除猪体内、外寄生虫有良好效果。此外,驱除蛔虫常用驱虫净(四咪唑),20 mg/kg 体重,1 次口服;盐酸左旋咪唑,7.5 mg/kg 体重,1 次混料喂服;阿苯达唑,5~10 mg/kg 体重,1 次混料喂服。敌百虫也是常用的性价比好的广谱驱虫药。大群驱虫前,最好做驱虫试验。驱虫后排出的虫体和粪便,要及时发酵清除。

养猪生产对内外寄生虫的防治,应像处置其他猪病一样依靠监测手段,真正贯彻"预防为主""健康养殖"。

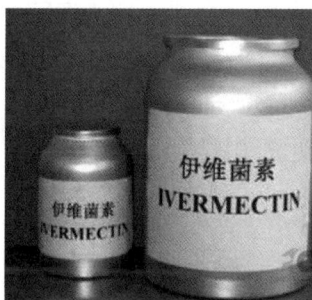

图 2-5 伊维菌素

技能训练

技能一 猪场空舍消毒训练

一、目的及要求

在熟悉猪场空舍消毒程序的基础上,通过实践操作训练,掌握猪场空舍消毒的基本方法,学生树立正确的卫生消毒观,树立"预防为主、治疗为辅"兽防意识。

二、设备和材料

空舍猪栏 1~2 间、消毒药液、喷洒水壶、喷雾器、高压清洗机等。

三、方法和手段

学生先分组,教师与技术员现场讲授空舍消毒程序,然后各组分工协作,按照消毒程序先后进行消毒训练操作,消毒训练结束后,学生对此次训练进行总结,叙述详细消毒过程,并写成报告。

四、消毒训练的步骤

供参考的空舍消毒程序为:维修→清扫→水冲刷→药液浸泡→药液冲刷→药液喷洒消毒→空气熏蒸消毒→通风换气→粉刷→干燥,一般都要经过清、冲、喷、熏、空 5 个环节。具体消毒训练可根据实际情况,选择 3～5 个可操作较强的环节按组别进行。可参考以下 4 个主要训练步骤。

①清扫。对空猪舍、空猪栏及售猪栏舍等舍内用具进行清理,清出粪便、垫料、剩余饲料,清出圈栏和墙壁上附着的污物,顶棚上的蜘蛛网、尘土等,并整理舍内用具,如产房空舍后应将仔猪饲槽集中到一起,保温箱的垫板立起来放在保温箱上以便于清洗等。

②冲刷。用高压清洗机对地面、栏舍、门窗、墙壁、天花板、用具等彻底清洗冲刷,做到不留污物。

③选配药液。可选用 20% 石灰乳、3%～5% 烧碱液,还可选 0.5% 过氧乙酸、0.1% 百毒消、0.2% 百毒杀或 0.5% 络合碘、1：1 500 消毒威等。猪舍参考配药量:1 000 mL/m^2。

④喷洒消毒。从离门远处开始,按照地面→墙壁→棚顶的顺序喷洒药液,最后再将地面喷洒 1 次。消毒液的喷洒量要保证每个部位都能充分接触,并积液浸泡,不留死角。饲养用具等一并喷洒消毒(表 2-9)。

消毒全程要做好自身安全防护。

表 2-9 消毒情况记录表

消毒步骤	消毒场所	消毒药剂	消毒时间	负责人	备注

五、报告

对此次训练进行总结,叙述详细消毒过程,写成报告。

技能二　去势和免疫接种操作

一、目的及要求

在肉猪生产中,学会对仔猪进行去势和免疫接种是重要的操作技能。学生通过实际操作训练,掌握仔猪早期去势及免疫接种的基本方法,增强动手能力。

二、设备和材料

7~10日龄肉用仔猪、去势刀、70%酒精棉球、0.1%新洁尔灭、5%碘酊、接种用疫苗、接种卡和登记表、注射器、针头等。

三、方法和手段

学生先分成4~6人的小组,教师和技术员现场对学生进行去势和免疫接种操作讲解,在教师组织下,技术员进行去势和免疫接种操作演示,学生观摩,在教师和技术员的指导下亲自操作,最后进行总结,叙述去势和免疫接种详细过程,并写成报告。

四、去势和免疫接种操作步骤

本次技能训练有两个小项目,需要根据实际情况分组,或考虑适当延长学时。具体操作如下:

（一）去势

仔猪保定后,把握住阴囊,固定睾丸。先用5%碘酒消毒入刀部位皮肤,然后右手持刀,选择纵行上下切割阴囊壁,挤出睾丸。挤出时用手指捻搓精索和血管,有止血作用。术后在刀口部位撒抗菌药物。操作完毕,仔细检查有无肠管脱出,以便及时处理。

（二）接种疫苗

1. 根据所使用疫苗种类,参考选择如下方法

①肌内注射法。将疫苗注射于富含血管的肌肉内,其疼痛较轻,是目前使用较多的一种方法,大多数疫苗都是经这一途径免疫。注射部位在耳根后4指处(成年猪)颈部两侧或臀部。应注意避开血管、神经,并防止刺伤管腔。

②皮下注射法。将疫苗注入皮下结缔组织,经毛细血管吸收进入血液而产生免疫反应。注射部位多在耳根后皮下,也可注射在股内侧皮下。皮下组织吸收比较缓慢而均匀,但油剂类疫苗不宜皮下注射。

③滴鼻接种法。该方法可刺激产生局部免疫,建立针对相应抗原的共同免疫系统。目前使用比较广泛的是猪伪狂犬病基因缺失疫苗的滴鼻接种。

其他还有口服免疫法、后海穴位注射法、气管内注射和肺内注射法等,但很少使用。

2. 接种疫苗注意事项

①注射时严格消毒。注射部位的消毒方法:先用5%碘酊消毒,再用75%酒精脱碘,待干燥后注射,以免影响免疫效果(乙脑免疫时用酒精或新洁尔灭消毒皮肤)。注射疫苗要做好充分的消毒准备,针头、注射器、镊子等必须事先消毒备用,酒精棉球需在48 h前准备。免疫时,每注射1头猪要换1枚针头,以防带毒、带菌。猪群免疫注射前后避免大的消毒活动和使用抗菌药物。

②注意疫苗的有效期。选购疫苗,应根据饲养生猪数量和疫苗的免疫期、有效期制订疫苗用量计划,并到正规的畜牧兽医部门选购疫苗。不购瓶壁破裂、瓶签不清或记载不详的疫苗,不购没有按要求保存和快到失效期的疫苗。如果使用临近失效期的疫苗,则应适当加大剂量。

③注意注射的有效剂量。不可过多或过少注射疫苗。疫苗注射过多往往引起疫苗反

应,过少则抗原不足,达不到预防效果。疫苗使用前应充分振荡,沉淀物混合均匀。细看瓶签及使用说明,严格按要求剂量注射,并详细记录注射剂量、日期、疫苗产地、出厂时间等,防止漏注。

④正确使用注射器。注射器刻度要清晰,不滑杆、不漏液;注射的剂量要准确,不空注;进针要稳,拔针宜速,不得打"飞针",以确保疫苗液真正足量地注射到肌肉内或皮下。注射用针头不能过粗,否则疫苗会从针孔流出。接种要保证垂直进针,这样可保证疫苗液的注射深度,还可防止针头弯折。如没有足够的熟练程度,逐一保定猪只再注射,虽然麻烦一些但最保险。免疫接种完毕后,将所有用过的疫苗瓶及接触过疫苗液的瓶、皿、注射器等进行消毒处理。

⑤注意疫苗间的相互影响和两次注射的时间间隔。注射疫苗以后,猪只需要一定的时间以产生抗体。如果两种疫苗同时注射,疫苗会互相干扰,影响抗体形成,效果往往不佳。所以注射两种不同的疫苗,应间隔 5 ~ 7 d,最好 10 d 以上。

⑥不可过早给仔猪注射疫苗。刚出生的仔猪可从母体获得母源抗体,能有效地抗病,除遇特殊情况(如超前免疫),一般不过早接种疫苗。如果过早注射疫苗,一是仔猪免疫应答较差,二是干扰母源抗体。所以仔猪注射猪瘟疫苗应在 20 ~ 25 日龄首免,待 60 日龄需加强免疫 1 次。

⑦慎给怀孕母猪注射疫苗。疫苗是一种弱病毒,能引起母猪流产、早产或死胎。繁殖母猪最好在配种前一个月注射疫苗,既可防止母猪在妊娠期因接种疫苗而引起流产,又可提高出生仔猪的免疫力。

⑧不可盲目接种。在免疫接种前,首先应对本地猪病流行的规律和情况进行调查,制订科学合理的免疫程序,做到有的放矢。

⑨不可对发病猪注射疫苗。猪群的健康状况直接影响免疫的成功率,猪群感染某种传染病,注射疫苗不但达不到免疫目的,反而会导致死亡,或造成疫情扩散。例如,猪群感染圆环病毒和蓝耳病毒,将导致免疫抑制,影响其他疫苗的正常免疫效果,增加本病毒的暴发风险。

⑩注意观察猪群。免疫接种后注意观察猪群情况,发现异常应及时处理。个别猪只因体质差异,在注射油佐剂疫苗时会出现过敏反应(表现为呼吸急促、全身潮红或苍白等),所以每次接种疫苗要带上肾上腺素、地塞米松等抗过敏药备用。

五、报告

对此次训练进行总结,叙述去势和免疫接种操作详细过程,写成报告。

任务二　肉猪生产技术

📖 知识准备

一、肉猪苗选择

不同品种猪的增重速度、饲料转化率和胴体品质有很大差异。一般来说,瘦肉型猪种比兼用型、脂肪型猪种和我国地方猪种的增重速度快、饲料转化率和瘦肉率高;而采用不同品种猪进行杂交,可以充分利用杂种优势,提高肉猪生产潜力。同样,配套系杂交猪比一般品种间杂种猪表现出更高的生产水平,并产生较高的经济效益。

(一)选择优良品种及适宜的杂交组合

猪最佳杂交模式应满足以下基本要求:①商品猪符合市场需求,商品价值高,产品竞争力强;②充分利用公母猪及后代的杂种优势;③合理利用当地的猪种资源,且杂交后代与特定的饲养管理水平相适应,即兼具生物学和经济学优势。无论科研还是生产,最好都做杂交组合试验排队选优。

不同品种或品系进行杂交,利用杂种优势,是提高生长育肥猪生产力的有效措施。我国大多利用二元和三元杂种猪育肥。瘦肉型猪种与兼用型猪种和脂肪型猪种比较,其对饲料营养的利用率更高,增重快、耗料省、瘦肉率高。我国地方猪种的增重速度和饲料转化率不及长白猪等瘦肉型猪种,但是,我国猪种对粗纤维的消化率较高,且肉质优良。在通常情况下,母本应选择分布广、数量多、适应性强、繁殖力高的地方品种,父本应选择生长速度快、饲料利用率高、肉质好的引进品种。

通过杂交所得到的后代,生活力强、增重快、饲料转化率高。但是,不同杂交组合、不同杂交方式及不同环境条件杂交效果也不尽相同,对杂交组合进行筛选极为重要。三元杂交比二元杂交效果更为显著。最常见的杂交组合是"杜长大",或"杜大长"。

当今国际养猪发展趋势是按专门化品系选育,根据市场需求杂交配套生产商品猪,并形成许多著名的配套系猪,我国目前已引进美国的 PIC、荷兰的达兰、法国的伊彼得、比利时的斯格(图 2-6)等配套系猪。我国培育的配套系猪有鲁农 1 号配套系、中育猪配套系、华农温氏 1 号配套系、渝荣 1 号猪配套系、深农配套系、光明配套系和冀合白猪配套系等。

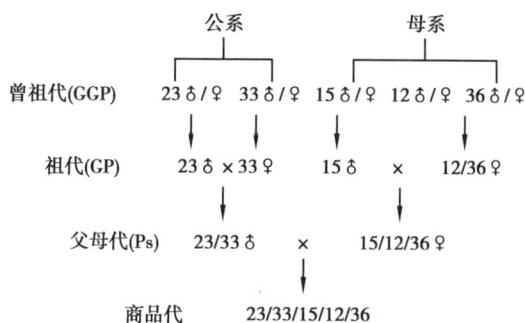

图 2-6 斯格配套系猪配套模式与繁育体系示意图

(二)整齐强壮

体重大、活力强、发育整齐的仔猪,肥育时增重快,饲料利用率高,发病率和死亡率都低。体重大小不同,育肥效果差别很大(表 2-10)。正像群众总结的那样:"初生差一两,断奶差一斤,出栏差十斤。"因此,必须重视妊娠母猪的饲养管理和仔猪培育,提高仔猪断奶体重和均匀性。28 d 断奶仔猪体重应达到 5.5 kg,争取目标体重 6~8 kg,63 日龄体重 23~25 kg。

表 2-10　仔猪质量与肥育效果的关系

仔猪体重/kg	头数/只	208 日龄体重/kg	体重相对百分比/%	死亡率/%
5.0 以下	967	73.4	100	12.2
5.1～7.5	1 396	83.6	114	1.8
7.6～8.0	312	89.2	124	0.5

(三)体型好

肋骨开张,胸深大,管围粗和骨骼粗成正比,这样的猪体格强健,生活力强,饲料效率高,胸深的猪背膘薄而瘦肉多。

(四)健康无病

某些慢性病如猪喘气病和萎缩性鼻炎等,对成年猪和仔猪的影响不算太大,但严重干扰生长期的肉猪。虽无明显临床症状,死亡率也不高,但会严重降低生长速度,延长饲养期,增加饲料消耗(表 2-11)。这种非死亡造成的经济损失常常被人忽视。因此,尽量选用健康未感染疾病的仔猪,不能选用疫区及病弱仔猪。

表 2-11　慢性病对肥育效果的影响

肥育指标	夏季		冬季	
	无喘气病	有喘气病	无喘气病	有喘气病
日增重/g	506	504	540	418
饲料/增重	3.39	4.25	3.85	4.90

健康无病的特征:两眼明亮有神,被毛光滑有光泽,白猪皮肤红润;站立平稳,呼吸均匀,反应灵敏,行动灵活,摇头摆尾或尾巴上卷,睡觉时耳朵和尾巴会不时活动;叫声清亮,鼻镜湿润,随群出入;粪软尿清,排便姿势正常;睡醒时主动接近饲养员,主动采食。

有病的猪精神萎靡、双眼无神,眼角有分泌物;不愿与健康猪合群,多愿独自躺在偏僻处;被毛蓬乱,动作迟缓,鼻镜干燥或龟裂、发绀,呈明显的胸式或腹式呼吸,呼吸短促而急;尾巴潮湿、冰冷、摇摆无力;粪便过稀或过干,恶臭,尿液浑浊。食欲差,甚或废绝。

凡是有呼吸道疾病、消化道疾病、皮肤病等,都不允许转入生长肥育猪舍。

二、肉猪饲养技术

饲养管理水平的高低,直接关乎商品肉猪的生长速度快慢、肥育期长短、饲料成本高低和胴体品质优劣。饲养技术主要涉及饲料营养、饲粮配合、肥育方法和饲喂方法、饲喂次数、喂量以及饮水等方面。

(一)确定适宜的饲料营养水平

饲料营养水平的高低,可对肉猪的增重速度和胴体品质产生重要影响,特别是能量水平和蛋白质水平。

1. 能量水平

饲料能量水平的高低与其增重速度和胴体瘦肉率关系非常密切。在饲料蛋白质和氨基酸水平相同的情况下,猪对能量的摄入量越多,猪的增重速度越快、饲料转化率越高,背膘则越厚、胴体脂肪含量越多(表2-12)。可见,高能量水平对猪的增重有利,但对胴体品质不利,而且猪在高能量水平下高增重的主要原因在于猪体内的脂肪大量沉积。故在兼顾肥育性能和胴体组成时,能量水平必须适度。为了防止胴体过肥,在育肥后期要实行限制饲养,以控制猪能量的摄入量、提高胴体瘦肉率。但不同的品种、类型、性别的猪都有自己的最适能量水平。

表2-12 能量水平对猪的生长速度和背膘的影响

能量水平		低能量水平		高能量水平	
摄入蛋白质		低(共34 kg)	高(共43 kg)	低(共35 kg)	高(共45 kg)
粗蛋白含量/%		13.4	18.0	13.4	18.0
阶段日增重	20 ~ 50 kg	483	564	548	610
	50 ~ 90 kg	808	780	828	945
	20 ~ 90 kg	616	664	652	735
三点膘厚/mm		17.5	15.0	19.0	16.5

2. 蛋白质和氨基酸水平

饲料中的蛋白质和氨基酸水平,可以影响肉猪的增重速度、饲料转化率和胴体品质,其高低受猪种、饲粮能量水平及能量与蛋白质的配比影响。

提高肉猪饲粮蛋白质水平,不但可以提高猪的增重速度,而且可以得到背膘薄、瘦肉率高的肉猪胴体。饲粮蛋白质水平在一定范围内(9% ~ 18%),饲粮消化能和氨基酸都能满足需要,随着蛋白质水平提高,则肉猪日增重随之增长,饲料转化率也增高,但超过17.5%,日增重不再提高,反而有的会出现下降趋势,但提高了瘦肉率(表2-13)。

表2-13 饲粮粗蛋白质水平与生产性能

饲粮粗蛋白质水平/%	日增重/g	胴体瘦肉率/%
15.0	676	44.7
17.5	749	46.6
20.0	745	46.8
22.5	749	47.6
25.0	717	49.0
27.5	676	50.0

根据我国的实际情况,建议参考以下粗蛋白质水平标准:体重20 ~ 60 kg阶段为16% ~ 17%,体重60 ~ 100 kg阶段为14% ~ 16%。

蛋白质对肉猪的增重速度、饲料转化率和胴体品质的影响,不但在于含量,更在于蛋白质的质量,即氨基酸的种类、含量和配比。猪生长的必需氨基酸有 10 种,缺乏任何一种都会影响增重,赖氨酸、蛋氨酸和色氨酸的影响更为突出。其中第一限制性氨基酸——赖氨酸,对猪的增重、饲料转化率和胴体瘦肉率影响最大。为生长猪补充赖氨酸,可以提高猪的增重速度和胴体瘦肉率,赖氨酸占粗蛋白质的 6% ~8%(占全风干饲粮的 0.8% ~1.0%)时饲粮蛋白质的生物学价值最高,猪的增重效果和胴体品质最好。

3. 矿物质、维生素和粗纤维水平

矿物质和维生素可以提高商品肉猪的增重,并保证其旺盛的活力和抗病力,特别是微量元素,对肉猪的增重速度、饲料转化率和肉猪健康影响较大(表 2-14)。注意营养素之间的协同、拮抗,即注重营养平衡。日粮适宜的钙磷比例为 1.5∶1,食盐含量为 0.25% ~0.5%。饲喂高钙日粮会引起磷、镁、锌、锰等的缺乏症。试验证明,高铜(250 mg/kg)有明显的促生长作用,但不符合健康安全、生态环保理念。

表 2-14   常量元素、微量元素、维生素对肉猪生长的影响

饲粮组成	平均日增重/g	饲料转化率
平衡的玉米+大豆日粮	774	2.75
不添加微量元素	738	2.70
不添加维生素	680	2.95
不添加钙和磷	576	3.30

粗纤维包括纤维素、半纤维素、木质素、果胶等,其含量是影响饲粮适口性和消化率的主要因素。肉猪饲粮粗纤维含量增加,可以降低饲料转化率和猪的增重速度(表 2-15),故为了肉猪生产水平应限制饲粮的粗纤维水平。研究表明,肉猪饲粮的粗纤维含量为 5% ~7%(最适 6.5%),增重效果最好。建议在饲粮消化能和蛋白质水平正常的情况下,体重 20 ~35 kg 阶段粗纤维含量为 5% ~6% ,35 ~100 kg 阶段为 7% ~8% ,最高不超过 9% 。

表 2-15   不同纤维素水平对肥育猪生产性能与胴体品质的影响

组别	粗纤维水平			
	5%	10%	15%	20%
头数	10	9	10	8
饲养天数	91	90	90	90
日增重/g	626.1	581.2	574.7	518.6
屠宰测定头数头	2	2	2	2
屠宰率/%	75.9	73.4	73.5	73.7
背膘厚/mm	43	42	38	38
瘦肉占胴体比例/%	45.3	47.0	48.6	52.8

(二)精心设计肉猪的饲粮配方

饲粮配方的设计是肉猪生产的关键技术之一。在配方设计时,首先应该了解当地的饲

料资源和饲料的利用价值;其次,根据猪的生理特点和营养需要设计一个较为完善的饲料配方;最后,在使用所设计的饲料配方过程中,根据实际效果不断调整和完善配方,以求达到最理想的饲喂效果,降低生产成本,提高养猪生产的经济效益。

在设计肉猪的饲粮配方时,应遵循以下原则:

①选择饲养标准。选择合适的肉猪饲养标准,并根据生产实际以及不同肥育阶段的预期生产水平,对肉猪的营养成分需要量进行适当调整。

②控制粗纤维。控制肉猪饲粮中的粗纤维含量。日粮有机物的消化率与其粗纤维含量呈强负相关。现代瘦肉型猪种的生长速度快,建议其生长肥育阶段日粮粗纤维含量5%~6%。我国地方猪种能更好地耐受粗饲。还应注意日粮投喂量,保证猪吃得下又吃得饱,且满足其营养需要。

③选择原料。重视饲料原料的选择。不但保证饲料原料有较好的适口性以及无霉变和有毒成分,而且力求饲料原料组成的多样化。注意避免使用适口性差的日粮成分。避免日粮的有毒物质,如蚕豆中的抗胰蛋白酶及血凝素、棉籽饼中的游离棉酚。发霉饲料因其复杂的霉菌毒素而导致的危害不言而喻。霉菌毒素普遍存在于带霉饲料和饲料原料中,是饲料及饲料原料霉菌繁殖过程中产生的次生代谢产物。在饲料中常见且对动物健康和养殖业造成严重损害的有:黄曲霉毒素、玉米赤霉烯酮、赭曲霉毒素、单端孢霉烯(族)化合物(包括呕吐毒素、雪腐镰刀菌烯醇及T-2毒素等)以及伏马菌素等。

④严格遵守国家饲料法规。生产的配合饲料营养指标、感官指标和卫生指标及检测方法等符合国家相关产品标准的规定(表2-16)。

表2-16　饲料质量标准

饲料质量标准	标准编号
《仔猪、生长育肥猪配合饲料》	GB/T 5915—2020
《饲料卫生标准》	GB 13078—2017
《饲料添加剂 调味剂 通用要求》	GB/T 21543—2021
《仔猪、生长肥育猪维生素预混合饲料》	NY/T 1029—2006
《无公害食品 畜禽饲料和饲料添加剂使用准则》	NY 5032—2006
《绿色食品 饲料及饲料添加剂使用准则》	NY/T 471—2023

⑤坚持经济原则。因地制宜,尽可能利用本地区的饲料资源,并选用营养丰富、质优价廉的饲料原料。

动物对蛋白质的需要,实际上是对氨基酸的需要。国内外的动物营养研究表明,生长肥育猪在自由采食情况下,利用游离氨基酸的效率等同于利用蛋白质中氨基酸的效率(但小肽营养形式效价更高)。保持氨基酸平衡,在日粮中添加游离氨基酸并无生物学上的限制。低蛋白日粮的配制正是以此为依据,利用供应单品氨基酸保证日粮的氨基酸平衡,而适当减少日粮中蛋白饲料用量。由此既不影响动物正常生产成绩,又可节约蛋白资源,降低饲料成本,还可减少氮排放,有利于环保。通过配入赖氨酸、苏氨酸、色氨酸等,日粮的粗蛋白水平可降低4个百分点(表2-17)。

表 2-17　生长肥育猪饲粮配方范例

编号	(1)		(2)			(3)			(4)	
体重阶段/kg	30~55	55~90	20~35	35~60	60~90	20~35	35~60	60~90	20~60	60~90
玉米	66	71.7	40.2	40	42	53	59.3	62.4	36	42
大麦									35	37.5
高粱	10	10	16.2	20	20					
三七糖						6.5	6.8	7.2		
麸皮	5	5	22.5	20.5	20.7	20	20	20	11	11
豆饼(粕)	17(饼)	11.5(饼)	11.3(饼)	8.5(饼)	6.0(饼)	19(饼)	12.4(饼)	9.1(饼)	6.5(粕)	4.0(饼)
菜籽饼				10	10					
草籽粕			9							
鱼粉									10	4
骨粉			0.1	0.1	0.3					
贝粉	1.5	1.5	0.6	0.6	0.6	1.2	1.2	1.0		
石粉									1	1
食盐	0.3	0.3	0.1	0.3	0.4	0.3	0.3	0.3	0.5	0.5
氨基酸		赖氨酸 0.1 蛋氨酸 0.1								
每1kg饲粮含 消化能/Mcal	3.244	3.252	3.17	3.12	3.13	2.99	2.99	3.00	3.02	3.05
粗蛋白/%	13.92	12.17	15.94	14.07	14.30	15.5	13.3	12.2	12.68	12.88
赖氨酸/%	0.70	0.56	0.80	0.80	0.66	0.76	0.61	0.54	0.86	0.59

（占饲粮比例/%）

(三)选择科学的肉猪肥育方式

不同的肉猪肥育方式对肉猪的增重速度、饲料转化率和胴体品质的影响很大。

1. "吊架子"育肥法

其也称"阶段育肥法",在较低营养水平和不良的饲料条件下所采用的一种肉猪肥育方式。一些因袭传统的养猪场或追求生态自然养猪理念的猪场,在充分考虑肉猪不同阶段的生长发育特点及不同的屠宰体重要求前提下,将肉猪的整个肥育期分为三个阶段,20~35 kg为肥育前期,35~60 kg为肥育中期,60~100 kg以上为肥育后期。大致对应为小猪、架子猪和催肥三个阶段。方法:小猪阶段饲喂较多的精料,饲粮能量和蛋白质水平相对较高。架子猪阶段利用猪骨骼发育较快的特点,让其长成骨架,采用低能量和低蛋白质的饲粮进行限制饲养(吊架子),一般以青粗饲料为主,饲养4~5个月。而催肥阶段则利用肥猪易于沉积脂肪的特点,增大饲粮精料比例,提高能量和蛋白质的供给水平,快速育肥。这种育肥方式通过"吊架子"充分利用当地青粗饲料等自然资源,降低生长肥育猪饲养成本,但拉长饲养期,生长效率相对较低。阶段饲养方式的优点:在青粗饲料量多质优的条件下,能够少用精料。但它有两个缺点:一是前期正是肉猪肌肉迅速生长发育时期,蛋白质供应不足,限制肌肉生长,而后期脂肪沉积能力高的时期,却喂给大量转化脂肪含能量较高的饲料,促进脂肪沉积,导致猪肉过肥;二是由于用了大量的青粗饲料和泔水,降低饲养水平,拖长肥育期,增加维持消耗,浪费饲料,猪增重迟缓。

2. "一条龙"育肥法

其也称"直线育肥法",根据肉猪生长发育对营养需要的特点,肥育全期实行丰富饲养的肥育方式。具体做法是:整个生长育肥期间能量水平始终较高,且逐阶段上升,蛋白质水平也较高。这是现代集约化生猪生产普遍采用的方式。优点:以直线育肥方式饲养的猪增重快,饲料转化率高。在较短的时期内用较多的精料,满足肉猪各阶段的营养需要,充分发挥肉猪的增重潜力,获得较高的日增重,缩短育肥期,减少维持消耗,节省饲料,提高出栏率。缺点:胴体瘦肉率不高,适合国内市场销售。

3. "前高后低"的饲养方式

育肥猪体重60 kg以前,采用高能量、高蛋白质饲粮;育肥猪体重达60 kg,适当降低饲粮能量和蛋白质水平,限制其每天采食的能量总量。

这是在直线育肥的基础上,为了提高瘦肉率所改进的一种育肥方法。肉猪体内瘦肉的生长量,主要取决于日粮中的蛋白质和必需氨基酸供给,而肉猪体内脂肪的生长量主要取决于日粮中的能量含量。蛋白质沉积规律表明,在20~60 kg时先是直线上升,60 kg以后,基本稳定在一定水平上。脂肪的沉积则相反,开始时沉积较慢,60 kg以后直线上升。

根据这一规律,在肉猪生产中,一方面肉猪日粮育肥全期都要保持一定的蛋白质和氨基酸供给,以促进体蛋白的沉积,增加瘦肉产量。另一方面,适当降低肉猪的日粮能量含量,以限制脂肪沉积,这样可以多长瘦肉。

具体做法:体重60 kg前采用高能量高蛋白饲粮,每千克饲粮消化能为12.5~12.97 MJ,粗蛋白质为16%~17%,肉猪自由采食或不限量饲喂;体重60 kg以后限制采食量,控制为自由采食量度的75%~80%。这样既不会严重影响肉猪增重速度,又可减少脂肪沉积。据研究,大体上肉猪每少食10%饲粮,瘦肉率可提高1.0%~1.5%。限饲方法:一是定量饲喂;二是在饲粮中搭配一些优质草粉等能量较低、体积较大的饲料,使每千克饲粮能量含量降下来。在当今人们喜爱食用瘦肉的情况下,这种育肥方法正逐步得到推广普及。优点:胴体瘦肉率比直线饲养方式高,适合国外市场销售。缺点:生长速度比直线饲养方式稍慢。

(四)科学的饲喂技术

肉猪饲喂技术主要包括两个内容,饲喂方法、饲喂次数和喂量。

1. 肉猪的饲喂方法

常用的肉猪饲喂方法主要有两种,即自由采食和限制饲养。

①自由采食。对猪的日粮采食量、饲喂时间和饮水等方面不加限制的饲喂方法。自由

采食的最大特点是,可以最大限度地提高肉猪的增重速度,效果非常明显。但也有试验显示,自由采食虽然可以提高猪的日增重,但猪体脂沉积较多,饲料转化率降低。

②限制饲养。一定生长阶段的肉猪,对采食量、饲粮营养水平、饲喂时间和饮水等方面进行适当限制。其中,限制肉猪的日粮采食量是最普遍而又最为简单易行的做法,故常将限饲称为限量饲喂。在一般情况下,限量饲喂的日粮供给量应为自由采食的75%~80%,过多限饲会影响猪的增重,而限饲不足又不能起到限饲的作用。限量饲喂可以明显减少肉猪体脂肪的沉积,并可提高瘦肉率,但会降低肉猪的日增重(表2-18)。

还可通过降低日粮的能量浓度,把纤维含量高的粗饲料配合到日粮中,以限制其对养分特别是能量的采食量,达到限饲目的。

表2-18　限量饲喂对生长速度与胴体品质的影响

饲喂量	平均背膘厚/cm	眼肌面积/cm²	瘦肉率/%	日增重/g (60~90 kg阶段)
100%基础日粮	4.16	16.63	39.95	1 009±4.23
75%基础日粮	4.02	18.04	41.51	721±67.3
65%基础日粮	3.95	18.39	43.03	669.2

总之,若要获得较高日增重,以自由采食为好;若只追求瘦肉多和脂肪少,则以限量饲喂为好。如果既要求增重快,又要求胴体瘦肉多,则以两种方法结合为好,即在育肥前期采取自由采食,猪充分生长发育,而在育肥后期(55~60 kg后)采取限量饲喂,限制脂肪过多沉积。

2. 饲喂次数和喂量

合理的饲喂次数和喂量应根据饲料类型和营养水平、肥育阶段和饲喂方式以及1天内猪的食欲变化情况等合理安排。在湿拌料或者青粗料比例较大、处于小猪阶段等情形下,可以增加饲喂次数每天4~5次。猪的食欲在傍晚最旺盛,清晨次之,中午最差,这种现象在夏季更趋明显。所以,生长育肥猪可日喂3次,且早晨、午间、傍晚3次饲喂的饲料量分别占日粮35%、25%和40%。试验表明,20~90 kg期间,日喂3次与日喂2次比较,前者并不能提高日增重和饲料转化率。许多集约化猪场采取每天2次饲喂的方法是可行的(表2-19),可以延长中午的饲喂时间间隔或者分别在清晨和傍晚日喂2次。

表2-19　肉猪不同日喂次数的肥育效果

组别	始重/kg	末重/kg	日增重/g	每1 kg增重消耗饲料/kg
对照组(日喂3次)	34.6±3.4	89.5±8.3	704±72	3.46
试验1组(日喂2次)	35.1±4.6	90.5±9.9	710±90	3.42
试验2组(日喂4次)	35.4±4.2	90.6±10.9	708±85	3.51

(五)合理的饲料调制

规模化养猪很少使用青绿多汁饲料,而大多使用全价配合饲料。其饲料料型分为颗粒料、干粉料和湿拌料三种,颗粒料更适合现代肉猪生产。合理的饲料调制,可改善饲料适口性,提高采食量,提高饲料转化率,还可减小或消除有毒、有害物质的危害。

粉碎粒径要求:30 kg 以下幼猪的饲料颗粒直径以 0.5 ~ 1.0 mm 为宜,30 kg 以上以 1.5 ~ 2.5 mm 为宜。配合饲料宜生喂,各种青绿多汁饲料也不宜煮熟,但大豆、豆饼、棉籽饼、菜籽饼等以煮熟喂为好(含有胰蛋白酶抑制因子、血细胞凝集因子等)。

饲喂料形态:颗粒料优于干粉料。湿喂有利于猪采食,湿拌料一般以料水比 1∶0.9 ~ 1∶1.8 为宜,但应现拌现喂,避免腐败变酸。

(六)供应充足洁净的饮水

水占猪体组成的 55% ~ 65%,是猪体的重要组成部分,它对物质代谢有着特殊的作用,如果饮水不足,可以引起肉猪食欲减退、采食量减少,导致肉猪生长速度减慢、健康受损。猪的饮水量随生理状态、环境温度、体重、饲料性质和采食量等变化,生长肥育猪的需水量是采食风干料量 3 ~ 4 倍,即体重的 16% 左右。夏季约为风干料量的 5 倍或体重的 23%,冬季为采食风干料量 2 ~ 3 倍或体重 10% 左右。饮用水应符合相应国家行业标准,可安装自动饮水器让猪自由饮用。

(七)谨慎使用促生长剂

坚持安全性、实效性原则,长期使用不对猪产生急慢性毒害和不良影响;猪肉产品中的残留量不能超过国家规定的标准,不影响猪肉产品的质量和人体健康;不影响饲料适口性;不影响猪生殖生理及胎儿正常生长;有较好的稳定性;有显著的经济效益和生产效果。

1.抗生素添加剂

常用的抗生素有土霉素、泰乐菌素、利高霉素、杆菌肽锌、硫酸黏杆菌素等,添加剂量为 20 ~ 50 mg/kg 饲粮(表 2-20)。

表 2-20　常用抗生素添加剂饲喂生长肥育猪的效果

种类	添加量/(50 mg · kg^{-1})	残留性	饲喂效果
黏杆菌素	100	不存在	提高日增重,减少饲料消耗
持久霉素	15		提高日增重,减少饲料消耗
泰乐霉素	11 ~ 12	不存在	提高日增重,减少饲料消耗,防治痢疾、细菌性肠炎
金霉素(氯四环素)	10 ~ 200	停药 6 d(肝未检出)	提高日增重,减少饲料消耗,防治痢疾、细菌性肠炎和萎缩性鼻炎
土霉素(氧四环素)	75 ~ 150	停药 2 d(肝、肌、肾未检出)	提高日增重,减少饲料消耗,防治痢疾、细菌性肠炎和萎缩性鼻炎
维吉尼亚霉素	10 ~ 100	不存在	提高日增重和减少饲料消耗

2.饲用微生物添加剂

微生物添加剂是指能直接提高动物的饲料转化率和生长速度的活的微生物培养物。其可通过有益微生物形成优势菌群、产酸或竞争营养物质等方式,抑制有害微生物生长繁殖,或通过产生 B 族维生素、增强机体非特异性免疫功能预防疾病,从而间接起到提高生长速度和饲料转化率的作用。

3. 酶制剂

一类用于补充内源性消化酶的不足;另一类用于消除饲料中抗营养因子的不良影响。常见的酶制剂有植酸酶、木聚糖酶、β-葡萄糖酶、纤维素酶、α-淀粉酶、酸性蛋白酶、甘露聚糖酶等。目前,酶制剂的应用还存在效价不稳定和成本高等问题。

(八) 善待猪群

每天上、下午观察检查猪群健康状况(包括精神状态、采食、粪便、呼吸等)。发现问题,及时对症处理,视情况及时隔离,果断淘汰等。禁止恶意、粗暴对待猪只。养猪顾名思义关键就在于如何"养"。养好就包括加强营养、精细饲养、减缓应激、改善环境等,猪吃好、喝好、睡好、玩(运动)好。养猪避免不了各种各样的烦心事,养猪人应调整心态,制订并执行生产计划和操作规程,将工作职责内化为快乐的利润、福利分享和精益求精的积极职业生涯,达到猪壮人喜,满足社会优质、安全肉品需求,就是快乐养猪,养快乐猪,也就其乐融融。

(九) 全进全出制

一批肉猪育成出售后,立即对猪舍内外打扫卫生,清除积粪,疏通沟渠,并进行大消毒。消毒后需闲置净化 2 d 以上才能进猪。

三、环境控制

肉猪的生长肥育环境,包括猪的内环境和外环境。这里所指对肉猪的环境控制,就是通过人为的方法,尽量保持肉猪外环境的舒适性和稳定性,防止或减轻应激发生从而提高肉猪生产水平和养猪经济效益的所有操作措施。肉猪环境控制的内容,主要包括温度、湿度、通风、光照、噪声、有害气体和尘埃等猪舍小气候环境的控制。

(一) 温度和湿度

温度和湿度是肉猪最主要的小气候环境条件,可以直接影响猪的增重速度和饲料转化率。"小猪怕冷、大猪怕热"是猪对环境温度要求的一般规律,只有在适宜的环境温度下,肉猪的生长速度才最快,饲料转化率才最高。反之温度下降,由于甲状腺分泌较强,胃肠蠕动加快,饲料在消化道停留时间短,消化率较低。实践证明,猪适宜环境温度在 20～45 kg 体重阶段为 18～21 ℃,45～100 kg 阶段为 14～18 ℃。湿度对猪的影响主要通过影响机体的体热调节影响猪的生产力和健康。在适宜温度时,湿度一般不影响猪的增重。但高湿环境更利于病原微生物和寄生虫繁殖及饲料霉变,而湿度过低(40%以下)会影响皮肤、黏膜屏障功能,增高呼吸道和皮肤的发病率。生长肥育猪一般相对湿度以 50%～75% 为宜。对温度的控制要考虑通风状况、昼夜温差、饲养密度等因素的影响。温度计应显示为猪体感受到的温度。

(二) 通风

合理通风换气以 0.1～0.2 m/s 为宜,最大不要超过 0.25 m/s,但在夏季高温环境下,可增大气流至 1.0 m/s。在寒冷季节降低气流速度,要防止"贼风"。

(三) 光照

一般认为,光照对肉猪的生产水平影响不大,但紫外线可促使皮肤合成维生素 D_2、D_3,

适度的光照能够促进肉猪的新陈代谢,提高肉猪的增重速度和胴体瘦肉率,增强猪的抗应激能力和抗病力。故建议有条件的肉猪饲养场,应将猪舍的光照强度从 10 lx 提高到 40 ~ 50 lx,同时将猪舍的光照时间从 6 ~ 8 h 延长到 10 h 左右。但光照过强也是不利的,可能导致咬尾。为节约成本,也可考虑育肥猪舍的光照暗淡一些,只要便于猪采食和饲养管理工作即可,使猪得到充分休息。低光照策略更适合肉脂型猪的培育。

(四)噪声

噪声通过神经和内分泌作用引起猪群不安、不愉快。强烈噪声可以直接导致猪群应激发生。肥育期间,肉猪舍尽量保持安静,生产区严禁机动车通行和大噪声机械操作。强度以不超过 75 dB 为宜。

(五)舍内有害气体、尘埃与微生物

肉猪的采食、排泄、活动以及通风、饲养管理操作等,都会在猪舍产生大量的有害气体和尘埃。肉猪舍的有害气体主要包括氨气、硫化氢和二氧化碳。肉猪舍有害气体和尘埃大量存在,会降低猪体的抵抗力,增加猪体感染疾病的概率(如皮肤病和呼吸道疾病等)。硫化氢浓度达 20 mg/m³,猪变得畏光,丧失食欲。尘埃可使猪的皮肤发痒以致发炎、破裂,对鼻腔黏膜有刺激作用。猪舍在潮湿、黑暗、气流滞缓的情况下,空气中微生物大量、长期存在。日常饲喂操作中水雾、尘埃较多,空气中微生物数量也增加。病原微生物附着在灰尘上易于存活,对猪的健康有直接影响(表 2-21)。

表 2-21 猪场环境空气质量要求

项目	参考指标	每小时平均
总悬浮颗粒物(标准状态)/(mg·m⁻³)	≤0.30(日平均)	—
二氧化硫(标准状态)/(mg·m⁻³)	≤0.15(日平均)	≤0.50
氮氧化合物(标准状态)/(mg·m⁻³)	≤0.12(日平均)	≤0.24
氟化物/(mg·dm⁻³)	≤3(月平均)	—

减少肉猪舍有害气体和尘埃的主要方法有加强通风换气、及时清除粪尿废水、确定合理的饲养密度、保持猪舍适当的温湿度和建立有效的喷雾消毒制度等。国家 GB/T 18407.3 标准规定,场区氨含量应小于 5 mg/m³,猪舍氨浓度的最高限度为 25 mg/m³,舍内硫化氢含量不要超过 10 mg/m³,二氧化碳应以 0.15% 为限(即小于 1 500 mg/m³)。

四、适时出栏

生长育肥猪的适宜出栏体重和时间,既要考虑市场对猪胴体品质的要求,也要权衡经济效益。因此,在实际生产中,确定适宜出栏时间和体重,不能仅仅以其胴体瘦肉率高低为依据,应该结合其增重速度、饲料转化率、屠宰率、胴体品质以及商品猪市场价格、日饲养费用、种猪饲养成本分摊等方面进行综合经济分析。

根据生长育肥猪的生长发育规律,猪的体重越小,增重速度越快,饲料效率越高,但生长发育到 70 ~ 80 kg,生长速度则相对稳定;随后体重增加、增重速度、饲料效率和胴体瘦肉率逐渐降低,而单位增重的耗料量、屠宰率和胴体脂肪含量则逐渐增高(表 2-22)。

表 2-22　生长育肥猪不同体重时的增重速度和饲料消耗

活重/kg	增重速度/(g·d⁻¹)	日耗料/(kg·头⁻¹)	单位增重耗料/kg
10	383	0.95	2.50
22	544	1.45	2.61
45	762	2.40	3.30
67	816	3.00	3.78
90	839	3.50	4.17
110	813	3.75	4.61

根据这一规律分析,猪的体重较小,虽然饲料效率和胴体瘦肉率较高,但屠宰率和产肉量较低,经济效益显然不高。猪的体重过大,虽然体重增大、产肉量升高,但耗料量增加、瘦肉率降低,经济效益仍然较差。同时,在市场经济条件下,商品生长育肥猪和饲料原料的价格波动不定,而人工、水电、管理、折旧等方面的费用也受市场因素很大制约。因此,肉猪生产不是简单的饲养管理过程,而是融饲养、生产和经营管理为一体的系统工程。生长育肥猪到底何时出栏,必须根据市场价格、胴体品质、饲料转化、屠宰比率、猪种要求、体重大小和增重速度等综合因素而定。

在人们的不断探索中,有人提出不同类型商品生长育肥猪的参考出栏体重标准:瘦肉型二元商品杂交猪为 85~95 kg;瘦肉型三元商品杂交猪为 95~105 kg;配套系杂交猪为 115~120 kg。

技能训练

技能一　生长性状性能测定

一、实训目的

掌握猪的生长性状测定意义及测定方法。

二、实训材料与用具

称量器具、饲喂器具、猪活体测膘仪等工具,100 kg 体重待测猪若干头。

三、方法和手段

学生先分成 4~6 人的小组,在教师和技术员现场指导下,学生进行资料及数据的收集计算,测定生长性状(日增重、饲料转化率、活体背膘厚度、采食量),小组分项目进行,最后对各小组的计算或测定结果进行汇总,对测定及计算结果进行分析,写出总结性报告。

四、训练内容和步骤

(一)猪生长速度的测定

常用平均日增重表示。平均日增重指生长肥育期内肉猪每日的增重。计算方法：

$$平均日增重 = \frac{终重-始重}{肉猪测定天数}$$

另外,还有比平均日增重更具经济价值的指标,即"平均日增瘦肉量",在性状测定时可以根据情况选择测定。

(二)计算饲料利用率

饲料利用率,指肥育期内每千克增重所消耗的风干饲料重量,即

$$饲料利用率 = \frac{肉猪测定日期内的饲料消耗量}{终重-始重}$$

(三)测定活体背膘厚度

采用猪活体测膘仪测定倒数 3 ~ 4 肋间处的背膘厚,以 mm 为单位。无猪活体测膘仪,可以采用 A 超测定胸腰结合处、腰间结合部距中线左侧 5 cm 处两点背膘厚度的平均值。

(四)测定采食量

在不限饲的条件下,猪的平均日采食饲料量称为饲料采食能力或随意采食量。

五、报告

记录测定及计算结果并进行分析,写出测定报告。

技能二 猪的屠宰测定

一、实训目的

测定猪的一些主要屠宰性状,如屠宰率、瘦肉率等,是检验猪种选育和饲养效果的手段之一。本次实训要求了解屠宰测定的整个过程,掌握屠宰测定的项目及其方法。

二、实训材料与用具

待宰肉猪(90 ~ 100 kg)若干头,杆秤、钢卷尺、游标卡尺、硫酸纸、求积仪、钢直尺、各种屠宰用刀和钩、盆、天平等。

三、方法和手段

学生先分成 4 ~ 6 人的小组,在教师和技术员指导下,在屠宰现场进行任务分工,测定屠宰性状(宰前活重、胴体重、屠宰率、膘厚与皮厚、瘦肉率等),小组分项目进行,最后对各小组的测定结果进行汇总,并对结果进行分析,写出总结性报告。

四、实训内容及方法

（一）屠宰测定的准备

①屠宰测定的猪应空腹 24 h，次日早晨空腹称重，作为宰前活重。宰杀实行电击晕法，电流不小于 1.25 A，电压不低于 240 V。采用切断颈部大血管放血法。

空体重：宰前活重减去宰后胃肠道和膀胱的内容物重量（采用空体重无须停食）。烫毛水温应控制在 62~68 ℃，烫毛时间一般为 5~7 min。

②烫毛前不宜吹气，以免组织变形；刮毛速度要快，以免冷后难以褪毛。

（二）胴体重

肉猪经放血、褪毛、开膛除去板油和肾脏以外的全部内脏，去头（沿耳根后缘及下颌第一条自然横褶切离枕寰关节）、去蹄（前肢断离腕掌关节，后肢在跗关节内侧断离跗跖关节）和尾（紧贴肛门切断尾根），开片呈左右对称的胴体（背线切面整齐），左右两片胴体之和（包括板油和肾）即胴体重。

（三）屠宰率

$$屠宰率=\frac{胴体重}{宰前活重}\times100\%\ 或屠宰率=\frac{胴体重}{空体重}\times100\%$$

胴体长：钢卷尺测量吊挂的右胴。

胴体斜长：耻骨联合前缘至第一肋骨与胸骨结合处内缘的长度。

胴体直长：耻骨联合前缘至第一颈椎凹陷处的长度。

（四）膘厚与皮厚

膘厚指皮下脂肪的厚度，一般在第 6~7 胸椎相接处用游标卡尺测定皮肤厚度及皮下脂肪厚度。多点测膘以肩部最厚处、胸腰椎结合处和腰间椎结合处三点的膘厚平均值为平均膘厚。

（五）眼肌面积

其指最后胸椎处背最长肌的横断面面积。先用硫酸纸描画横断面图形，用求积仪测量其面积，若无求积仪，可量出眼肌的高度和宽度，用下列公式估测。

$$眼肌面积（cm^2）=眼肌高度（cm）\times眼肌宽度（cm）\times0.7$$

（六）花板油比例

分别称量花油、板油的重量，并计算其各占胴体的比例。

$$花（板）油比例=\frac{花（板）油重量}{胴体重}\times100\%$$

（七）瘦肉率

将去掉的板油和肾脏的新鲜左胴体剖分为瘦肉、脂肪、骨、皮等四部分，肌肉间的零星脂肪随瘦肉不剔除，皮肌随脂肪也不另剔除。作业损耗控制在2%以下，并计算百分比，瘦肉占这四种成分之和的比例即为瘦肉率。

$$瘦肉率=\frac{瘦肉重量}{骨重+瘦肉重+脂肪重+皮重}\times100\%$$

$$肉脂比=\frac{瘦肉重量}{脂肪重量}\times100\%（以脂肪为基准所得的瘦肉与脂肪的比例）$$

（八）腿臀比例

沿倒数第 1 和第 2 腰椎间（吊挂冷冻的胴体在腰荐椎结合处）的垂直线切下的左右腿重量（包括腰大肌），占胴体重量的比例。

$$腿臀比例 = \frac{左后腿重}{左胴体重} \times 100\%$$

（九）腿瘦肉率

其指前、后腿瘦肉重占宰前活重的百分数。计算公式如下：

$$腿瘦肉率 = 2 \times \frac{左前、后腿瘦肉重}{宰前活重} \times 100\%$$

（十）胴体分割与剥离

左胴体除去板油、肾脏以及腰肌，将其分为前、中、后三躯。前腿（躯）前端即屠宰测定去头部位，前腿（躯）与中躯以 6～7 肋间为界垂直切下，并将腕关节上方切去 1～2 cm；后躯从倒数第 1、第 2 腰椎处垂直切下，切前先将腰大肌（即柳梅肉）分离加入后腿，并将跗关节上方切去 2～3 cm。然后将各躯的骨、肉、皮、脂肪剥离并称重，分离时肌间脂肪算作瘦肉不另剔除，皮肌算作肥肉不剔出。

五、报告

填写屠宰测定记录表，并根据记录对胴体品质进行评价（表 2-23）。

表 2-23　猪屠宰测定记录表　　　　　单位：kg、cm、cm²、%

序号	项目		数据	序号	项目		数据
1	猪号			14	板油重	左	
2	宰杀时间			15		右	
3	宰前活重			16	肾重	左	
4	胃、肠、花油、膀胱毛重			17		右	
5	胃、肠、膀胱净重			18	胴体长	斜长	
6	内容物重			19		直长	
7	空体重			20	肋骨数（左右共计）		
8	左胴体重			21	6～7 胸椎间背膘厚		
9	右胴体重			22	6～7 胸椎间皮厚		
10	胴体总重			23	眼肌	宽	
11	屠宰率	宰前活重		24		高	
12		空体重		25		面积	
13	花油重			26	肩部最厚处		

续表

序号	项目		数据	序号	项目		数据
27	平均膘厚	胸腰椎结合处		39	中躯组分重	骨	
28		腰荐椎结合处		40		皮	
29		三点平均值		41		肉	
30	后腿比例			42		脂	
31	前后腿瘦肉重			43	左后躯重		
32	腿瘦肉率			44	后躯组分重	骨	
33	左前躯重			45		皮	
34	前躯组分重	骨		46		肉	
35		皮		47		脂	
36		肉		48	胴体瘦肉率		
37		脂		49	作业损耗		
38	左中躯重			50			

测定人：　　　　　　　　　记录人：　　　　　　　　　测定日期：

🖥 企业标准

肉猪（生长育肥舍）饲养管理技术操作规程

一、工作目标

①育成阶段成活率≥99%。

②饲料转化率（15～90 kg 阶段）≤2.7∶1。

③日增重（15～90 kg 阶段）≥650 g。

④生长育肥阶段（15～95 kg）饲养日龄≤119 d。

（全期饲养日龄≤168 d）。

二、工作日程

7∶30—8∶30　喂饲；

8∶30—9∶30　观察猪群、治疗；

9∶30—11∶30　打扫卫生、其他工作；

14∶30—15∶30　打扫卫生、其他工作；

15:30—16:30　喂饲;

16:30—17:30　观察猪群、治疗、其他工作。

三、操作规程

①转入猪前,空栏彻底冲洗消毒,空栏时间不少于3 d。

②转入、转出猪群每周一批次,猪栏的猪群批次清楚明了。

③及时调整猪群,以强弱、大小、公母分群,保持合理的密度,病猪及时隔离饲养。

④转入第1周饲料添加土霉素钙预混剂、氟苯尼考、泰乐菌素等抗生素,预防及控制呼吸道病。

⑤小猪49～77 日龄喂小猪料,78～119 日龄喂中猪料,120～168 日龄喂大猪料,自由采食,喂料时参考喂料标准,以每餐不剩料或少剩料为原则。

⑥保持圈舍卫生,加强猪群调教,训练猪群吃料、睡觉、排便"三定位"。

⑦干粪便用车拉到化粪池,然后再用水冲洗栏舍,冬季每隔1 d 冲洗1 次,夏季每天冲洗1 次。

⑧清理卫生注意观察猪群排粪情况,喂料观察食欲情况,休息检查呼吸情况,发现病猪,对症治疗。严重病猪隔离饲养,统一用药。

⑨按季节温度的变化,安排通风降温设备,经常检查饮水器,做好防暑降温等工作。

⑩分群合群,减少相互咬架而产生应激,遵守"留弱不留强、拆多不拆少、夜并昼不并"的原则,可对并圈的猪喷洒药液(如来苏尔),清除气味差异,并后饲养人员多观察(此条也适合其他猪群)。

⑪每周消毒1 次,每周消毒药更换1 次。

⑫出栏猪事先鉴定合格后才能出场,残次猪特殊处理出售。

项目三　仔猪生产

项目指南

　　仔猪生产是养猪生产中重要的技术环节。仔猪生产的目的是对哺乳仔猪与断奶仔猪进行正确的饲养管理,仔猪成活率高、断奶窝重大,可以为后期选择健康的仔猪进行育种或者育肥打下良好基础。本项目的学习任务有 3 个,一是通过了解与实践哺乳仔猪的饲养管理技术,掌握初生仔猪护理养育与断奶技术;二是掌握断奶仔猪的具体饲养管理方法,防止断奶应激,使仔猪很好度过保育期;三是掌握后备猪的选择方法与培育技术。

　　【项目重点】一是初生仔猪护理养育;二是哺乳仔猪的饲养管理;三是断奶技术;四是断奶仔猪的饲养管理;五是后备猪的挑选。

　　【项目难点】哺乳仔猪和断奶仔猪的饲养管理技术。

　　【学习目标】通过本项目学习,学生掌握三方面的专业能力,一是在对哺乳仔猪进行喂养时,学会对仔猪进行固定乳头、并窝与寄养、仔猪编号、仔猪补料、断脐、断尾、剪牙等技术操作;二是根据具体情况,运用合适的断奶方法,使仔猪安全断奶,降低断奶后的应激,提高仔猪断奶窝重;三是在对后备猪进行培育时,学会在不同阶段进行挑选,并选择健康的优良后备猪进行培育。

　　【参考学时】16 学时。

任务一　哺乳仔猪饲养管理

📖 知识准备

　　哺乳仔猪是指仔猪初生至断奶为止,是猪一生中生命力最弱的时期,这一阶段仔猪的生活首先要靠母猪,随后才能独立生活。所以我们应该护理好这一阶段的仔猪,以便乳猪完全独立。仔猪培育工作的成功,既能证明养猪的生产水平,又对提高养猪经济效益、加速猪群周转起着十分重要的作用。

　　仔猪的哺育,是仔猪生产中技术含量较高、比较烦琐细致的环节。饲养管理好哺乳仔猪是做好养猪的生产基础。哺乳仔猪饲养得好,仔猪成活头数就多,母猪的平均年生产率就高。

　　哺乳仔猪饲养管理的任务:哺乳仔猪获得最高的成活率和最大的断奶重。把握仔猪的生长发育规律及其生长特点,进行精心养育,是快速育仔的基础工作。

一、初生仔猪护理养育

仔猪出生后,生活条件一旦发生巨大的变化,饲养管理跟不上,容易导致发病,甚至死亡,造成经济损失。因此,必须重视对初生仔猪的饲养管理。

在生产实践中,仔猪出生后的损失与死亡,85%发生在第一个30 d。其中以第一周死亡所占比例最大,约为70%及以上。主要原因是压死、弱死、腹泻等。死亡原因及时间见表3-1和表3-2。

表3-1　正常情况下仔猪死亡原因

死因	比例/%	死因	比例/%
压死	44.8	腹泻	3.8
弱死	23.6	关节炎	1.7
饿死	10.6	湿疹	1.2
畸形	3.8	流感	0.7
咬死	1.1	其他	5.7
八字腿	3.0		

表3-2　仔猪死亡时间分析

死亡时间	死亡率/%	死亡时间	死亡率/%
0 d	24	5 d	5
1 d	16	第1周	76
2 d	13	第2周	18
3 d	6	第3周	6
4 d	7		

仔猪死亡会造成较大的经济损失,母猪、后备母猪、公猪及后备公猪的饲料消耗都要记到仔猪的"账上"。据报道,如果把种猪的饲料都"摊"到仔猪身上,死亡1头仔猪的饲料损失十分惊人,见表3-3。可见,做好仔猪生后早期的养育和护理非常重要,这是仔猪成活和正常生长发育的关键阶段。

表3-3　死亡1头仔猪的饲料损失量

死亡日龄/d	初生	10	18	26	34
饲料损失量/kg	63	118	163	273	450

(一)初生仔猪的生理特点

1. 没有先天免疫力,容易得病

母猪的胎盘结构比较特殊,在胚胎期间母体的免疫物质(免疫球蛋白)不能通过血液循环进入胎儿体内。仔猪出生时无先天免疫力,自身又不能产生抗体,初生仔猪只有靠吃初乳获得免疫力。仔猪 1~2 周龄前,几乎全靠母乳获得抗体,但随着时间增加,母乳中的抗体含量逐渐下降。仔猪在 10 日龄以后自身才开始产生抗体,并随年龄的增长而逐渐增加,4~5 周龄时数量仍然很少,6 周龄以后主要靠自身合成抗体。另外,仔猪 3 周龄前胃内缺乏游离盐酸,对饲料、饮水和其他环境中的病原微生物无抑杀作用,易得消化道病。由此可见,仔猪 2~6 周龄是母体抗体与自身抗体衔接的重要时期,这时既要做好母乳的喂养,更要做好仔猪抗病和护理。

2. 调节体温能力差,特别怕冷

仔猪之所以怕冷有 3 个方面的原因,一是出生时大脑皮层发育不全,不能通过神经系统调节体温;二是体内用于氧化供热的物质也较少,只能利用乳糖、葡萄糖、乳脂、糖原氧化供热;三是初生仔猪皮薄、毛稀、体小和皮下脂肪较少。据研究,仔猪单位体重用于维持体温的能量是成年猪的 3 倍,正常体温又比成年猪高 1 ℃左右,3 周龄左右调节体温能力才接近完善。因此,其产热少、需热多、失热多,最终导致初生仔猪特别怕冷。初生仔猪反应迟钝,行动不灵活,也容易被压死或踩死。

3. 消化器官不发达,消化功能不完善

初生仔猪的消化器官虽然在胚胎期就已经形成,但很不发达,机能也不完善。主要表现在 3 个方面:

(1)胃肠不发达

初生仔猪消化道容积很小,胃的容积只有 25~40 mL,重 4~5 g。20 日龄胃重 35 g 左右,体重 50 kg 后其胃达成年猪重量,此阶段小肠的生长比较强烈,但容积仍很小。30 日龄胃重是出生时的 10 倍左右,60 日龄胃重 150 g 左右,直到断奶后才增加到接近成年水平。胃的容积小,每次吃奶容纳的乳汁不多。

(2)消化液分泌少

①盐酸游离:胃底腺不发达,缺乏游离盐酸,一般 3 周龄左右胃内才产生少量游离盐酸,以后逐渐增加。仔猪在 8~12 周龄盐酸分泌水平接近成年猪水平。在没有游离盐酸状态下,胃蛋白酶原不能被激活,胃内不能消化蛋白质。

②胃蛋白酶:仔猪出生时胃蛋白酶很少,初生时其活性仅为成年猪的 25%~33%,8 周龄后其数量和活性上升,初生时的胃蛋白酶起凝乳作用。

③胰蛋白酶:胰蛋白酶的分泌量在 3~4 周龄迅速增加,10 周龄胰蛋白酶活性为初生时的 33.8 倍。

④乳糖酶:小肠分泌的乳糖酶活性较高,其活性在出生后第 2~3 周最高,此时对乳糖利用率较高,以后开始下降,4~5 周龄降到低限。另外,麦芽糖酶缓慢上升,蔗糖酶一直不多。

⑤胰淀粉酶:胰淀粉酶 3 周龄渐达高峰。

⑥脂肪分解酶:脂肪分解酶初生时其活性就比较高,胆汁分泌也较旺盛,3~4 周龄脂肪酶和胆汁分泌迅速增加,一直保持到 6~7 周龄,因此可以很好地消化母乳中乳化状态的脂肪。

(3)胃肠运动弱

仔猪胃肠运动微弱,且胃排空速度较快。随日龄增长胃运动逐渐呈现运动和静止节律性变化,8~12 周龄接近成年猪,仔猪胃排空速度随年龄增长而减慢。15 日龄为 1.5 h,30 日龄为 3~5 h,60 日龄为 16~19 h。因此,仔猪易饱、易饿。这也是要求仔猪料容积小、质量高、少喂勤添、日喂次数较多(或自由采食)的主要原因。

总之,仔猪胃内消化液分泌少,游离盐酸少,胃肠运动弱,导致胃内消化、吸收、抑菌、杀菌等方面能力较差,在一定程度上限制其消化吸收。例如在给仔猪补充糖类时,葡萄糖无须消化直接吸收,适于任何日龄仔猪,麦芽糖也适于任何日龄,但不及葡萄糖,淀粉适于 2 周龄以后并且最好进行熟化处理;而果糖不适于初生仔猪,蔗糖极不宜于幼猪,乳糖只适于 5 周龄前,9 周龄后逐渐适宜,木聚糖适于 2 周龄后。

4. 生长发育快,代谢旺盛

仔猪初生重较小,不到成年体重的 1%,但生后生长发育较快,一般初生重为 1.5~1.7 kg,30 日龄体重可达初生重的 5~6 倍,60 日龄达初生重的 10~13 倍(表3-4)。

表3-4　哺乳仔猪生长发育

指标	日龄						
	出生	10	20	30	40	50	60
体重平均 /(kg·头$^{-1}$)	1.50	3.24	5.72	7.25	10.56	14.54	18.65
范围/kg	0.9~2.2	2.0~4.8	3.1~7.8	4.2~10.8	5.4~15.3	8.9~22.4	11.0~27.2
增长倍数	1.00	2.16	3.81	4.83	7.04	9.71	12.43

绝对增长随年龄增长而增加,但相对生长速度却逐渐降低。从仔猪体重增长的成分来看,3 周龄内脂肪增长或沉积迅速,初生时为 1%,而 5 kg 时脂肪成分占 12%,3 周龄以后蛋白质增长速度迅速上升,灰分的增长比较稳定,体内蛋白质、脂肪、灰分的总量随日龄和体重的增长而增加(表3-5)。仔猪的快速生长以旺盛的物质代谢为基础。因此,仔猪对营养物质的质量和饲料品质要求都较高。

表3-5　仔猪初生到 20 kg 的生长速度和养分沉积量

体重/kg	水分/%	粗脂肪/%	粗蛋白质/%	粗灰分/%	预期日龄	增重/(g·d^{-1})
初生(1.25 kg)	81	1.0	11	4	—	—
5	68	12	13	3	22	240
10	66	15	14	3	39	320
15	64	18	15	3	53	380
20	63	18	15	3	65	500

注:初生仔猪体成分除上述,还含有 2.59% 的糖原。

(二)初生仔猪护理养育

仔猪出生后所处的环境条件和营养方式等与出生前比较,都发生了骤然变化。出生前在母体子宫内的羊水中漂浮,通过脐循环获得氧气和摄取营养。出生后立即转变为自行呼吸、吃奶和排泄。出生前在母体内环境条件相当稳定,不易受外界条件的有害影响。出生后直接与复杂多变的外界环境接触,其中变化最大的是环境温度,尤其是在寒冷的北方和隆冬季节敞圈分娩,温度通常在−20 ℃以下,甚至更低,仔猪出生前后的环境温度有50 ℃的差距。若饲养管理不当,极易被冻死、压死、踩死、饿死,也常常成为其他死亡的诱因(图3-1)。这除了在妊娠期下功夫,其先天发育良好,仔猪生后早期的护理和养育,就显得特别重要。做好初生仔猪护理养育也就要把控好初生关、补料关、断奶关。

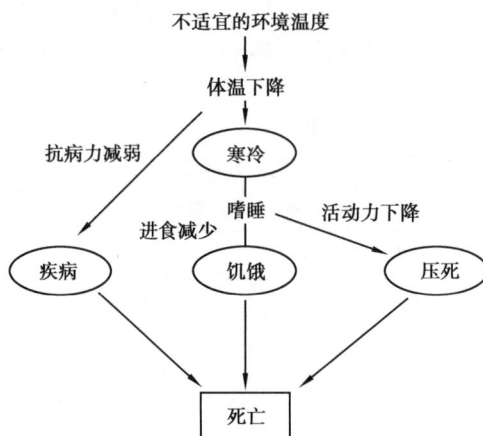

图3-1 不良环境条件对仔猪影响示意图

1. 及早吃足初乳,固定乳头

仔猪在出生24 h内,采食足够的初乳。仔猪出生18 h后,胃肠道开始失去对抗体的胞饮作用。初生仔猪提倡及早吃足初乳有4个方面原因:

①仔猪没有吃初乳以前,体内没有免疫抗体,急需获得免疫力。

②母猪分娩时初乳中免疫抗体含量最高,以后随时间的延续而逐渐减少。

③初乳含有抗蛋白分解酶,可以防止免疫球蛋白不被分解,但这种酶存在时间较短,没有这种酶存在,仔猪不能将免疫抗体完整吸收,也就不能产生免疫力。

④仔猪出生24~36 h,小肠吸收免疫球蛋白这种大分子物质的能力较强,48 h后逐渐减弱。由此可见,仔猪出生后应及早吃足初乳,以便获得较多的抗体,增强自身免疫力。而仔猪自身的主动免疫在10日龄以后开始形成。2~6周龄期间是仔猪被动免疫期向主动免疫期过渡,应加强护理。

为提高育成率和全窝仔猪生长发育整齐均匀,全窝仔猪出生后,应按照体重、体质情况固定乳头。其原则是,将体重小或体质弱的仔猪固定到前边的乳头上哺乳,将中等体重、体质的仔猪放到中间乳头位置上哺乳,而将体重大、体质强的仔猪放在后边乳头上哺乳。如果乳头数多于所产仔猪数,应由前向后安排哺乳,放弃后边乳头,相反应采用并窝方法。具体办法是仔猪出生2~3 d内,将仔猪按拟订乳头位置做上标记(用龙胆紫药水),在每次仔猪哺乳时应根据其所标记的位置固定好。经过2~3 d训练,仔猪就可以将乳头固定。这样防止仔猪因争抢乳头干扰母猪泌乳或者损伤母猪乳头。

2. 采取保温防压措施

根据初生仔猪的生理特点得知体温调节能力差,特别怕冷,容易冻昏、冻僵或冻死。一旦遇到寒冷的环境会出现反应迟钝,行动不灵活,甚至不会吮乳、冷休克并诱发其他疾病。持续的低温环境甚至可以使仔猪冻死。为此,应注意采取保温措施。仔猪在出生前母猪体内的温度是39 ℃左右,生后第1周所处的环境温度要求34 ℃,第2周的温度为32 ℃,第3周为30 ℃(表3-6)。以后每周降温幅度控制在2 ℃以内,降温幅度过大,会引起仔猪下痢等病。为满足仔猪的温度需求,可以提高仔猪所处的区域温度。

表3-6 仔猪不同日龄的环境温度、湿度要求表

猪群	日龄	体重/kg	舒适温度/℃	临界高温/℃	临界低温/℃	适宜湿度/$(g \cdot m^{-3})$
哺乳仔猪	初生当日	1.5	32～35	37	30	60～70
	1～3 d	1.5～2.0	30～32			
	4～7 d	2.0～2.5	28～30		28	
	8～13 d	2.5～4.5	25～28		23	
	14～25 d	4.5～7.5	23～25			
断奶仔猪	断奶后第1～5 d		25～30	32	25	60～80
保育仔猪	30～35 d	7.5～9.5	23～25	30	20	
	36～63 d	9.5～25	20～23		18	

具体方法:首先设置仔猪保温箱(图3-2),在箱内使用250 W红外线灯泡,寒冷季节还可以在仔猪箱内放置电热板与保温瓶等。第1周红外线灯泡底端距离仔猪箱底的高度为45 cm左右,悬挂过高只起光源作用,悬挂低于45 cm,灯下温度过高,容易灼伤仔猪。第2周以后悬挂高度可高一些,或减少开灯时间以使仔猪箱内温度下降;其次通过观察仔猪趴卧姿势判断仔猪是否舒适,如果仔猪挤堆、身体颤抖、皮肤呈鸡皮样,且全身发红,说明仔猪所居环境温度偏低,应提高仔猪箱内的温度。如果仔猪呈放射样趴卧、多靠近出入口或四角,说明仔猪箱温度过高,应酌情降低仔猪箱温度。

在放置仔猪箱时,用活动栏或固定栏将母猪与仔猪箱隔开,栏的底端距离地面25～30 cm,或建舍时在地面上安装固定桩,供仔猪自由出入母猪区和仔猪区,避免母猪进入仔猪区。这样既防止压仔,又防止母猪拱撞仔猪箱。多数规模化猪场的分娩舍采用高床网上分娩栏,在母猪的左右两侧均安装防压隔栏,不必再设防压装置。仔猪箱可直接放置在防压隔栏的一侧,另一侧放仔猪料槽作为开食补料栏。

图3-2 仔猪保温箱

3. 注射铁制剂及补硒

仔猪出生时体内有铁 50 mg 左右,大部分以血红蛋白的形式存在。仔猪每增加 1 kg 体重需要 35 mg 铁,但母乳铁含量较低,每日从母乳中只能获得铁 1 mg 左右。如不及时补铁,1 周龄左右,仔猪将会出现缺铁性贫血。其临床表现为生长缓慢或停滞,昏睡,可视黏膜苍白、被毛蓬乱无光泽,呼吸频率加快,膈肌突然痉挛,抗病力降低,易患腹泻、肺炎等,严重时会因缺氧而突然死亡。仔猪贫血后抗病力降低,易患传染病、腹泻、肺炎等,有时因缺氧而突然死亡。正常仔猪的血红蛋白水平应大于 10 g/100 mL,当降至 8 g/100 mL 时,表明临界贫血,达到 7 g/100 mL 或更少时,表明明显贫血,严重时可导致死亡,因此必须补铁。仔猪血液中血红蛋白量与缺铁表现见表 3-7。

表 3-7　血液中血红蛋白含量与缺铁表现

每 100 mL 血液中血红蛋白含量/g	仔猪缺铁表现
10 以上	不缺,生长发育良好
9	符合最低需要量
8	贫血临界线,需要补充
7 以下	贫血,生长受阻
6 以下	严重贫血,生长显著减慢
4 以下	严重贫血,死亡率上升

硒也是仔猪常常缺乏的微量元素。仔猪缺硒,容易发生缺硒性下痢、肝坏死和白肌病。因此,也应补硒。

①补铁。生产中常用的补铁方式是肌内注射铁钴络合剂制剂。注射时间是生后 3 日龄内,注射剂量为 100～200 mg 铁质,注射部位为颈部或臀部深层肌肉。注射前应使用 75% 酒精消毒注射部位,然后每一头仔猪单独使用 1 个针头进行注射,防止交叉感染。

②补硒。怀疑妊娠母猪或仔猪缺乏维生素 E 或硒,应在仔猪生后补注维生素 E 或硒。具体做法是仔猪出生后 1 d 内,每头仔猪肌内注射亚硒酸钠维生素 E 注射液 0.5 mL(含亚硒酸钠 0.5 mg,维生素 E 25 IU)。

一般在仔猪生后 1～2 d 内同时补铁补硒。目前也有厂家将硒加入含铁针剂中(如牲血素,图 3-3),可一针补两样,方便省事。一般只注射 1 次,基本上可保证哺乳期的仔猪不会缺乏铁和硒。

4. 仔猪并窝和过哺

生产中出现母猪产仔数少于 5 头、母猪产仔数多于有效乳头数、母猪产后因各种原因造成无乳、母猪产后突然死亡等情况,都需要并窝或过哺,便于合理利用母猪及分娩舍设施。

图 3-3　兽用牲血素

其方法是,首先仔猪在原母猪或其他母猪处吃 2～3 d 初乳。选择"继母"猪,要求选择产期相差 3 d 以内、泌乳性能高、体质好的母猪做"继母"。然后将并窝或过哺的仔猪混群,方法为:将需要并窝或寄养的仔猪涂上"继母"的乳汁或尿液,与"继母"原带仔猪关在同一个仔猪箱内 1~2 h。如果是过哺,应挑选一窝中体重大、体质强壮的仔猪参加过哺,防止受欺。经 10 min 左右,将处理的仔猪送到"继母"的乳房旁,待哺乳时一起吃乳。过哺最好安排夜间进行,成功率较高。最初 12~24 h 内注意看护,防止母猪辨认出来,咬伤并窝或过哺过来的仔猪。有些场家往并窝或寄养仔猪的身上喷洒白酒或煤油,也能达到防止"继母"辨认的效果。

5. 及时抢救弱仔及假死仔猪

瘦弱的仔猪,首先表现行动迟缓,有的张不开嘴,有的含不住乳头,有的不能吮乳,其死亡率较高。除了对体重过低的仔猪进行淘汰,对一般的弱仔也应及时进行救助。可先将仔猪嘴巴慢慢撬开,用去掉针头的注射器,吸取温热的 25% 葡萄糖溶液慢慢滴入口中。然后将仔猪放在一个临时的小保温箱中,仔猪慢慢恢复。快到放奶时,从小保温箱将仔猪拿到母腹下,用手将乳头送入仔猪口中。放奶时,可先挤点奶给仔猪,当奶进入仔猪口中,仔猪会有较慢的吞咽动作,有的也能慢慢吸吮。这样反复几次,精心喂养,该仔猪即可免于冻昏、冻僵和冻死。

在实际生产中,会碰到刚产下的仔猪出现全身瘫软、没呼吸,但心脏仍跳动的假死状况,对此如不及时抢救或抢救方法不当,仔猪就会由假死变为真死。假死的仔猪,急救前首先将其口鼻腔内的黏液与羊水用力甩出或捋出,并用消过毒的纱布或毛巾擦拭口鼻,擦干躯体,然后立即选用以下几种方法进行急救。第一种人工呼吸法:将仔猪四肢朝上,一手托着背部,一手托着臀部,然后两手配合使猪体一屈一伸,直到仔猪叫出声为止;第二种倒提拍背法:倒提仔猪后腿,并抖动其体躯,用手连续轻拍其胸部,直到仔猪呼吸出现;第三种吹气法:用胶管或塑料管向假死仔猪鼻孔或口内吹气,促其呼吸,使其尽快成活;第四种刺激法,在仔猪的鼻子上擦点酒精或氨水,或用针刺其鼻部或腿部,刺激呼吸,使其尽快苏醒成活。

6. 仔猪编号

新生仔猪的耳号编制是每个种猪场必做的工作,掌握仔猪出生及各个阶段的生长发育状况,以及母猪生产能力,保护系谱的准确性和保持品种的纯度,更便于仔猪管理,方便记录和资料存档,在生后 2~7 日龄内应将仔猪进行编号,有打耳号法、卡耳标法等。

①打耳号法。用猪耳号钳子将猪两耳打出不同的孔洞和缺刻,组成耳号,即剪耳缺。其规则是上 1 下 3,左大右小;左耳尖 200,右耳尖 100;左耳中间孔 800,右耳中间孔 400。操作者抓住仔猪,前臂和胸腹部将仔猪后躯夹住,左手的拇指和食指捏住将要打号的耳朵,右手持耳号钳进行打号。注意避开大的血管或防止母猪咬伤操作者。可采取仔猪窝号加个体号的标识方式,公单母双连续编号,如图 3-4、图 3-5 所示。

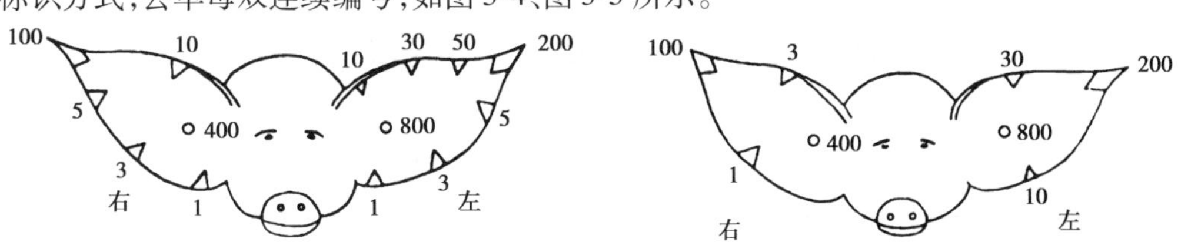

(a)窝号、个体号结合　　　　　　(b)大排号

图 3-4　猪耳号

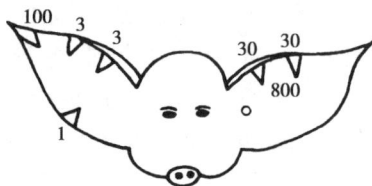

(a)42-14号仔猪耳号打法　　　　　　　　(b)967号仔猪耳号打法

图3-5　42-14号和967号仔猪耳号打法

②卡耳标法。采取专用的耳标钳子(图3-6),将耳标装钉在猪耳朵上即可。猪耳标(图3-7)颜色鲜明多样,数字用专用记号笔书写,清晰不掉。操作者书写耳标后,将上部和下部分别装在耳标器上。抓住仔猪,操作者用前臂的肘部和胸腹部将仔猪固定,然后用耳标器将耳标铆上,注意避开大血管。

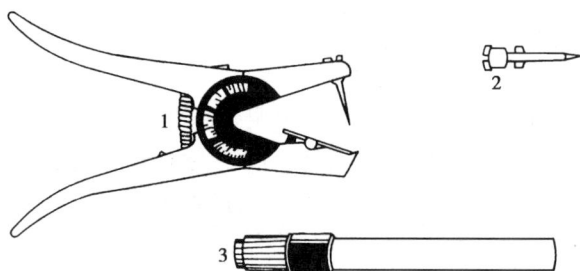

图3-6　猪用耳标安装器
1—安装器;2—安装器备换针;3—专用记号笔

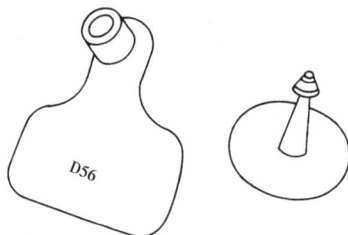

图3-7　猪耳标

7.仔猪生后其他处理

①剪牙。为防止刚出生仔猪咬伤母猪乳房和互相撕咬争斗,仔猪生后第1 d将犬齿在齿龈处全部剪断,断面平整且不要伤及牙龈,以防细菌感染。

②断尾。为防止咬尾和母猪本交配种,仔猪生后1周内,应将其尾巴断掉(可以留1/3),注意止血并涂碘酊或撒消炎药粉防止伤口感染。

③去势。仔猪生后1周内,将不做种用的小公猪去势,此时去势止血容易,应激小。

二、哺乳仔猪饲养管理

(一)哺乳仔猪的营养需要

仔猪消化机能差,生长速度快,仔猪用料应该是高能量、高蛋白质、营养全价、适口性好、容易消化的饲粮。根据饲养标准调配仔猪饲料。若没有自配仔猪料的条件,可购买全价仔猪料。

①能量需要。仔猪日采食较多的能量,可以通过增加日粮中能量含量的方法满足哺乳仔猪对能量的需要,可在哺乳仔猪饲粮中添加动物脂肪3%~5%。

②蛋白质、氨基酸的需要。选择饲料原料时,应根据哺乳仔猪蛋白质、氨基酸营养需要特点,选择必需氨基酸含量高,特别是限制性氨基酸含量高的原料。氨基酸水平不是越高越好,而应是各种氨基酸之间平衡。

③矿物质需要。主要是钙、磷的补给,注意钙、磷比例。调配日粮多选用石粉作为钙源,磷酸氢钙作为磷源;注意钾、钠、氯的需要与供给,哺乳仔猪饲粮添加0.3%的食盐;硫和镁哺乳仔猪可以在含硫氨基酸和母乳中得以满足,一般无须另外添加。但生长速度快,瘦肉率高的猪种,添加一定量的镁可以减少应激过敏,还要注意其他微量元素如铁、铜、锌、硒的需要。

④维生素需要。实际调配饲粮时,维生素水平至少是饲养标准需要量5~8倍,保证最大生产成绩。考虑添加维生素A、维生素D、维生素E、维生素K、维生素B_1、维生素B_2、泛酸、烟酸、维生素B_{12}、胆碱、维生素B_6、生物素、叶酸。

⑤水的需要。哺乳仔猪对水质要求较高,要求符合饮水卫生标准,同时要有完善的饮水设施。现代养猪生产多选用饮水器,仔猪生后1~3 d就需要供给饮水。据相关资料,水中含有硝酸盐或硫酸盐易引起仔猪腹泻。在生产实践中,如水中氟含量过高,会出现关节肿大,锰含量偏高,仔猪会出现后肢站立不持久,并出现节律性抬腿动作。

(二)哺乳仔猪添加剂的使用

在哺乳仔猪饲粮中添加饲料添加剂是加快仔猪生长、改善饲料转化效率、减少疾病、提高育成率、增加经济效益的重要措施。

1. 添加抗生素

商品抗生素对改善仔猪健康,提高其生长速度和饲料利用率均有较好的效果。实践证明,猪的年龄越小,抗生素效果越明显。

(1)抗生素的作用

目前关于抗生素的作用机制还不十分清楚。从微生物学角度来讲,猪发病和生长发育不良的重要原因是肠道中微生物群落的比例失调,病原微生物大量繁殖。抗生素进入体内,病原微生物被抑制和杀死,恢复肠道微生物平衡,从而使猪的健康状况得到改善,促进生长。抗生素对病原微生物的抑制和扑杀作用,因抗生素种类而异,青霉素、杆菌肽等主要通过抑制细菌细胞壁合成体系,其他抗生素有的通过作用于细菌RNA合成酶,起到抑菌和杀菌作用。从生理学来解释,微量的抗生素进入体液后能够刺激脑下垂体生长激素分泌,从而促进猪的生长速度。从营养学来讲,抗生素可以促进营养吸收。因为抗生素可以使肠壁变薄,提高肠黏膜的通透性,仔猪增进食欲,提高采食量,与此同时,添加抗生素可降低腹泻率和死淘率。

(2)抗生素的使用

目前在仔猪饲粮中添加的抗生素种类较多,使用时应严格按说明控制剂量,合理使用。例如,泰乐菌素可促进16~49 kg阶段生长猪增重10.9%,饲料转化率提高4.2%,而林肯霉素对同阶段猪的效果分别为2.4%、2.5%。试验表明,抗生素联合使用,效果更明显。目前

世界上生产的抗生素作为饲料添加剂约有 60 种。我国用于饲料添加剂也有 20 种左右。常用于仔猪饲粮有以下品种:

①泰乐菌素:添加量 100 mg/kg,连续饲喂 3 周以上,可预防猪弧菌隆痢疾,对患有萎缩性鼻炎的仔猪,有助于维持体重和饲料利用率。添加 20～100 mg/kg,可促进仔猪生长,改善饲料利用率。

②维吉尼亚霉素:添加剂量 5～10 mg/kg,可提高增重速度和饲料利用率。

③杆菌肽锌:添加剂量 20～40 mg/kg,可提高增重速度和饲料转化率。

④林肯霉素:添加剂量 20 mg/kg,可提高增重速度。

⑤金霉素:添加剂量 10～50 mg/kg,提高生长速度和饲料利用率,添加剂量 50～100 mg/kg,可预防细菌性肠炎。

⑥土霉素:添加剂量 25～50 mg/kg,既可以促进生长,提高饲料转化率,又能预防细菌性肠炎和呼吸道疾病,尤其是封闭式饲养环境,常用其预防猪传染性胸膜肺炎和气喘病。

⑦盐霉素:常用于早期断奶仔猪,其添加剂量 50～80 mg/kg,促进生长,提高饲料转化率。

2. 添加有机酸

仔猪 40 日龄前,由于酸度低,胃蛋白酶活性较低,饲料特别是蛋白质消化率降低。同时,大肠杆菌及其他一些病原菌容易生长,而对乳酸菌生长不利,容易导致仔猪消化不良和发生细菌性下痢。因此,使用以玉米-豆粕以及其他谷物为基础含酸结合物低的日粮,添加一定量的有机酸,可以提高消化道酸度,激活一些消化酶,提高消化率,抑制或杀害一些病原微生物,减少疾病发生。常用的有机酸有柠檬酸、乳酸、延胡索酸等,添加比例多为 2%～3%。据美国试验,添加延胡索酸和柠檬酸,仔猪日增重分别提高 5.3% 和 5.1%,饲料转化率分别提高 4.9% 和 6.5%。在添加乳清粉、鱼粉、脱脂奶粉的日粮中,含酸结合物较多,可不必添加有机酸。日龄越大,添加有机酸的效果越差。另外有机酸与高铜、酶制剂、碳酸氢钠同时使用具有累加效果。无机酸有副作用,一般不用。

3. 添加酶制剂

初生仔猪消化道主要存在能够消化乳的酶系,其中乳糖酶、乳脂酶、凝乳酶活性较高,而胰蛋白酶也具有一定的活性。胃蛋白酶、胰淀粉酶在 3 周龄前活性很低,直到 4～5 周龄后表现出对非乳类蛋白质和淀粉具有一定的分解能力,并随周龄的增长,其活性逐渐提高,8～10 周龄接近成年猪水平。

(1)酶制剂的作用

仔猪开食料和断奶后使用的饲料,主要营养成分的原料多来源于动、植物蛋白质和淀粉。仔猪早期不能充分利用,影响生长乃至健康。仔猪饲粮添加外源消化酶,可以改善其消化能力,提高饲料转化率,防止断奶或更换饲粮增重下降,同时能够减少仔猪腹泻和死亡,对提高生长速度和饲料转化率效果较好。

(2)酶制剂的使用

试验研究表明,在仔猪饲粮中添加 0.01% 淀粉酶和糊精酶可使增重提高 10%,饲料转化率提高 10%。仔猪饲粮添加 0.2% 淀粉酶,可提高增重 13.8%。值得指出的是,掌握各种外源酶的使用时期和条件,所选用的酶制剂应在使用前进行酶活性检测和安全检验,防止出现消化道及全身不良反应。

4. 添加益生素

仔猪饲粮添加益生素对维持消化道微生物平衡,提高其生产性能和保持身体健康十分重要。研究表明,仔猪断奶、接种、驱虫、去势、转群、调群、饲粮调整、卫生不佳、通风不良、长途运输、密度过大、天气突变等情况均会产生应激,从而改变肠道微生物菌群的平衡状态,造成一些病原微生物大量增殖,仔猪表现出疾病或生产性能下降。人们习惯使用抗生素控制病原微生物,但是病原微生物的耐药性限制了抗生素的使用。于是,人们开始研究既能促进猪生长,又没有副作用的替代品。

(1)益生素的作用

研究发现,从畜禽肠道正常菌群中分离培养得到的有益菌种,可以抑制病原微生物及有害微生物的生长繁殖。用在仔猪饲粮中,可增加有益微生物的数量,肠道形成良性微生态环境,增强机体抗病力,既有益猪健康和快速生长发育,又能够提高饲料转化率。许多学者对益生素在猪日粮中作为促生长剂的功效进行了评估。大多数试验表明,可提高猪增重2.5%和饲料转化率6.8%。益生素以其独特的作用机理和无毒、无残留、无抗药性等优点得到广泛关注。

(2)益生素的应用

益生素已广泛应用于猪日粮以取代抗生素。与抗生素不同的是,益生素把活菌引入肠道中,提高免疫力,增强抗病力,并提高消化率。许多菌株已被用于DFM(直接饲喂的微生物)的商业性生产,最普遍的是乳酸杆菌、酵母类菌、需氧芽孢杆菌、双歧杆菌、链球菌等。

5. 添加电解质与缓冲剂

通过添加电解质或缓冲剂,对保持仔猪体内酸碱平衡以及提高生产性能均起到一定的作用,特别是对断奶仔猪应激反应有一定的效果,也受环境温度、湿度、仔猪健康状况、饮水质量、应激、饲料品质等因素影响。目前在生产上广泛使用的膨润土,含有钙、钠、钾、氯、镁、铁、铜、锌、锰、钴等矿物质元素,是一种良好的缓冲剂,可以吸附大量的水分和多量有机物质,直接添加在仔猪饲粮中,可提高仔猪育成率,添加量一般为1%~2%。

6. 添加调味剂

调味剂能改变饲料中的不良气味和味道,增加仔猪采食量。早期断奶仔猪在断奶后2~3周内,需其采食量增加而提高增重,仔猪多用奶香味调味剂。

7. 添加乳制品

主要添加乳清粉,乳清粉主要含乳糖和乳清蛋白。乳糖甜度较高,很容易被仔猪消化。仔猪生后,微生物是最大的应激因素,尤其是病原微生物。乳糖对乳酸菌的增殖最为有利,从而提高胃肠的酸度,既抑制有害菌,又增强各种酶的活性,起到促进仔猪生长和提高饲粮消化率和饲料转换率的作用。适宜的添加量为15%~20%,添加时间为35日龄前,否则会造成浪费。

8. 添加油脂

添加油脂对补充能量、改善口味、防止加工尘埃、提高增重和饲料转换率有利。早期断奶的仔猪对短链不饱和脂肪酸消化率高,椰子油为较好,玉米油、豆油次之,猪油、牛油最差。仔猪饲粮脂肪添加可高达9%,在实际添加时,可视成本和饲料加工条件酌定。

9. 中草药保健助长添加剂

目前,畜禽产品质量安全问题已经成为世界各国关注的焦点,在畜牧养殖业中滥用兽药、抗生素、激素类物质及其副作用,已引起全球关注。我们深信中草药作为保健助长剂将被人们逐渐认识,养猪生产将朝着更加保健、健康、安全的方向发展。中草药种类繁多,功能各异,用作饲料添加剂,应根据中草药的作用和特性添加。中草药中大蒜、葱类、桂皮、茴香、姜、辣椒、胡椒等干粉或提取物及油,有保健助长作用。多数中草药常常是几种配合在一起相辅互补使用。

(三)仔猪提早开食补料

仔猪生长发育迅速,对营养物质的需要量与日俱增。一般随着日龄的增长,平均日增重增加,见表3-8和表3-9。

表3-8 仔猪增重情况

日龄/d	日龄前	21~40	41~50	51~60
平均日增重/g	150~200	250~300	400	500~600

表3-9 仔猪增重表

日龄/d	5	10	15	20	25	30	35	40	45	50	55	60
体重/kg	1.0	3	4	5	6	7	8	9	10.5	12.0	13.5	15

通常,母猪泌乳量于产后20~30 d达到高峰,以后逐渐下降。据相关资料,母猪泌乳所能满足仔猪营养需要的程度为:3周龄97%,4周龄84%,5周龄66%,6周龄50%,7周龄37%（图3-8）。这就出现仔猪营养需要量的猛增与母乳供给不足的突出矛盾。解决这个矛盾的办法就是"提前开食,早期补饲",即在仔猪出生后7~10 d开食,用诱料引诱仔猪开口吃料,并逐渐强化采食饲料的能力。如果不及早开食、不适时补料,就会严重影响仔猪生长发育。这就需要哺乳仔猪在3周龄前不但学会采食,而且具有一定的采食能力。母猪泌乳量下降,仔猪大量采食饲料,从而供给仔猪快速生长的营养需要。

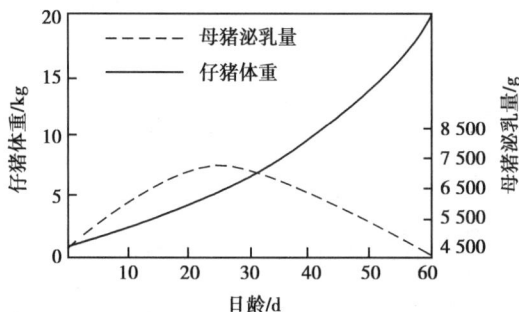

图3-8 仔猪体重与母猪泌乳曲线

1. 开食

仔猪出生后3~5日龄,活动明显增加,有时离开母猪到圈外啃咬硬物或拱掘地面,7~

10 日龄开始长牙,齿龈发痒,正是开食训练的好机会。一般从 7～10 日龄开始,经过 7～14 d 的开食训练,仔猪学会吃料,进入旺食期。具体方法是先将仔猪饲槽或补料盘(图 3-9)搬到仔猪补饲栏并打扫干净,投放 30～50 g 仔猪开食料,然后把仔猪赶到补饲栏,饲养员蹲下,用手抚摸抓挠 1～2 头仔猪,待仔猪安稳后,将仔猪料慢慢地塞到仔猪嘴里,每天训练 4～6 次(集中 1～2 头仔猪训练)。1 头开食成功,其他仔猪很快就会学会。

图 3-9 仔猪补料盘

2. 补料

仔猪生后 15～20 日龄,在做好开食的基础上,每天给仔猪补料 6 次,开始每次 20～50 g/头,根据情况以不剩过多料为宜。所剩饲料不卫生,应将剩料清除干净喂给母猪,重新投料。投料时,确保饲料的质量是关键。

①从养分含量来看,仔猪料应尽量与母乳相符,一般消化能为 13.26～13.67 MJ/kg,粗蛋白为 18%～20%,粗脂肪为 3%～5%,钙为 0.7%～0.9%,磷为 0.6%～0.8%,粗纤维不超过 3%～4%。

②从饲料组成来看,如果能用一部分乳制品(乳清粉或奶粉)效果更好。其他原料选择燕麦(去壳、压扁)、小麦、大麦、玉米等作为能量饲料,最好经过炒熟或膨化加工后使用。蛋白质原料除奶粉外,还可选择优质鱼粉和经过炒熟或膨化的全脂大豆。此外,乳猪料选择使用杆菌肽锌、有机酸、益生素、中草药等作为饲料添加剂,可提高仔猪增重并预防下痢。

③从补料方法来看,可直接选用全价乳猪料(颗粒料),或将粉料制粒,少喂勤添,分次投料。每天饲喂次数:10～15 日龄为 2 次,每增加 5 d,增补 1 次,每次持续 10～20 min,尽量让其多采食。注意及时清除剩料或清洗料槽,防止饲料霉变。补料时,安排好饮水,最好安装自动饮水器,供仔猪自由饮水。

(四)加强看护

仔猪生后的损失与死亡,85% 是在头 30 天。其中以第一周死亡所占比例最大,约占 60% 以上。主要原因是压死、弱死、饥饿等(表 3-1)。为防止或减少仔猪被压死、踩死、冻死、饿死等现象发生,提高仔猪成活率,在产仔季节应建立昼夜值班制度。值班人员负责仔猪日常管理工作,如调整温度、固定乳头、把奶、添料、上水、除粪等;同时加强产房的巡视和看护,尤其母猪吃食、排放粪尿等起卧时,特别注意看管。加强产房的巡视和看护,听到仔猪被压发出的急促叫声,应立即赶到并稳住母猪,迅速确定压仔部位,然后轻推母猪,将仔猪救出,再进行必要的处置。值班看护人员应勤走动、勤观察,发现问题及时解决。平时,尤其是夜间,注意观察仔猪的精神状态、趴卧姿势、粪便干稀、颜色及气味的变化。仔猪疾病应及早发现,及早采取措施,及早治疗(有必要施行全窝治疗)。现在大多采用高床网上培育哺乳仔猪和断奶仔猪,减少仔猪被压死、踩死的现象。

(五)仔猪预防接种

为保证仔猪健康地生长发育,防止仔猪感染传染病,应根据本地区传染病的流行情况和本场血清学检测结果,适时接种一些疫苗,增强机体的免疫力。

1.免疫程序推荐

仔猪免疫程序推荐见表3-10。

表 3-10　仔猪免疫程序

疫苗种类	免疫日龄	剂量/头份	疫苗用法
猪瘟	首免超前免疫或20日龄,二免55日龄	2 ~ 4	耳后皮下注射
猪肺疫	一免55日龄	1 ~ 2	口腔投服
猪丹毒	一免55日龄	1 ~ 2	耳后皮下注射
仔猪副伤寒	首免55日龄,二免70日龄	12	口腔投服

2.注意问题

①使用猪肺疫、猪丹毒、仔猪副伤寒疫苗的前3 ~ 5 d和后1周内不要使用抗生素药物。

②口服疫苗,先用少量冷水将疫苗稀释,然后拌在少量饲料内攥成团,均匀地投给每一个仔猪,或用注射器(无针头)经口腔直接投给。口服疫苗后0.5 ~ 1 d,再喂饲。

③各种疫苗免疫间隔3 ~ 5 d,防止上一次接种产生的应激影响下一次免疫接种效果。

④病态、断奶、去势、转群、长途运输等应激状态不宜免疫接种,以免影响接种效果。

⑤猪瘟疫苗首免日龄不得迟于25日龄,以免仔猪产生的自身抗体与母源抗体衔接不上。

(六)预防仔猪下痢

仔猪下痢是最常见的仔猪疾病。主要有黄痢和白痢,其发病率、死亡率都较高。其多发时期为:一是生后1周左右,仔猪常因脱水而死,死亡率高;二是20日龄前后,多因消化不良引起,但影响仔猪增重。

仔猪下痢的病原体是大肠杆菌,但它的存在并不是致病的决定性因素。仔猪是否发病,由多种复合因素所致,应采取综合措施。

1.抓好怀孕后期母猪营养,提高仔猪初生重和健壮程度

防治仔猪黄痢工作要从妊娠后期开始,其方法是加强怀孕后期母猪营养。不随意改变母猪饲料配方或更换饲料,禁用高能量饲料,防止喂发霉变质饲料。不用普通肉猪饲料饲喂哺乳母猪。实行全价饲养,尤其注意维生素、矿物质和微量元素等的供给。在配合母猪料时,限定玉米等能量饲料的配比在60%以下,粗蛋白的含量不低于18%。怀孕后期,特别是产前1个月应加料,努力提高仔猪初生重和健壮程度,其先天发育良好,以增强仔猪生后对

疾病的抵抗力。

2. 加强清洗消毒,防止围产期感染

部分仔猪出生便拉黄痢,其原因是围产期感染,这时往往也伴有母猪子宫内膜炎,体温升高等症状。因此,产前15 d要做好母猪保健工作,防止感染;另外,母猪产仔舍彻底清理消毒,给母猪提供一个适合的环境条件。

清洗消毒是防止仔猪下痢最主要的措施,但问题是应该怎样清洗产栏才能有效地防止仔猪下痢。因为产栏表面存在母猪乳汁及仔猪下痢所形成的污垢,以及残存的粪便、饲料等,其中含有大量的病原微生物,是发生仔猪下痢等疫病最主要的传染源,因此,只有彻底清除污垢及残存的粪便、饲料等,才能有效控制仔猪下痢。

在清洗产栏时,首先用洗涤剂或烧碱溶液浸泡地面,以破坏地面上的污垢层,再用高压水彻底冲洗地面,以彻底清除地面的污垢层及残留饲料、粪便等。清洗之后,产栏自然干燥,然后再用消毒剂喷洒圈栏和地面,干燥后即可再次冲洗产栏,这样可有效地避免消毒剂对仔猪的伤害。经清洗消毒后的产栏再空栏干燥2~3 d,然后,将临产母猪转入产栏待产。

3. 做好出生时的乳房、阴户消毒工作

临产母猪转入产栏前,也应进行彻底清洗,特别是乳房和阴部。部分猪舍卫生不好,乳房、阴户沾有猪粪,仔猪吃第1口奶便沾有粪便,大肠杆菌感染显而易见。因此,做好产前乳房、阴户消毒工作是预防仔猪下痢的关键工作。

4. 做好泌乳母猪饲养工作,提高初乳质和量

母猪泌乳质量特别是初乳的质和量直接影响仔猪抗病力。初乳既是一副"泻药",含大量的镁盐,促进仔猪排泄胎粪;又是一副"补药",母猪能抵抗什么疾病,仔猪吃了初乳后也能抵抗同样的疾病,因为初乳含免疫球蛋白,所以初乳的质和量,对仔猪的抗病力有直接影响。因此,做好泌乳母猪饲养工作也是预防仔猪下痢的关键技术措施之一。母猪产前7 d开始减料,产仔当天不喂饲料,只喂少量加盐麸皮水,产后逐渐加料,母猪能够均匀地分泌性状优良、数量充足的乳汁,利于仔猪消化吸收。泌乳母猪饲粮配合也要合理、稳定。保证泌乳母猪青绿饲料或多种维生素添加剂的供给,这样母猪奶足奶好,则仔猪下痢就少。

5. 做好环境卫生和保温工作

做好环境卫生工作显然可以减少大肠杆菌对仔猪的感染。仔猪生活在舒适的环境中,除了环境清洁干燥,还应温暖而无"贼风"。环境条件的改变会使仔猪应激而易于发生下痢,如低温应激会降低仔猪对大肠杆菌的抵抗力而诱发下痢,因此,一定要做好保温工作。除增加垫草外,还可用保温伞、保温板或红外线灯泡增温。饥饿和脱水也会促使仔猪发病,因此,吃饱奶和饮用充足的清洁饮水对控制仔猪下痢也十分重要。

6. 采取免疫措施

刺激母猪产生免疫力,母猪可将其免疫力传递给新生仔猪,从而提高仔猪对下痢等疫病的免疫力,对妊娠后期的母猪免疫接种大肠杆菌疫苗,以及在妊娠后期用下痢仔猪的粪便饲喂妊娠母猪,均可有效地刺激母猪产生免疫力,这种免疫力可以通过乳汁传递给仔猪,从而提高仔猪对下痢等病的抵抗力。具体做法:母猪产前1个月肌内注射仔猪红病菌苗5 mL,2周后再注射10 mL,预防仔猪红病。用K_{88}、K_{99}、K_{98}三价灭活苗或K_{88}、K_{99}双价基因工程苗在母猪产前15~20 d免疫注射1次,预防仔猪黄白痢。

7. 适当用药预防

仔猪出生 8 h 以内,用新霉素粉或硫酸黏杆菌粉或氟苯尼考粉按每头 0.25 g,可用湿手粘上药粉,涂抹在仔猪舌中部和口腔。

三、仔猪断奶技术

(一)断奶条件

仔猪的断奶时间,主要根据仔猪消化系统成熟程度(吃料量、吃料效果)、仔猪免疫系统的成熟程度(发病情况)、保育舍环境条件、保育舍饲养员饲养断奶仔猪技术熟练程度等确定。鉴于我国的猪舍环境条件、生猪价格、早期断奶仔猪料价格等实际情况,适宜的断奶时间为 3～5 周龄,仔猪培育技术不成熟或环境条件较差的场家不得早于 4 周龄,但不能迟于 6 周龄。受代乳品价格较高,猪舍环境条件不能满足仔猪生长发育要求,现场仔猪管理水平较低等因素影响,过早断奶会增加饲养、环境控制等成本,仔猪育成率也无法保证。但过晚断奶母猪年产仔窝数减少,相对增加母猪的饲养成本,降低养猪生产的整体效益(表3-11)。因此,应根据具体条件适时断奶。

表 3-11　猪不同断奶日龄的经济效益

断奶日龄	哺乳期母猪饲料消耗/kg	56 日龄每头仔猪的饲料消耗 /kg	每头仔猪负担母猪的饲料消耗量/kg	56 日龄内仔猪增重/kg	56 日龄内仔猪料重比
28	125	16.80	11.36	13.34	2.11
35	164	14.90	14.91	12.85	2.32
50	239	11.70	21.73	12.98	2.58

(二)断奶方法

1. 一次断奶法

断奶日龄,一次性将母仔分开,不再对仔猪进行哺乳。具体可将母猪赶出原栏,留全部仔猪在原栏饲养。此法简便,适于规模化猪场,便于工艺流程实现全进全出,省工省事,而且能促使母猪在断奶后迅速发情。不足之处是突然断奶后,母猪容易发生乳房炎,个别体质体况差的仔猪可能应激反应较大,影响其生长发育和育成。因此,断奶前应注意调整母猪的饲料,降低泌乳量。同时,细心护理仔猪,仔猪适应新的生活环境。

2. 分批分期断奶法

将体重大、发育好、食欲强的仔猪相对提前 1 周断奶,体重小、体质弱、吃料有一定困难的仔猪相对延缓 1 周左右断奶,以利于弱小仔猪生长发育。该方法可使整窝仔猪都能正常生长发育,避免出现僵猪。但断奶期拖得较长,会影响母猪发情配种。此方法适应于节律性不强的小规模猪场。

3. 逐渐断奶法

在预定断奶时间前 1 周左右,逐渐减少日哺乳次数,到了预定断奶时间便将母仔分开,实行断奶。此法适应于规模小,饲养员劳动强度不大的场家,饲养人员可以有充足时间控制母猪哺乳。

4. 早期隔离断奶

仔猪早期断奶是现代养猪技术的一个大发展,欧美国家已很普遍。通过控制断奶日龄及断奶仔猪的饲养管理,从而提高猪群健康。母仔隔离可减少仔猪疾病发生,发挥生产潜能,同时增加母猪年产仔窝数。

(1)断奶日龄的确定

根据猪场防治疾病、生产条件、技术水平而定,一般为 14 ~ 21 日龄较好(有利于以周为单位流程生产),但是 14 日龄断奶,母猪很难在断奶后 1 周左右发情配种。

(2)提早断奶需注意问题

一是抓好仔猪早期开食、补料训练,仔猪尽早地适应以独立采食为主的生活方式;二是早期断奶的仔猪饲粮一定要全价,要求高能量、高蛋白。断奶的第一周要适当控制采食量,并要做好几个过渡,以免引起消化不良而发生下痢;三是断奶仔猪应留在原圈养育一段时间,以免因换圈、混群、争斗等应激因素的刺激而影响仔猪正常生长发育;四是注意保持圈舍干暖,做好圈舍卫生和消毒,以减少疾病发生;五是将预防注射、去势、分群等应激因素与断奶时间错开,尽量减少这些不利因素影响的累加作用。

(3)饲养管理原则

仔猪采取全进全出彻底消毒,保育舍使用周期为 4 ~ 6 周。每个保育栏养育仔猪 10 头左右,每个保育舍保育栏不超过 10 个,温湿度适宜,空气新鲜。隔离设施完备,防疫消毒制度化,在转群过程中,隔离环境条件较好,在断奶后 30 ~ 60 h 内,必须想尽办法让断奶仔猪采食饲料,每头仔猪采食 30 g 饲料,其能量就可以使仔猪不感到饥饿,为便于仔猪采食和消化吸收,所使用的饲料以颗粒料为好。为适应断奶仔猪一起采食的习性,必须有足够的采食空间,至少每 4 头有一个采食空间,其宽度为 15 cm。从而增进仔猪食欲,带动所有的仔猪采食。断奶采食固体饲料,必须保障供应卫生爽口饮水,根据日龄、体重掌握日喂量。

(三)仔猪高床网上培育技术

高床网上培育是指利用仔猪培育栏,仔猪由地面猪床饲养变为网床饲养。断奶前饲养在母猪高床分娩栏上(图 3-10),断奶之后饲养在高床网上培育栏上(图 3-11)。日前,大、中型猪场多采用高床网上培育栏饲养保育仔猪。这种猪栏主要由金属编织网(漏粪地板)、围栏和自动食槽组成。漏粪地板设在粪沟或水泥地面上,每栏设一个自动食槽和自动饮水器,面积因饲养头数不同而异。

图 3-10　母猪高床分娩栏

图 3-11　高床网上培育栏

这种方法有许多优点,首先仔猪离开地面,可减少冬季地面传导散热损失,有利于取暖;其次粪尿、污水能随时通过漏缝板进入粪尿沟中,减少仔猪接触污染源的机会,床面卫生干燥、清洁,可有效防止仔猪下痢病的发生和传播;最后泌乳母猪饲养在网床上,并且被限位,可减少压死、踩死仔猪的机会。因此,网床养育仔猪,生长发育快,个体整齐,饲料利用率高,患病少,成活率高,有条件应推广使用。

技能训练

技能一　仔猪开食补料

一、目的及要求

掌握仔猪开食时期,学会仔猪开食、补料与补铁方法。

二、材料和设备

7 日龄和 15 日龄左右的仔猪、喂饲器或饲槽、自动饮水器或水槽、仔猪开食饲料。

三、方法和手段

学生先分组,教师和饲养员对学生进行讲解,然后,分配到不同栋仔猪舍,现场进行仔猪的开食、补料与补铁操作。其中开食训料和补铁操作需要饲养员现场示范,补料操作简单,不需要示范。学生先观摩,后以小组为单位进行操作。

四、方法和步骤

（一）开食

第 1 次训练仔猪吃料称为开食,一般仔猪出生后 5～7 d 开始。先将仔猪饲槽或喂饲器搬到仔猪补饲栏并打扫干净。投放 30～50 g 的仔猪开食料,然后把仔猪赶到补饲栏。饲养员蹲下,用手抚摸抓挠 1 ~ 2 头仔猪,待仔猪安稳后将仔猪料慢慢塞到仔猪嘴里,每天训练 4 ~ 6 次(集中 1 ~ 2 头训练仔猪)。经过 3 d 左右的训练,仔猪便会学会采食饲料,其他仔猪效仿学会采食饲料。在生产上,多在开食前 2 ~ 3 d 固定抚摸抓挠 1 ~ 2 头仔猪,每天 4 ~ 6 次,每次 5 min 左右,开食当天一边抚摸抓挠,一边对仔猪嘴里塞料,同样训练 3 d 左右。

(二)补料

一般在仔猪 15 ~ 20 日龄时,每天给仔猪补料 6 次,开始每次 20 ~ 50 g/头。根据情况以不剩过多料为宜。所剩饲料不卫生,应将剩料清除干净喂给母猪,重新投料。

(三)补铁

①右旋糖酐铁钴注射液:一般要求注射 2 次,仔猪 3 日龄肌内注射 1 ~ 2 mL,10 日龄注射 2 mL;也有 3 日龄 1 次肌内注射 3 ~ 4 mL,以后不再注射。还可注射其他铁制剂,如富铁力、牲血素等,按说明使用。

②仔猪 2 ~ 3 日龄,补铁铜溶液。制法:取 2.5 g 硫酸亚铁和 1 g 硫酸铜溶于 1 000 mL 水中,3 层纱布过滤,备用。仔猪吃奶,用滴管或不安针头的注射器吸取铁铜溶液,滴在母猪的乳头上,仔猪随乳汁一起吃进。

五、报告

叙述仔猪开食、补料和补铁的方法和步骤。

技能二　仔猪群的检查记录

一、目的及要求

通过参加猪场实践了解仔猪群检查的项目及技术,熟悉仔猪群检查的方法,以提高仔猪成活率,将经济损失降到最小。勤用眼、勤动手,按规章制度进行常规的仔猪群检查。

二、材料和设备

校内外生产基地猪场的仔猪舍有不同日龄的仔猪群,温度表、检查记录表、记号笔、镊子、棉球、碘酒等。

三、实训方法和手段

实训采用演示讲解和实践操作等方法,学生先分组,教师和饲养员对学生进行讲解,然后,分配到不同栋仔猪舍,分别对不同日龄的仔猪群进行现场检查记录。每组至少有 3 次检查记录。

四、实训内容和方法

(一)仔猪群检查项目及技术

1. 初生时检查

①分娩监护检查:记录产程,难产的早期发现及助产,假死仔猪及处理。

②早吃初乳检查:仔猪出生 1~2 h 吃初乳,弱仔猪人工辅助吃初乳,固定乳头。

③匀窝寄养情况检查。

④保暖、防冻、防压情况检查。

⑤母猪乳汁过多、过浓或乳汁不足情况检查及处理。

2. 哺乳早期检查

①补铁补硒: 2~3 日龄注射铁钴剂或补硒情况。

②补充饮水:3~5 日龄小水槽补水情况。

③开食补料:7~10 日龄训练开食情况。

④卫生防疫:料、水、槽、垫草卫生及防疫情况。

3. 培育过程中的检查

①仔猪料配方:高能量、高蛋白、低纤维,全平衡、适口、促长、防病、价廉。

②采食方式:自由采食或采用限食、按顿饲喂情况。

③适时断乳:断乳日龄,断奶应激情况。

(二)仔猪群的检查方法

1. 现场查群观察记录

①母猪情况:被毛、膘情、食欲、哺乳情况、带仔数。

②仔猪情况:被毛、膘情、食欲、活动、精神、仔猪发育均匀度、粪颜色、干稀形状、饲料消化性、睡眠姿势、跛行、拉稀、外伤、关节与脐部是否红肿、仔猪死亡的数量及原因等。

③卫生管理:料、水、槽、圈舍、猪体卫生、圈舍温度、保暖窝补饲间与槽口长短、圈舍密度、通风、防疫措施。

2. 日粮调查或实测与核算分析

①母猪日粮、配方采食量,分析配方与日粮营养水平。

②仔猪补料配方与采食量,分析配方营养水平。

3. 记录资料的查阅统计分析

查阅产仔哺育记录,按品种、组合、胎次统计产仔数与产活仔数,20 日龄窝重及哺育率,0~20 日龄阶段头日增重,35 日龄(45 或 50 日龄)窝重,头重及阶段日增重。

五、报告

请根据仔猪群的死亡率记录等分析仔猪的成活情况,并分析哪些因素影响成活率。

任务二 断奶仔猪饲养管理

📖 知识准备

断奶到 60~85 日龄的猪称为断奶仔猪,又称保育猪或育成猪,它是继哺乳仔猪管理后的又一个重要阶段。过好仔猪断奶关,降低断奶应激、控制腹泻、提高仔猪育成率和生长速度是饲养断奶仔猪的目标。断奶仔猪目前存在的问题主要是断奶后产生应激综合征,表现为仔猪腹泻、拒食、生长停滞(甚至负增长),出现僵猪,甚至死亡。

一、断奶仔猪营养需要

断奶仔猪(保育猪)的消化系统发育仍不完善,生理变化较快,对饲料的营养及原料组成十分敏感,选择饲料应选用营养浓度、消化率都高的日粮,以适应其消化道的变化,促使仔猪快速生长,防止消化不良。影响仔猪生长速度的营养要素依次是能量、蛋白质(氨基酸)、维生素、矿物质和水。因此,在充分满足能量需要的前提下,还应考虑蛋白质(氨基酸)、维生素和矿物质的供给量,从而有利于仔猪生长发育(表3-12)。

表 3-12　断奶猪自由采食情况下主要营养物质需要量

参数	体重/kg		
	5 ~ 10	10 ~ 20	20 ~ 50
该范围平均体重	7.5	15	35
消化能浓度/(MJ · kg^{-1})	14.21	14.21	14.21
摄入消化能估计值/(MJ · d^{-1})	7.11	14.21	26.36
采食量估计/(g · d^{-1})	500	1 000	1 835
粗蛋白质/%	23.7	20.9	18.0
赖氨酸/%	1.19	1.01	0.83
钙/%	0.80	0.70	0.60
总磷/%	0.65	0.60	0.50
有效磷/%	0.40	0.32	0.23

(一)能量需要

仔猪的增重在很大程度上取决于能量的供给,仔猪日增重随能量摄入量的增加而提高,饲料转化效率也将得到明显改善,仔猪对蛋白质的需要也与饲料中的能量水平有关,因此能量仍应作为断奶仔猪饲料的优先考虑,而不应过分强调蛋白质的功能。

(二)蛋白质、氨基酸需要

断奶仔猪饲粮粗蛋白质水平的高低对仔猪生长和健康影响很大,饲粮粗蛋白质过低会使仔猪生长变慢,粗蛋白质水平偏高往往导致仔猪腹泻发生率增加。于是人们开始在日粮中添加赖氨酸、蛋氨酸、色氨酸、苏氨酸,从而提高生长速度,减少腹泻发生率。这一做法既可提高含氮化合物的利用率,又可节约有限的蛋白质资源,具有重要的现实意义。

(三)矿物质需要

钙、磷作为骨骼主要成分,在饲料矿物质营养添加时,必须首先给予考虑。应注意钙、磷的添加数量和比例,钙、磷添加数量不足或比例不当,不仅会影响钙、磷吸收,也会影响铜、锌等营养物质的吸收。同时,饲粮必须有充足的维生素 D,如果没有维生素 D,钙、磷的利用率将会降低。另外其他矿物质元素对断奶仔猪生长发育也十分重要,特别是铁、铜、锌、硒等。

(四)维生素需要

仔猪断奶后应激反应较大,所以对维生素的需求量较高。维生素 A、维生素 E 有增强仔猪免疫力的功能。水溶性维生素可以增进食欲、防止被毛粗糙。调配饲粮基于加工损耗、生长需要、抗应激、自然破坏损耗等因素,维生素实际添加量往往是其推荐量 2 ~ 8 倍。

(五)水的需要

断奶仔猪饲料类型由断奶前的流体乳和固体饲料混合组成,断奶后转变为单一采食固体饲料,水是必不可少的重要营养物质。在正常情况下猪的饮水量为其采食风干料重 2 ~ 4 倍,夏、春、秋 3 个季节饮水量高于冬季。

二、断奶仔猪饲养

(一)断奶仔猪的生理特性

1. 生长发育快

断奶仔猪正处于一生中生长发育最快、新陈代谢最旺盛的时期,因此,需要高蛋白、高能量和含有丰富的维生素、矿物质的日粮,应限制含粗纤维过多的饲料,注意各类添加剂的补充。一旦饲料配给不善,营养不良,就会引起营养缺乏症,使生长发育受阻。

2. 消化机能不完善

刚断奶仔猪,由于消化器官发育不完善,胃液仅有凝乳酶和少量的胃蛋白酶而无盐酸,消化机能不强,如果饲养管理不当,极易引起腹泻等疾病。

3. 抗应激能力差

仔猪断奶后,离开母猪开始完全独立生活,会对新环境不适应,如果舍温低、湿度大、消毒不彻底等都可使断奶仔猪产生较强应激,引发条件性腹泻等疾病。

(二)断奶仔猪正确饲养方法

1. 断奶仔猪饲粮应容易消化吸收,营养平衡,适口性好

仔猪饲料类型最好是颗粒饲料,其次是生湿料或干粉料,不要喂熟粥料。同时掌握食物温度,防止出现营养损失或造成口腔炎症等。注意少喂勤喂,既保证生长发育所需营养物质,又不会因喂量过多胃肠排空加快而造成饲料浪费。

2. 注意饲料过渡

断奶仔猪饲养的关键是做好母乳到饲料的过渡。这个过渡过程就是仔猪断奶半个月内应保持饲料不变(仍然饲喂哺乳期补助饲料),以免影响食欲和引发疾病。半个月后再逐渐改喂饲料。

①饲料品种更换。断奶保育仔猪更换饲料品种,新品种和原品种饲料混合使用 4 ~ 5 d,见表 3-13。

表 3-13 更换饲料品种投料管理

换料时间	原品种饲料		需要更换的新品种饲料	
	第 1 种方法	第 2 种方法	第 1 种方法	第 2 种方法
第 1 d	75%	90%	25%	10%
第 2 d	50%	70%	50%	30%
第 3 d	25%	40%	75%	60%
第 4 d	0	0	100%	100%
第 5 d	根据断奶仔猪的健康情况,可实施 5 d 制换料过渡时间管理			

②饲喂次数。仔猪断奶后半个月内,每天饲喂的次数比哺乳期多 1～2 次。这主要是加喂夜餐,以免仔猪因饥饿而不安。体重 20 kg 以前日喂 4～5 次为宜,20～35 kg 日喂 3～4 次效果较好,日喂量占体重 6% 左右,如果环境温度低,可在原日粮基础上增加 10% 给量。每次喂量不宜过多,以七八成为度,以使仔猪保持旺盛的食欲。

3. 饮水充足卫生

为了保证饮水,断奶仔猪最好使用自动饮水器饮水,既卫生又方便,其水流量至少 250 mL/min。饮水器灵活好用,每 10～12 头安置一个饮水器,其高度为 30～35 cm。采用水槽饮水时,饮水槽必须常备清洁卫生爽口的饮水,饮水不足一则会导致抵抗力下降,影响健康,二则引起采食量下降,减缓生长速度,三则诱发仔猪饮用污水或尿液而造成下痢。

三、断奶仔猪管理

1. 合理分群

为稳定仔猪不安情绪,减轻应激损失,最好采取不调离原圈、不混群并窝的"原圈培育法"。仔猪到断奶日龄,将母猪调回空怀母猪舍,仔猪仍留在产房饲养一段时间,待仔猪适应后再转入仔培舍,即"赶母留仔",由于是原来的环境和原来的同窝仔猪,可减少仔猪断奶刺激。工厂化养猪采取全年均衡生产方式,各工艺阶段设计严格,实行流水式作业。仔猪断奶立即转入仔猪保育舍,产房内的猪实行全进全出,猪只转走后立即清扫消毒,再转入待产母猪。断奶仔猪转群时一般采取原窝培育,即将原窝仔猪(剔除个别发育不良个体)转入培育舍关入同一栏内饲养。如果原窝仔猪过多或过少,需要重新分群,可按其体重大小、强弱进行并群分栏,同栏仔猪群体重相差不应超过 1～2 kg,将各窝中的弱小仔猪合并分成小群进行单独饲养。合群仔猪有争斗位次现象,应进行适当看管,防止咬伤。保育栏要有一定的面积供仔猪趴卧和活动,其面积一般为每头 0.3 m² 左右,密度过大猪接触机会增多,易发生争斗咬架,密度过小浪费空间。

2. 加强环境控制

保育猪生长速度快,代谢旺盛,粪尿排出量较多,及时清除,保持栏内卫生。舍内应经常保持空气新鲜,否则会诱发呼吸道疾病,特别是接触性传染性胸膜肺炎和气喘病较为多见。

①温度。断奶仔猪在 9 周龄以前的舍内适宜温度为 22～25 ℃,9 周龄以后舍内温度控制在 20 ℃ 左右。

②湿度。育仔舍内湿度过大可增加寒冷和炎热对猪的不良影响。潮湿有利于病原微生物滋生繁殖,可引起仔猪多种疾病。断奶幼猪舍适宜的相对湿度为50%~70%。

③保持空气新鲜。猪舍空气中的有害气体对猪的毒害作用具有长期性、连续性和累加性。应对舍栏内粪尿等有机物及时清除处理,减少氨气、硫化氢等有害气体产生,控制通风换气量,排除舍内污浊的空气,保持空气清新。气流速度大于0.2 m/s,断奶仔猪感到寒冷,相当于降温3 ℃。非漏缝地面猪舍气流速度为0.5 m/s,相当于降温7 ℃,形成贼风。研究表明,在贼风情况下,仔猪生长速度减慢6%,饲料消耗增加16%。保育舍应定期带猪消毒,防止发生传染病,舍内粪尿每天至少清除2次。

在良好饲养管理条件下,断奶至9周龄保育结束育成率可达99%,生长速度600 g/d左右(表3-14)。断奶后,应激反应过后要进行驱虫和一些传染病疫苗的免疫接种。留做种用的育成猪根据亲本资料结合本身体型外貌进行初选,淘汰不合格个体。

表3-14 不同周龄仔猪生长速度

周龄	活重/kg	日增重/g	周龄	活重/kg	日增重/g
3	6.0	271	7	16.4	486
4	7.9	271	8	20.3	557
5	10.3	343	9	24.8	643
6	13.0	386	10	30.0	743

3. 注意看护

断奶初期仔猪性情烦躁不安,有时争斗咬架,格外注意看护,防止咬伤。特别是断奶后第1周咬架的发生率较高,在以后的饲养阶段因各种原因,如营养不平衡、饲养密度过大、空气不新鲜、食量不足、寒冷等也会出现争斗咬架、咬尾现象。在生产实践中发现,断奶仔猪自残咬架多发生在白天14—15点以后。为避免上述现象,除加强饲养管理,还可通过转移注意力的方法减少争斗咬架和咬尾,在圈栏内放置铁链或废弃轮胎供猪玩耍。但主要还应注意看护,防止意外咬伤。

4. 细心调教

新断奶转群的仔猪吃食、卧位、饮水、排泄区尚未形成固定位置,所以,加强调教训练,形成理想的睡卧和排泄区。这样既可保持栏内卫生,又便于清扫。仔猪培育栏最好是长方形(便于训练分区),在中间走道一端设自动食槽,另一端安自动饮水器,靠近食槽一侧为睡卧区,另一侧为排泄区。训练的方法是,排泄区的粪便暂不清扫,诱导仔猪排泄。其他区的粪便及时清除干净。仔猪活动时对不到指定地点排泄的仔猪用小棍哄赶并加以训斥。仔猪睡卧时,可定时哄赶到固定区排泄,经过一周的训练,可建立定点卧睡和排泄的条件反射。

5. 减少断奶仔猪应激

应激反应是仔猪对环境突然改变产生的强烈应激。母猪、仔猪分开,仔猪通常会出现鸣叫、不安、食欲减少现象。主要表现为:仔猪情绪不稳定,急躁,整天鸣叫,争斗咬架。食欲下降,消化不良,出现腹泻或便秘。体质变弱,被毛蓬乱无光泽,皮肤黏膜颜色变浅。生长缓慢或停滞,有的减重,有的继发其他疾病,形成僵猪或死亡。

断奶仔猪应激是养猪生产面临的一个主要问题,也是养猪学者研究的热门课题。应激大小和持续时间主要取决于仔猪断奶日龄和体重,断奶日龄大、体重大、体质好,应激就小,持续时间相对短;反之,断奶日龄较小、体重小,应激就大,持续时间也就长。从目前生产条件来看,减少仔猪应激可以从以下几个方面着手:

①适时断奶:4 周龄断奶比 3 周龄断奶更能抗应激。

②科学配合仔猪饲粮:根据仔猪消化生理特点,结合其营养需要,配制适于仔猪采食、消化吸收和生长发育所需要的饲粮。仔猪早期饲粮的原料可选择易于仔猪消化吸收的血浆蛋白、血清蛋白及乳清粉或奶粉。通过添加诱食剂的方法解决适口性问题,选择与母猪乳汁气味相同的诱食剂。为提高饲粮能量浓度,可在其饲粮中添加3% ~8%的动物脂肪,便于仔猪消化,有利于生长发育,从而减少应激和提高免疫力。增加饲粮维生素 A、维生素 E、维生素 C、维生素 B 和矿物质元素钾、镁、硒的添加量。

③减少混群机会:仔猪断奶后最好在傍晚将原窝仔猪转移到同一保育栏内,减少争斗机会,并注意看护。

④加强环境控制:保育舍要求安静舒适卫生,空气新鲜,温湿度适宜。温度偏高影响仔猪食欲和休息,温度过低,仔猪挤堆趴卧会造成底层仔猪空气流通不畅,并且增加体外寄生虫发生概率。湿度过小,仔猪饮水增加,常引发腹泻不利舍内卫生,同时皮肤干燥瘙痒,常蹭磨,易造成皮肤损伤增加病原微生物感染机会;湿度过大,有利于病原微生物繁殖,易引发一些疾病。

⑤其他方面:仔猪断奶后 1 ~2 周内,不要进行驱虫、免疫接种和去势,避免长途运输。最好使用断奶前饲粮饲养 1 周左右,然后逐渐过渡到断奶后饲粮。另外,还可以补给抗应激饮水剂,对仔猪增重、预防腹泻发生有很好的作用。在水中加食盐、亚硒酸钠维生素 E 注射液、电解多维、葡萄糖、碳酸氢等,仔猪进入保育舍开始,连续饮 7 d。

6.控制仔猪腹泻

腹泻是仔猪阶段常见病和多发病,轻者影响生长增重,重者继发其他疾病甚至死亡,对养猪生产造成一定损失。仔猪腹泻分为病原性腹泻和非病原性腹泻,这里主要介绍非病原性腹泻。

非病原性腹泻发生原因:断奶应激肠道损伤,消化道酶水平和吸收能力降低,造成食物以腹泻形式排出。仔猪消化道与外界相连,很容易受外来物质侵袭。肠道的健康依赖于肠道局部免疫系统。该系统能够广泛识别抗原并与其发生特异性反应。肠道免疫抗体对以前未曾接触的一切外来抗原均会发生免疫反应,用以消除抗原的危害,结果造成肠细胞损伤,成熟细胞减少,消化酶水平下降,小肠绒毛萎缩,肠腺窝增生,导致仔猪腹泻。仔猪日粮含有大量抗原(主要是蛋白质),肠道免疫系统不能经常发生免疫反应,而是表现出免疫耐受。肠道中的食物抗原成分达到一定数量和作用后,仔猪受免疫耐受作用,对后来的同类抗原不再反应。仔猪断奶对高抗原日粮未能适应或者肠道没有产生免疫耐受,这种日粮将引发仔猪大量腹泻。此种情况多发生于早期断奶最初几天或饲粮更改后几天。此时腹泻症状如果不加控制,可诱发大肠杆菌大量繁殖,腹泻症状加剧。

鉴于上述情况,控制仔猪腹泻应从以下几个方面进行:

(1)提早开食,大量补料

仔猪最初采食饲粮的蛋白质水平和品质,将影响其断奶后饲粮蛋白质水平和品质,因此,哺乳期提早开食,摄入大量的饲料,促使肠道免疫系统产生免疫耐受力,以免断奶后对日粮蛋白质发生过敏反应。如果开食晚补料少,就会造成免疫系统损伤,仔猪断奶后这种反应更加严重。断奶前如果不补饲,其效果介于两者之间。这一发现具有重要的实践意义,4~5周龄以后断奶,进行高质量补饲,对保证仔猪断奶后健康和正常生长发育具有明显的效果。8周龄后断奶的仔猪,补饲效果不明显。研究发现,3周龄或更早断奶的仔猪,断奶前至少累积补料600 g,消化系统产生耐受反应。从而减少断奶后仔猪腹泻,鉴于这种情况,3周龄以前准备断奶的仔猪,可以在7日龄进行强制开食,并且要求开食料适口性好、易于消化吸收。仔猪在断奶前采食尽可能多的饲料,肠道免疫系统产生免疫耐受力。

(2)降低开食料蛋白质水平,添加氨基酸

日粮中蛋白质是主要抗原物质,降低饲粮蛋白质水平可减轻肠道免疫反应,缓解和减轻仔猪断奶后的腹泻。有试验证明,酪蛋白不经酶法水解,具有活性,直接作为蛋白源存在饲料中,仔猪发生腹泻,酶法水解后,仔猪无腹泻现象。试验表明,即使没有大肠杆菌繁殖,未经酶法水解的酪蛋白同样会导致仔猪腹泻。这一点证明,肠道损伤是免疫反应的结果而不是病原微生物作用的结果。仔猪开食料蛋白质水平高,可导致肠腺窝细胞增生,蔗糖酶活性下降,而饲喂低蛋白质水平饲粮上述情况可以减轻(表3-15)。仔猪饲粮添加氨基酸,尤其是添加赖氨酸0.1%~0.2%,可以降低2%~3%的蛋白质水平,从而达到降低抗原的目的,并且对增重和饲料转化率均有提高的效果。实践证明,6~15 kg仔猪蛋白质水平由23%降至20%,赖氨酸1.25%,仔猪腹泻明显减少。

表3-15 断奶后一周仔猪腹泻程度

组别	粗蛋白质/%	腹泻率/%	腹泻频率/%	死亡头数/头	死亡率/%
低蛋白组	18	11.11	1.20	0.00	0.00
高蛋白组	22	57.14	24.60	2.00	7.14

(3)使用抗生素和益生素

仔猪饲粮添加抗生素,可以抑制和杀灭一些病原微生物,同时加速肠道免疫耐受过程,进入肠道的抗原致敏剂量变成耐受剂量,减轻肠道损伤。添加益生素可以使肠道菌群平衡,抑制有害菌生长繁殖,同样达到减轻腹泻的效果。

(4)增加仔猪饲粮粗纤维含量

这种做法可以降低断奶应激和避免仔猪在断奶时出现生产性能停滞期。有人试验,仔猪饲粮添加20%燕麦对仔猪生长率无明显影响,但可以改善粪便外观效果。控制仔猪腹泻,还要注意饲料防腐防霉,保证饮水清洁卫生和环境卫生。大群腹泻应及时诊治,以免错失治疗机会或引发其他疾病。

总之,控制仔猪腹泻应从饲粮配合、饲喂技术、环境控制等方面着手,不要单一依赖药物控制仔猪腹泻。这种做法既增加成本,又不能很好地控制仔猪腹泻,也会对猪场造成病原污染,不利于猪群健康。

7.设置玩具

刚断奶仔猪常出现咬尾和吮吸耳朵、包皮等现象,主要是刚断奶仔猪企图继续吮乳造成的,当然,也因饲料营养不全、饲养密度过大、通风不良应激所引起。防治的办法是改善饲养管理条件,为仔猪设置玩具,分散注意力。玩具有放在栏内的玩具球和悬在空中的铁环链两种,球易被弄脏不卫生,最好每栏悬挂两条由铁环连成的铁链,高度以仔猪仰头能咬到为宜,也可在圈栏放置废弃轮胎。这不仅可预防仔猪咬尾等恶癖发生,也可满足仔猪好动玩耍的需求。

技能训练

技能一　仔猪的挑选

一、目的及要求

掌握挑选仔猪的正确方法,准确选择健康仔猪,为提高养猪经济效益服务。

二、材料和设备

保育仔猪、仔猪生产记录表,包括品种、疾病、疫苗使用记录等。

三、方法和手段

学生先分组,教师与饲养员现场讲授挑选仔猪的注意事项,各组分工协作,按照挑选仔猪要求进行挑选,主要通过视觉、触觉相互比较完成,挑选后进行标记,教师对选择结果进行总结分析,要求详细叙述挑选依据,并写成报告。

四、挑选方法和步骤

(一)查阅父母本猪资料

先查仔猪生产记录表,了解其父母本猪品种情况,正像俗语所说:"公猪好,母猪好,仔猪错不了。"了解其是杂交猪或纯种猪,以及是二元猪、三元猪、四元猪。

(二)看看同胞生长发育情况

先进行窝选,然后进行个体选择。要求同窝的同胞猪发育整齐,生长良好,没有遗传缺陷(如赫尔尼亚、单睾、隐睾、大尿脐子、瞎乳头、内凹乳头等)。在同窝中选择体大的仔猪。可以选择同窝的仔猪,因为同窝猪不咬架,能够和平相处,容易饲养,所以一窝中最小的一般都是弱猪。

(三)掌握个体情况

要求仔猪生长发育良好,符合其品种特征。食欲强,健壮,动作灵活,被毛光亮,脑门宽实,腰条长,腿高,四肢柱状。小母猪要求乳头较多且排列整齐,小公猪则要注意睾丸左右对称、紧凑,附睾明显。

1. 看一看

①看外貌。主要包括 5 个方面。一看眼：眼要亮，仔猪眼睛明亮有神、不粘眼屎、眼毛短，表明健康无病。二看嘴：嘴要团，团嘴猪一般不拱食、不拱槽、不拱圈，吃食喜欢自上而下，不糟蹋饲料。三看腿：腿要长，这样青年期骨架才放得开，便于短期育肥，且个大体重。四看肩：肩背宽，呼吸和血液循环旺盛、食量大，生长迅速。五看尾：仔猪尾巴根粗稍细，尾皮薄，呈"丁"字形，多性情温顺，吃饱就睡，易饲养。

②看品种。优良品种具有生长发育快、饲料利用率高、抗病力强、适应性好、容易饲养、饲料报酬高等优点。瘦肉型品种的仔猪四肢相对较高（皮特兰后代除外），躯干较长，后臀肉丰满，被毛较稀、腹较直。而脂肪型猪或肉脂兼用型，猪躯干较短，臀部较小，四肢较矮，腹较圆，被毛稍密，额部有皱褶，颈较短。

③看采食饮水情况。健康仔猪的食欲与日增重成正比，也就是说吃得多，长得快，喂料时，呈现饥饿感，乱叫，且争先恐后地抢食吃，嘴巴伸入食槽底，大口吞食，并发出有节奏、清脆的嘎声响，吃食有力，时间不长腹部即圆满，离槽自由活动。仔猪饮水，若出现无规律或饮水量过大及不饮水则为病态，可当场试喂。

④看仔猪体态和行为表现。健康仔猪被毛直而顺，皮肤光滑，白猪皮肤红晕，有色猪皮肤光亮，四肢站立正常，眼角无分泌物，对声音等刺激反应正常。粪便不过干、不过稀、尿白色或略呈黄色，呼吸平稳，鼻突潮湿。尾巴左右摆动不停，可以测试体温。

2. 听一听

仔猪叫声清脆者则为健康，叫声嘶哑或无力者则为病态。

3. 问一问

询问或查阅免疫情况，询问饲养员整个猪场仔猪群的免疫情况，大致了解免疫接种情况。

五、报告

详细叙述仔猪挑选的依据及注意事项，并写成报告。

技能二　制订防止断奶应激症方案

一、目的及要求

通过分析仔猪断奶应激症产生的原因，找出相应的预防措施，并拟订一份较为全面的断奶应激症防治方案，提高学生对断奶仔猪的饲养管理水平。

二、材料和设备

猪场刚断奶不久的仔猪饲养与管理记录、生产记录，主要是断奶仔猪滞长、下痢、僵猪、死亡情况等记录资料。

三、方法和手段

学生先分组，收集各栋仔猪舍断奶应激症情况的记录资料，在教师指导下分析滞长、下痢、僵猪、死亡等原因,学生结合资料进行分组讨论,最后每位学生拟订一份断奶应激症的防治方案。

四、拟订方案的内容

在分析断奶仔猪滞长、下痢、僵猪、死亡等原因(环境、管理、饲料等)基础上,结合猪场具体实际,从以下几个方面取舍,有针对性地拟订防治方案(仅供参考)。

（一）保持环境条件稳定

断奶时将母猪赶走,仔猪留在原栏,仔猪在熟悉的环境下生活。断奶后的饲养人员和环境等因素都应保持相对稳定。断奶仔猪群的精神、食欲、粪便都正常之后,再逐渐进行混圈调栏等工作。

（二）做好防寒保温工作

仔猪对低温的适应能力差,如果在温度低的季节断奶,会加剧仔猪的寒冷应激,这时就要特别做好防寒保温工作。仔猪应养在封闭式的猪舍内,15～30日龄的适宜温度为22～25 ℃,断奶时可适当提高环境温度至25～30 ℃。保温可根据实际情况采用保温箱、电热板、红外线灯泡、一般灯泡等。同时堵塞风洞,防止贼风,保持室内干燥。环境温度低于仔猪的最适温度而导致的症状有腹泻、发烧、支气管炎和肺炎等,并且容易诱发其他传染病。

（三）调整饲料蛋白质

断奶仔猪由于消化道及酶系统发育不健全,不适应植物性高蛋白日粮,引起肠道蛋白质过敏,导致腹泻,甚至产生胺类毒素引发水肿病。因此,在断奶仔猪日粮中,植物蛋白质的用量以不超过20%为宜,断奶初期还要适应降低为佳。在日粮中,以膨化大豆或鱼粉等动物蛋白为主。为了降低成本,在保育后期再适当增加豆饼类。

（四）做好饲养过渡

断奶的1～2周饲喂哺乳期饲料,1～2周后按断奶仔猪更换饲料品种投料管理表逐渐变更饲料品种。以后可逐渐过渡并稳定饲喂保育猪料,饲喂过程中勤添勤换,少吃多餐,每餐最多6～7分饱。

（五）合理使用添加剂

在日粮中,适当添加酶制剂、酸化剂、抗生素等,如添加酵母、延胡索酸、亚硒酸钠、维生素 E、金毒素及其他中药制剂,可提高仔猪的消化能力和抗病能力。

（六）积极对症治疗

若断奶仔猪发生应激,用地塞米松或肾上腺素抢救。仔猪发生腹泻和水肿病后,应立即全群用抗生素预防和治疗。有水肿和神经脑炎病状,应用速效磺胺嘧啶钠注射液肌注治疗。

五、报告

学生根据实践的猪场简述如何防止该猪场的仔猪断奶应激症。

💻企业标准

保育舍饲养管理技术操作规程

一、工作目标

①保育期成活率97%以上。

②7周龄转出体重14 kg以上。

③9周龄转出体重20 kg以上。

二、工作日程

7:30—8:30 喂饲。

8:30—9:30 治疗。

9:30—11:00 清理卫生、其他工作。

11:00—11:30 喂饲。

14:30—15:00 喂饲。

15:00—16:00 清理卫生、其他工作。

16:00—17:00 治疗、写报表。

17:00—17:30 喂饲。

三、操作规程

①转入猪前,空栏彻底冲洗消毒,空栏时间不少于3 d。

②转入、转出猪群每周1批次,猪栏的猪群批次清楚明了,强弱分群。

③刚转入仔猪栏要用木屑或棉花将饮水器撑开,使其有小量流水,诱导仔猪饮水和吃料。经常检查饮水器。

④前2天注意限料,以防消化不良引起下痢。以后自由采食,勤添少添,每天添料3~4次。

⑤及时调整猪群,强弱、大小分群,保持合理的密度,病猪、僵猪及时隔离饲养。注意链球菌病的防治。

⑥保持圈舍卫生,加强猪群调教,训练猪群吃料、睡觉、排便"三定位"。尽可能不用水冲洗有猪的猪栏(炎热季节除外),注意舍内湿度。

⑦前1周,饲料适当添加一些抗应激药物,如维力康(维生素 C 可溶性粉)、维生素 C、矿物质添加剂等。同时饲料适当添加一些抗生素药物,如氟苯尼考、呼肠舒(林可霉素+壮观霉素制剂)、支原净、强力霉素、土霉素等。1 周后驱体内外寄生虫 1 次,可用伊维菌素、阿维菌素等拌料 1 周。

⑧清理卫生时注意观察猪群排粪情况,喂料时观察食欲情况,休息时检查呼吸情况,发现病猪,对症治疗。严重病猪隔离饲养,统一用药。

⑨按季节温度的变化,做好通风换气、防暑降温及防寒保温工作。注意舍内有害气体浓度。

⑩分群合群时,为了减少相互咬架而产生应激,应遵守"留弱不留强、拆多不拆少、夜并昼不并"的原则,可对并圈的猪喷洒药液(如来苏尔),清除气味差异,并后饲养人员多加观察。

⑪每周消毒 2 次,每周消毒药更换 1 次。

任务三　后备猪培育

📖 知识准备

后备猪即青年猪,将来选作种用,是猪场的后备力量。后备种猪的数量和质量是种猪场扩大再生产的关键,后备猪的饲养管理不但影响猪的初次发情与配种,还会影响猪的产后哺乳、断奶后发情,影响种猪的利用年限。其选育工作的好坏直接关乎种猪场的经济效益和发展。

一、后备猪培育的意义及要求

后备猪培育指 4 月龄至初次配种前 2 周的饲养管理(体重 60 ~ 90 kg),此阶段饲养管理对后备猪的培育有十分重要的作用,也将直接影响将来种猪的体质健康、生产性能以及终身的繁殖性能。如果将后备猪与生长肉猪一样进行饲养管理,就会导致体质较差、初次发情配种困难、泌乳力偏低等不良后果。

二、后备猪生长发育规律

(一)体重的增长

体重是身体各部位及组织生长的综合度量指标。体重的增长因品种类型不同而异。在正常的饲养管理条件下,体重的绝对增长速度随年龄的增加而增大,相对增长速度却随年龄的增长而降低,成年时稳定在一定水平,老年时多会出现肥胖的个体。长白猪体重增长变化见表 3-16。

表 3-16　长白猪的体重增长

			月龄														
			1	2	3	4	5	6	7	8	9	10	11	12	13	14	成年
公猪	体重/kg	1.50	10	22	39	57	80	100	120	140	155	170	185	200	210	220	350
	平均日增重/g		283	400	567	600	767	600	667	667	500	500	500	500	333	333	300
	生长强度/%	100	567	120	77	46	40	25	20	17	11	10	9	8	5	5	6
母猪	体重/kg	1.50	9	20	37	55	75	95	113	130	145	160	175	190	—	—	300
	平均日增重/g		250	367	567	600	667	667	600	567	500	500	500	500	—	—	
	生长强度/%	100	500	112	85	49	36	27	20	15	12	10	9		—	—	6

（二）各组织的生长规律

猪体的骨骼、肌肉、脂肪生长顺序和强度,随年龄的增长而出现规律性变化。不同时期和不同阶段各有侧重,基本上按照骨骼→皮肤→肌肉→脂肪的生长发育强度顺序发育。骨骼最先发育,也最早停止,肌肉处于中间,脂肪是最晚发育的组织(图3-12)。以瘦肉型猪为例,骨骼从出生到4月龄相对生长速度最快,以后较稳定。肌肉一直在生长,但4~5月龄以后生长速度稍有减慢。脂肪6月龄以前生长较慢,6月龄以后、体重90~100 kg生长强度达到最高峰,以后逐渐下降,但其绝对增重仍随体重的增加而直线上升,直至成年。利用此规律,可以在适当的时期控制饲粮中的营养物质量调节猪体的肌肉和脂肪的生长。后备猪生长发育控制的目标是骨骼得到较充分发育,肌肉组织生长发育良好,脂肪组织的生长发育适度,同时保证各器官系统的充分发育。

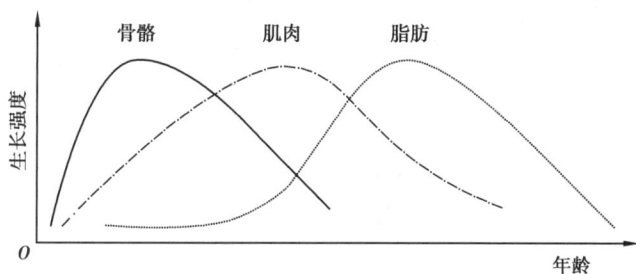

图3-12 体躯骨骼、肌肉、脂肪的增长强度与顺序

（三）各部位的生长规律

仔猪生后头和四肢发育强烈,随后尤其是后备猪阶段,体躯骨骼发育强烈。体躯先是向长度方向发展,后向粗宽发展,即按"高长→深宽"顺序发育。如果6月龄前提高营养水平,可以得到长腰条的猪。反之,则只是得到较短、较粗的猪。

（四）化学成分的变化

随着年龄和体重的增长,猪体的水分、蛋白质和灰分相对含量降低,而脂肪相对含量则迅速增高。

幼猪增重水分所占比例高达50%,90 kg以上的猪增重以脂肪为主,占65%以上。蛋白质的增长,幼龄时所占比例稍高,体重达90 kg以上时,蛋白质占增重比例降至10%以下。灰分的增长变化不大,见表3-17。

表3-17 猪体的化学成分变化

猪体体重/kg	水分/%	蛋白质/%	灰分/%	脂肪/%
初生	79.95	16.25	4.06	2.45
25	70.67	16.56	3.06	9.74
45	66.76	14.94	3.12	16.16
68	56.07	14.03	2.85	29.08
90	53.99	14.48	2.66	28.54
114	51.28	13.37	2.75	32.14

续表

猪体体重/kg	水分/%	蛋白质/%	灰分/%	脂肪/%
136	42.48	11.63	2.06	42.64

三、后备猪的阶段性选择

选择后备种猪应坚持多留精选、严选重淘的原则,选留可分为以下几个阶段进行。

第一次选择:在仔猪出生时进行。若有疝气、八字腿、锁肛、隐睾和其他先天性缺陷的窝仔猪均不能作后备猪挑选的对象。先窝选,在父母都是优良个体的相同条件下,从产仔头数多、哺育率高、断奶和育成窝重大的窝中选留发育良好的仔猪。

第二次选择:在断奶时进行。选择断奶体重大,整窝体重均匀度好的窝仔猪;生长发育良好,有效奶头数6对以上,无遗传疾患的个体,同时考虑亲代的性能。

第三次选择:在体重60 kg(4月龄左右)时进行,淘汰生长发育不良或者有突出缺陷的个体。

第四次选择:在体重105~110 kg(6月龄左右)时进行。这是后备猪选留的关键时期,后备猪生长到6月龄时进行称重,测定体长、体高、胸宽、胸深、臀围等体尺性状。选留的后备猪应符合品种特征,体重大、增重快、膘薄、饲料报酬好、体躯长、体高、胸宽深、后躯丰满、四肢结实、奶头发育良好、无遗传疾患和外形缺陷。

第五次选择:在配种前逐步给予挑选。初次配种前45 d内用冷水冲洗青年母猪,若发现皮肤变白、被毛竖起,而且打寒战应该淘汰(南方高温地区可察觉出来)。将生长太慢的后备母猪进行淘汰。口、眼、鼻、生殖孔无异常排泄物、无粘连、无眼病,若在配种前发现眼睛周围有大量分泌物、眼睛睁不开,应及时诊治,如果发现传染病性疾病应立即淘汰。

后备公猪配种后,选择性机能旺盛、射精量大、精液品质好、受胎率高的公猪。后备母猪选择第一胎产仔数多、母性好、哺乳性能优良、后代无遗传疾病、断奶窝重大、成活率高的母猪。凡是配种前生长发育慢或因疾病不能留作种用、繁殖性能差的个体,应进行淘汰作育肥出售。

种用后备猪必须是来自优良品种和优秀个体的后代,最好在3胎或3胎以上的经产母猪后代中选择。

四、后备猪的培育

(一)培育要求

培育后备猪的任务是获得体格健壮、发育良好、具有品种典型特征和种用价值高的种猪。后备猪的培育要求表现在两个方面,一是其正常发育;二是保持肥瘦度适宜的种用体况,体重较大但不过肥。

(二)培育原则

后备猪不同于生长肉猪(生长速度越快越好),生长速度过快会使将来体质不健康,种用效果不理想,特别是后备母猪会影响终身的繁殖和泌乳。应通过限量饲喂和控制总营养水平的方法培育后备猪,控制其生长速度。

(三)把握营养水平

营养水平过高,不仅浪费饲料,而且会使母猪过肥,对配种、怀孕有不良影响;营养水平过低,母猪生长发育受阻,推迟初情期,繁殖总成绩降低;而采用中上等营养水平培育的后备猪,增重速度虽然稍慢,但体质健壮、结实。

合理饲养后备母猪需按照前高后低的营养水平,后期的限制饲喂极为关键,通过适当的限制饲养既可保证后备母猪良好的生长发育,又可控制体重的高速度增长,防止过度肥胖。一般在3~5月龄,母猪正处于生长发育的旺期,给予丰富的饲养,保证蛋白质、矿物质、维生素等营养及能量供给,可使骨骼和肌肉得到充分发育;5月龄以后的母猪,由于沉积脂肪的能力增强,可适当减少精料给量,保持总营养水平不过多降低。后备猪育成阶段日粮量占其体重4%左右,70~80 kg以后占体重3%~3.5%,全期日增重控制为300~350 g,表3-18为参考饲喂量。后备母猪在8月龄左右,体重控制在110 kg左右;后备公猪9~10月龄,体重控制在110~120 kg。

表3-18 后备猪参考饲喂量

月龄	体重/kg	日喂量/kg
5	70~80	1.80~2.00
6	90~100	2.20~2.50
7	110~120	2.50~2.80
8	130~140	2.80~3.00

我国瘦肉型后备猪饲养标准要求,每千克饲粮含有可消化能12.13~12.55 MJ,粗蛋白质水平14%~16%。美国NRC(1998)要求饲粮赖氨酸水平为0.76%~0.88%,钙0.95%,总磷0.80%。如果蛋白质或氨基酸不足会导致后备猪肌肉生长受阻,脂肪沉积速度加快而导致身体偏肥,体质下降,影响将来繁殖生产。矿物质不足不仅影响骨骼生长发育,而且会影响公母猪的性成熟及配种妊娠和产仔。后备公猪的蛋白质水平应比后备母猪高1%~2%。

在培育后备猪过程中,为了锻炼胃肠消化功能,增强适应性,可以使用一定数量的优质青绿饲料和粗饲料,特别是使用苜蓿草饲喂后备母猪,在以后的繁殖和泌乳等方面均会表现出优越性。饲喂方式宜采用限量饲喂,如不限食,易因过食形成垂腹;但应在配种前2周结束限量饲喂,再增加精料,实行短期优饲,以提高排卵数。

(四)注意管理

①分群。后备猪育成阶段每栏可饲养8~10头,60 kg以后每栏饲养4~6头。饲槽要准备充足,防止个别胆小后备猪抢不上槽,影响生长,降低全栏后备猪的整齐度。每栏的饲养密度不要过大,防止出现咬尾、咬耳、咬架等现象。后备公猪达到性成熟后,会开始爬跨其他公猪,造成栏内其他公猪也跟着骚动,从而影响采食和生长。

②运动。为了增强后备猪的体质,在培育过程中必须安排适量运动。有条件的场家最好进行放牧运动,使后备猪充分接触土壤,春夏秋三季节放牧可采食一些青草野菜,补充体

内营养蓄积。不能放牧的场家可以进行场区内驱赶运动,驱赶运动要求公母分开运动;后备公猪也应分开饲养和运动,防止相互爬跨和争斗咬架。如果既不能放牧又不能进行驱赶运动,可以适当降低后备猪栏内密度,在栏内强迫其行走运动。

③调教。饲养人员应经常接触后备猪,使得"人猪亲和",为以后调教和使用打下基础。后备公猪 5 月龄以后每天可进行睾丸按摩 10 min 左右,配种使用前 2 周左右安排后备公猪进行观摩配种和采精训练;后备母猪后期应认真记录初次发情时间,便于合理安排将来参加配种时间。

④定期称重。为了后备猪稳步均匀地生长发育,后备猪应每月进行 1 次称重,检验饲养效果,及时调整饲粮和日粮。根据各个品种培育要求进行饲养和培育,以达到种用要求。

⑤其他方面。后备猪在配种前 3~5 月龄进行驱虫和必要的免疫接种工作。

技能训练

后备猪个体挑选

一、目的及要求

通过查找后备猪生长发育资料和体形外貌观察,学会后备猪选择。

二、材料和设备

待选后备公猪、后备母猪,后备公猪和后备母猪的生长发育等资料,后备公猪和母猪配种后生产性能资料,包括产仔数、仔猪断奶窝重、疾病、配种记录等。

三、方法和手段

学生先分组,教师与饲养员现场讲授挑选后备猪的注意事项,然后各组分工协作,按照要求进行挑选,主要通过查阅后备公猪和母猪生长发育资料及配种后生产性能资料,结合视觉、触觉相互比较完成,挑选后做上标记,教师对选择结果进行总结分析,学生详细叙述挑选依据,并写成报告。

四、挑选方法和步骤

(一)后备公猪选择

1. 查阅生长发育及生产性能资料

先查阅后备公猪和后备母猪的生长发育资料,以及后备公猪和母猪配种后的生产性能资料,根据资料提供的数据进行排队,通过比较生长发育和生产性能记录进行选择,要求其生长速度快、背膘薄、饲料转化率高。

2. 体形外貌挑选

结合体形外貌进行选择,后备公猪体质结实、强壮、四肢端正,不要直腿和高弓形背。毛色符合本品种应具有的毛色要求。后备公猪活泼爱动,反应灵敏。睾丸发育良好,左右对称,松紧适度,阴茎包皮正常,性欲旺盛,精液品质良好。严禁单睾、隐睾、睾丸不对称、疝气、间性猪、包皮肥大或过紧的后备公猪入选。同时乳头数也要求 6 对或 6 对以上,沿腹中线两侧排列整齐,无异常乳头。

3. 确定选留数量

选择数量的确定主要根据公猪利用年限,先确定公猪更新比例。例如,公母猪利用年限为 2.5 年,则公猪年更新比例至少为 40%,因此应根据所需公猪数量的 2 倍进行后备公猪的选留。

（二）后备母猪选择

1. 查阅生长发育及生产性能资料

查阅后备母猪的生长发育资料以及配种后生产性能资料,包括产仔数、仔猪断奶窝重、疾病、配种记录等,根据资料提供的数据进行排队。后备母猪应该发情、排卵、配种正常,能够产出数量多、质量好的仔猪,哺育全窝仔猪,体质结实,在背膘和生长速度上具有良好的遗传性能。

2. 体形外貌挑选

外生殖器官发育较大下垂,正常乳头 6 对或 6 对以上,且沿腹中线两侧排列整齐,四肢结实。根据资料记载应选择生长速度快、饲料转化率高、背膘薄的后备母猪,不要选择外生殖器发育较小且上翘、瞎乳头、翻转乳头、肢蹄运动有障碍的后备母猪。

3. 确定选留数量

确定后备母猪选留数量,首先应根据母猪平均淘汰胎次、断奶时间,计算母猪的年更新比例。例如,母猪平均 7 胎淘汰,4 周龄断奶,则母猪的产仔间隔为 $114+28+7=149$ d,母猪在群年数为 $149×7÷365=2.85$ 年,母猪年更新比例至少为 35%,然后按照所需后备母猪数量的 2~4 倍进行选留,将生产性能低下、身体缺陷的个体进行淘汰,最后留下所需补充母猪数量。要求最后 1 次淘汰所剩预留母猪数量应超过年淘汰母猪数量 10% 左右。便于增加选择概率,防止空缺。

后备公、母猪都应在繁殖性能好的家系内选择,如产仔数多、母性强、哺乳性能好、仔猪断奶窝重大等。

五、报告

叙述后备猪选择的要求和过程,并写成报告。

🖥️ **企业标准**

后备猪（隔离舍）饲养管理技术操作规程

一、工作目标

保证后备母猪使用前合格率 90% 以上,后备公猪使用前合格率 80% 以上。

二、工作日程

7:30—8:00 观察猪群。

8:00—8:30 喂饲。

8:30—9:30 治疗。

9:30—11:30 清理卫生、其他工作。

14:00—15:30 冲洗猪栏、清理卫生。

15:30—17:00 治疗、其他工作。

17:00—17:30 喂饲。

三、操作规程

①按进猪日龄,分批次做好免疫计划、限饲优饲计划、驱虫计划并予以实施。后备母猪配种前驱体内外寄生虫1次,注射乙脑、细小病毒、猪瘟、口蹄疫等疫苗。

②日喂料两次。限饲优饲计划:母猪6月龄以前自由采食,7月龄适当限制,配种使用前1个月或半个月优饲。限饲时喂料量控制在2 kg以下,优饲时2.5 kg以上或自由采食。

③做好后备猪发情记录,并将该记录移交配种舍人员。母猪发情记录从6月龄时开始。仔细观察初次发情期,以便在第2~3次发情时及时配种,并做好记录。

④后备公猪单栏饲养,圈舍不够时可2~3头/栏,配前1个月单栏饲养。后备母猪小群饲养,5~8头/栏。

⑤引入后备猪前1周,饲料适当添加一些抗应激药物,如维力康(维生素C可溶性粉)、矿物质添加剂等。同时饲料适当添加一些抗生素药物,如氟苯尼考、呼肠舒(林可霉素+壮观霉素制剂)、泰灭净(磺胺间甲氧嘧啶钠+甲氧卞啶)、强力霉素、利高霉素、土霉素等。

⑥外引猪的有效隔离期约6周(40 d),即引入后备猪至少在隔离舍饲养40 d。若能周转,最好饲养到配种前1个月,即母猪7月龄、公猪8月龄。转入生产线前最好与本场老母猪或老公猪混养2周以上。

⑦后备猪每天每头喂2.0~2.5 kg,根据不同体况、配种计划增减喂料量。后备母猪在第一个发情期开始,安排喂催情料,比规定料量多1/3,配种后料量减到1.8~2.2 kg。

⑧进入配种区的后备母猪每天放到运动场1~2 h,并用公猪试情检查。

⑨以下方法可以刺激母猪发情:调圈;和不同的公猪接触;尽量放在靠近发情的母猪栏旁;进行适当运动;限饲与优饲;应用激素。

⑩凡进入配种区后超过60 d不发情的小母猪应淘汰。

⑪患有气喘病、胃肠炎、肢蹄病等后备母猪,应隔离单独饲养在一个栏内,此栏应位于猪舍的最后。观察治疗两个疗程仍未好转,应及时淘汰。

⑫后备母猪在7月龄转入配种舍。后备母猪的初配月龄须达到7.5月龄,体重达到110 kg以上。公猪初配月龄须达到8.5月龄,体重达到130 kg以上。

项目四　种猪生产

项目指南

　　种猪生产是养猪过程中技术难度较高的一个环节。种猪是猪育种公司的"秘密武器"和"摇钱树",更是养猪企业生产的"活机器"和"经济之源"。种猪的好坏直接影响养猪企业的生产水平和经济效益,因此,任何一个养猪企业都必须重视种猪生产环节。本项目的学习过程就是根据企业的生产过程安排的,即从猪的发情、配种、妊娠、分娩到泌乳的五大环节,这样就决定本项目的任务:一是在掌握种公猪饲养管理技术的基础上,学会种公猪的采精技术;二是在了解母猪繁殖生理的前提下,学会母猪的发情鉴定及人工输精技术;三是在母猪配种后,对母猪进行妊娠诊断,以及对妊娠母猪进行合理的饲养管理;四是在母猪临产时,掌握接产、助产技术和产后母仔猪的护理;五是母猪分娩后,还应学会对泌乳母猪进行科学的饲养管理。学习形式可以结合实际条件,以分组讨论、多媒体观摩及现场观察、分析等形式开展。

　　【项目重点】种公猪的采精、母猪的发情鉴定及人工输精、母猪的妊娠诊断、接产和产后母仔猪的护理等。

　　【项目难点】猪的人工输精和接产、助产操作。

　　【学习目标】通过本项目学习,学生掌握种公猪的采精、母猪的配种、分娩接产等专业技能。同时,培养学会分析、思考、手脑并用等方法和积极参与、勇于实践、积极探索等社会能力。

　　【参考学时】20 学时。

任务一　种公猪饲养管理

📖 知识准备

　　俗话说:"母猪好,好一窝;公猪好,好一坡。"种公猪的好坏,对整个猪群影响很大:在本交的情况下,一头种公猪以每年配 40 ~ 60 头母猪,每头母猪每窝产仔 10 头、年产 2 窝计,共可繁殖仔猪 800 ~ 1 200 头;如果人工授精,一头种公猪每年可配 600 ~ 1 000 头母猪,共可繁殖仔猪 1.2 万 ~ 2.0 万头。我们知道对仔猪的影响,父母双方各占 50%,那么母猪在所产后代中,只对本窝的十几头仔猪起作用,而公猪则对几百头甚至上千乃至上万头母猪的后代产生影响。公猪的质量优劣,不仅影响后代品质,还直接影响母猪的受胎率。这就直接关系到养猪生产的总体水平。因此,公猪在猪群中十分重要,必须养好。养好公猪的标准是,其有强健的体质、充沛的精力和旺盛的性欲,有密度高、活力强、品质好的精子,具有良好的配种能力和不肥不瘦(七八成膘)的种用体况。

一、种公猪饲养

(一)生殖生理特点

1. 交配种时间长,体力消耗大

一般公猪交配时间为 5～10 min,长的可达 20 min 以上,比其他家畜交配时间长得多。因此,公猪在交配时消耗体力较大。

2. 每次配种射精量大

在正常饲养管理条件下,成年公猪 1 次射精量平均 250 mL(150～500 mL),高的可达900 mL,这大大高于其他家畜。

3. 精液中蛋白质的含量高

精液中水分占 97.0%,粗蛋白质占 1.2%～2.0%,脂肪占 0.20%,矿物质占 0.92%,其他为 1% 左右,其中粗蛋白质占干物质 60% 以上,因此,特别要满足其对日粮蛋白质的需要。

(二)加强营养

规模化养猪场的种公猪多采用集中配种,负担量也大。因此,必须加强营养。

饲养种公猪要求有丰富、全价、平衡的营养配合。蛋白质、维生素、矿物质等营养物质及能量得不到满足,精液变稀,精子不成熟,畸形率增高,品质显著变差,严重影响母猪受胎率和公猪的使用年限。种公猪日粮最好不要用棉、菜籽饼粕。有条件时,最好在日粮中用 5%～8% 的动物性饲料,如鱼粉等顶替部分油饼类饲料,或加喂适量的羊奶、鸡蛋、毛蛋、鲜肉、河虾等。种公猪日粮的蛋白质水平不可过高,否则,可能导致种公猪因体格过大而提前淘汰,但应注意氨基酸的平衡,可添加一些必需氨基酸进行补充。维生素 A、D、E 对繁殖很重要,缺乏时,易致睾丸病变或精子形成遭到破坏,一般可通过饲喂品质较好的青绿饲料、优质干草粉,或在日粮中添加多种维生素添加剂予以满足。每头种公猪每天的精料饲喂量,非配种期和配种期一般可分别掌握在 2 kg 和 3 kg 左右,但重要的是看膘、配种任务灵活定量。种公猪的日粮体积不可过大,否则易将种公猪喂成大肚子,造成配种困难,所以最好喂干粉料、颗粒料和干湿料,自由饮水或自动饮水器供水。表4-1 为种公猪饲料配方举例,仅供参考。

表4-1 种公猪饲料配方参考表

饲料名称	成年公猪		青年公猪	
	配方号		配方号	
	1	2	1	2
玉米/%	61.0	56.5	58.0	51.0
豆粕/%	11.0	8.0	13.0	13.5
麦麸/%	13.0	17.5	14.5	17.0

续表

饲料名称	成年公猪		青年公猪	
	配方号		配方号	
	1	2	1	2
米糠/%	5.6	6.6	4.6	6.6
草粉*/%	5.0	7.0	5.0	7.0
进口鱼粉/%	2.0	2.0	2.0	2.0
骨粉/%	1.0	1.0	1.5	1.5
碳酸钙/%	1.0	1.0	1.0	1.0
食盐/%	0.4	0.4	0.4	0.4
消化能/(MJ·kg^{-1})	12.26	12.28	12.11	12.28
粗蛋白质/%	14.83	14.56	15.89	15.88
钙/%	0.89	0.89	0.88	0.89
磷/%	0.69	0.64	0.77	0.76
赖氨酸/%	0.69	0.66	0.72	0.77

注：每 100 kg 配合饲料，另加复合维生素 20 g，微量元素 50 g。标有"*"指甘薯藤粉、花生秧粉，或优质青干草粉，3 种草粉混合物更好。

二、种公猪管理

（一）运动

运动是增强公猪体质、提高配种能力、保证精液品质的有效措施。种公猪在非配种期、配种准备期和后备公猪投产前都要加强运动，一般上下午各运动 1 次，每次 1~2 h，里程约 2 km。种公猪在配种期间，也要根据配种任务的轻重，进行适度运动。运动时间的安排：一般夏季高温时应在清晨和傍晚进行，冬春寒冷季节宜在有日照时进行，遇雨、雪等恶劣天气应停止运动。对偏肥的后备公猪和非配种期种公猪，应适当增加运动量。若没有专用牧道运动，可建环形封闭运动场，进行驱赶运动。

（二）夏季降温

高温天气对种公猪的配种能力和精液品质影响很大，要特别注意公猪的热应激（表 4-2）。另据报道：种公猪发烧时，肛门温度只要提高 1 ℃达 72 h，公猪精子的产生就会减少 70% 以上，需 7~8 周的时间才能复原。发烧时，体温在 40 ℃以内，应停止配种 3 周，烧至 40 ℃以上时，治愈后需休息 1 个月才能配种。因此，在炎夏或高温季节要特别注意给种公猪防暑降温。除了要经常对种公猪冲淋洗澡，运动时间还须避开毒日头，喂料时间安排在清晨和傍晚气温相对较低时，同时适当降低日粮的能量浓度，增喂青绿多汁饲料，尽量保持良好的食欲。

表 4-2　夏季高温对杜洛克种公猪精液品质影响

温度/℃	平均采精量/mL	精子平均密度/(亿·mL⁻¹)	精子平均活力/%	精子平均畸形率/%
21.5	237.4	2.88	90	10.6
30.7	208.7	2.82	82	15.4
32.6	190.8	2.67	76	18.4
35.1	169.5	2.48	69	27.0

（三）刷拭、修蹄

平时坚持对公猪进行刷拭、修蹄,经常用硬毛刷擦刷猪体,除了可防止皮肤病(体外寄生虫),更重要的是通过擦刷皮肤,还可增强皮肤的血液循环,促进新陈代谢。对种公猪应每天用硬毛刷擦刷猪体 1~2 次,同时,还要经常注意种公猪的蹄肢健康情况,进行修蹄护理。

（四）定期称重

种公猪应定期称重,了解其体重变化,以便根据体重的变化及时调整日粮水平和饲喂量。成年公猪应维持体重相对稳定,幼龄公猪的体重应逐渐增加。在生产上,一般通过观察膘情目测体重变化。

（五）经常检查精液品质

种公猪无论是本交还是人工授精,都要定期检查精液品质,特别在配种准备期和配种期,最好每 10 天检查 1 次。应根据精液品质的变化,及时调整营养、运动和利用三者之间的平衡。特别注意高温季节精液品质的动态变化,适当增加检查次数,以便及时调整饲养管理。

（六）杜绝自淫恶癖

杜绝种公猪自淫恶癖的主要方法包括单栏饲养,公母猪舍尽量远离,配种点与猪舍隔开。

（七）建立正常管理制度

种公猪的饲养管理,最基本要做好吃、睡、便三定位工作。从每天的饲喂次数、每次喂量、喂料时间和运动、保健、利用频率等着手,根据不同季节,制订科学的饲养管理操作规程,主张人猪"亲和",严禁以粗暴的态度对待公猪,以防造成恶癖。调教公猪形成良好习惯,平时管理好公猪,防止自淫,关好圈门,经常检查,杜绝偷配和公猪咬架等现象发生。

三、公猪的合理利用

（一）初配年龄及体重

后备公猪过早、过晚开始配种或调教采精均有不利影响。配种过早会影响小公猪的自身发育,缩短利用年限,而且受胎率降低,初生仔猪瘦弱,成活率低;初配过晚公猪烦躁不安,影响食欲,不利于正常生长发育,甚至造成自淫等恶癖。公猪一般在 8~10 月龄、体重达到 100 kg 左右开始配种为好。小型地方早熟品种应在 7~8 月龄、体重 60~70 kg;大中型晚熟或培育品种应在 10~12 月龄、体重 90~120 kg。开始配种或调教采精时的体重占成年体重的 60% ～70% 较适宜。

(二)利用强度

1. 两岁以上的成年公猪

在本交时,可 1 d 配种 1 次,必要时可 1 d 配种 2 次。如 1 d 配 1 次则应在早饲后 1～2 h 进行;如 1 d 配 2 次则应在早晚各 1 次,为了精子有充分成熟的时间,两次交配时间要间隔 11～12 h,但每周应休息 1 天。在人工授精时,则每 3 d 采精 1 次,必要时可每 2 d 采精 1 次。

2. 青年公猪

在本交时,可 1～2 d 配 1 次,必要时可 1 d 配 1 次,但每周应休息 1 d;在人工授精时,每 4 d 采精 1 次,必要时可每 3 d 采精 1 次。

在本交时,公猪每次交配有数次射精过程。公猪进行几个交配动作后,趴在母猪身上不动,肛门开始有节奏地收缩为 1 次射精,稍过一会儿再次射精,经数次重复后才会自然结束交配。为了减少公猪体能消耗和增加配种次数,本交时以控制公猪射精 2 次即可。如果频率不合理,不但易使公猪精液稀薄或无精子,母猪受胎率降低,而且易使公猪未老先衰,降低配种年限。

技能训练

技能一　种公猪采精训练

一、目的及要求

学生熟悉采精流程,在此基础上,掌握徒手采精方法及具体操作。

二、设备和材料

种公猪、高锰酸钾消毒液、采精杯、采精架(采精架台)、纱布、一次性双层无毒手套等。

三、方法和手段

学生观看人工采精视频,配以教师讲解,然后在教师组织下,采精人员进行现场采精演示,学生先观摩,在教师和采精人员的指导下动手操作。

四、内容

假阴道采精法由于操作较烦琐,目前已很少使用。徒手采精法所需设备简单,操作简便,国内外广泛应用,这里主要学习徒手采精法。

(一)采精前的准备工作

1. 采精室的准备

采精前先将采精架台周围清扫干净,特别是公猪精液中的胶体,一旦溅落地面,公猪踩踏则很容易打滑,造成公猪扭伤而影响生产。安全区应避免放置物品,以利于采精人员因突发事情可躲避到该区。采精室地面应避免积水、积尿,不能放置无关杂物,通风和采光良好,室内和周围环境应安静,以免影响公猪射精。

2. 采精架及防滑垫准备

输精架一般为木制台面,用角钢或钢管作支架,台面宽 26 cm,长 100 cm,高度一般为 50 ~ 55 cm,如果可能最好高度可以调整。采精架台面呈圆弧形,采精架后端至后支架应有 30 cm 的距离,以方便公猪阴茎伸出和采精操作。采精架应牢固地固定在地面上,在其后方地面应放一块防滑垫,公猪采精时站立更舒适,防止滑倒(图 4-1)。

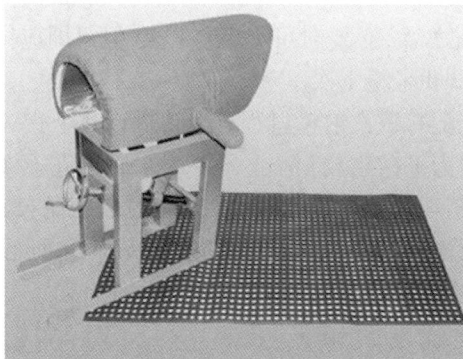

图 4-1 采精架及防滑垫

3. 器材的清洗与消毒

采精用的所有器材,均应确保清洁无菌。在每次使用之前要严格消毒,使用后必须洗刷干净。传统的洗涤剂有 2% ~ 3% 的碳酸氢钠或 1% ~ 1.5% 的碳酸钠溶液。器材用洗涤剂洗刷后,务必立即用清水冲洗干净,不留残迹,然后经过严格消毒方可使用。消毒方法因各种器材质地不同而异。

4. 采精杯的安装

将盛放精液的食品保鲜袋或聚乙烯袋放进采精用的保温杯中,将袋口外翻罩住保温杯口,工作人员将消毒过的四层纱布盖在杯口上,用橡皮筋套住,连同盖子放入 37 ℃ 的恒温箱中预热,冬季更要注意预热。采精时,拿出保温杯,盖上盖子,然后传递给采精员。处理室距采精室较远时,应将保温杯放入保温箱内,然后送到采精室,这样做可以力求采集的精液与集精杯内温度接近,减少低温对精子的影响。

5. 公猪的准备

公猪应经常保持全身清洁,若包皮处阴毛太长,则要用剪刀剪短。采精之前,应将公猪尿囊(包皮)中的积尿挤净,并用毛巾擦干净包皮部,避免污染精液,减少有关疾病传播,以提高母猪的发情期受胎率和产仔数。

6. 采精员的准备

采精员应穿工作服,将公猪赶入采精室,清洁猪体后,戴上一次性双层无毒手套,带上纸巾、采精杯等,准备采精。

(二)采精操作

1. 诱导爬跨

将公猪赶入采精室,关上栅栏,清洁其体表。采精员蹲在或坐在公猪左侧,用手尽可能地按摩公猪的包皮,使其排出包皮液(尿液),并用消毒纸巾擦干,诱导公猪爬跨采精架。

2. 锁定并顺势拉出阴茎

公猪爬跨采精架并逐渐伸出阴茎(个别公猪需要按摩包皮,使其阴茎伸出),脱去外层手套,公猪阴茎龟头伸入空拳(拳心向前上,小指侧向前下)。中指、无名指和小指紧握伸出的公猪阴茎螺旋状龟头,顺其向前冲力将阴茎的"S"状弯曲拉直,握紧阴茎龟头防止其旋转,公猪即可安静下来并开始射精,小心取下保温杯盖和盖在滤网上的纸巾。

3. 精液的分段收集

最初射出的少量精液含精子很少,而且含菌量大,所以不能接取。公猪射出部分清亮的液体后,可用纸巾将清液和胶状物擦除,开始接取精液。有些公猪分 2 ~ 3 个阶段将浓分精液射出,直到公猪射精完毕,射精过程历时 5 ~ 7 min;如果可能应尽可能只收集含精多的精液,清亮的精液尽可能不收集(图 4-2)。

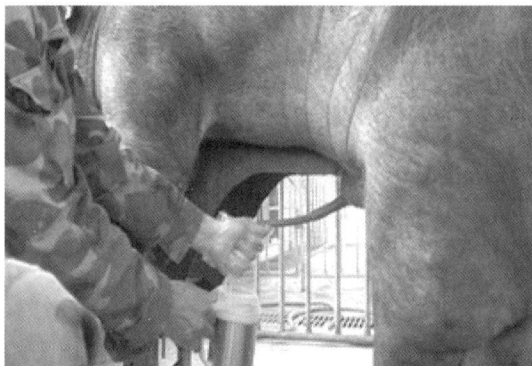

图 4-2 猪的人工采精

4. 采精结束

公猪射精结束时会射出一些胶状物,同时环顾左右,采精人员注意观察公猪的头部动作。如果公猪阴茎软缩或有下采精架动作,就应停止采精,使其阴茎缩回。注意不要过早中止采精,要让公猪射精过程完整,否则会造成公猪不适。

5. 将精液送至检验室

除去过滤网及其网上的胶状物,将食品袋口束在一起,放在保温杯口边缘处,盖上盖子。将公猪赶回圈内(不可快速驱赶),将精液送至检验室。

(三)采精注意事项

1. 人畜安全

①采精员应注意安全,平时要善待公猪,不要强行驱赶、恐吓。

②初次训练采精的公猪,应在公猪爬上采精架后再从后方靠近,并握住阴茎,一旦采精成功,一般都能避免公猪的攻击行为。

③平时仍应注意观察公猪的行为,并保持合适的位置关系,一旦公猪出现攻击行为,采精员应立刻逃至安全区。

④确保采精架牢固,并保证采精架没有对公猪产生伤害的地方如锋利的边角。

2. 公猪感到舒适

①在锁定龟头时,食指和拇指不要用力,因为这样可能会握住阴茎的体部,公猪感到

不适。

②手握龟头的力量应适当,不可过紧也不可过松,以利于公猪射精和不使公猪龟头转动为度,不同的公猪对握力要求不同。

③即使不收集最后射出的精液也应让公猪的射精过程完整,不能过早中止采精。

④夏天采精应在气温凉爽时进行,如果气温很高,应先给公猪冲凉,半小时后再采精。

3. 精液卫生

①经常保持采精室和采精架清洁干燥。

②保持公猪体表卫生,采精前应将公猪的下腹部及两肋部污物清除,同时注意治疗公猪皮肤病如疥癣,以减少采精时异物进入精液。

③采精前尽可能将包皮腔中的尿液排净,如果采精过程中包皮腔有残留尿液顺阴茎流下,可放下集精杯,用一张纸巾将尿液吸附,然后继续采精。如果包皮液(尿液)进入精液中,可使精子死亡,精液报废。

④不要收集最初射出的精液和最后部分的精液。

五、总结

现场采精,按照采精流程操作,并写一份实训总结。

技能二　公猪精液品质检查

一、目的及要求

通过对猪精液的采精量、颜色、气味、精子密度、精子活力等指标进行检查,掌握鉴定精液品质的方法,最终减少次品精液的发生率,确保人工授精所用的精液都是合格的。整个检查过程要迅速、准确,一般在 5 ~ 10 min 完成,以免时间过长影响精子的活力。

二、设备和材料

猪的新鲜精液、显微镜、显微镜保温箱(或显微镜恒温台)、载玻片、盖玻片、电子天平或量筒、温度计、滴管、擦镜纸、纱布、蒸馏水、染色剂等。

三、方法和手段

教师和精液化验员先给学生进行讲解,再在教师组织下,精液化验员进行现场操作演示,学生先观摩,最后在教师和化验员的指导下动手进行检查。

四、检查内容

(一)外观指标评定

1. 采精量

公猪的射精量一般为 150 ~ 300 mL,成年公猪为 200 ~ 600 mL,称重量算体积,1 g 计为 1 mL。

2. 颜色和气味

精液的颜色为乳白色或灰白色，公猪精液具有其特有的微腥味，无腐败恶臭气味。

3. 云雾状观察

观察精液翻腾滚动的云雾状态，并按以下符号记入表内，云雾显著者以"＋Ⅲ"表示，有云雾状者以"＋Ⅱ"表示，云雾状不明以"＋"表示。

（二）精液的显微镜检查

1. 检查精子的密度

取 1 小滴精液滴在清洁的载玻片上，加上盖载玻片，精液分散成均匀的一个薄层，不得存留气泡，也不能使精液外流或溢于盖玻片上，置于显微镜下放大 400~600 倍观察，按下列等级评定其密度，如图 4-3 所示。

稀：精子分散于视野内，精子之间的空隙超过一个精子的长度，这种精液每毫升所含精子在 2 亿个以下，登记时记以"稀"字。

密：一在整个视野中精子密度很大，彼此之间空隙很小，看不清楚各个精子运动的活动情况。每毫升精液含精子数约在 10 亿个以上，登记时记以"密"字。

中：精子之间的空隙明显，精子彼此之间的距离约有一个精子长度，有些精子的活动情况可以清楚地看到。每毫升所含精子数为 2 亿~10 亿，登记时记以"中"字。

(a)稀　　　　　　　(b)密　　　　　　　(c)中

图 4-3　精子活力评分图

2. 检查精子活力

检查精子活力前必须使用 37 ℃左右的保温板预热。一般先将载玻片放在 38 ℃保温板上预热 2~3 min，再滴上 1 小滴精液，盖上盖玻片，然后在显微镜下进行观察。精子的活动有 3 种类型，即直线前进运动、旋转运动和振摆运动，评价精子的活力是根据直线前进运动精子的多少而定的。精子活力一般采用 10 级制，在 100 倍和 400 倍显微镜下观察一个视野内做直线运动的精子数，若有 90% 的精子呈直线运动则其活力为 0.9；80% 呈直线运动，则活力为 0.8，以此类推。猪的精液中副性腺分泌物多，精子密度小。新鲜精液的精子活力以高于 0.7 为正常，稀释后的精液，当活力低于 0.6 时，则弃之不用。

3. 测定畸形率

用伊红、龙胆紫或纯兰、红墨水等染色剂染色 3 min，并在显微镜 400 倍下观察，计算畸形精子的百分率，畸形率不应高于 20%，否则会影响正常的受胎率。畸形精子包括巨型、短小、断尾、断头、顶体脱落、有原生质滴、大头、双头、双尾、折尾等精子。它们一般不能作直线运动，受精能力差，但不影响精子的密度。要求检查精子总数 200 以上。

在进行精液显微镜检查时，应注意：

①显微镜的光源光圈应尽量小一些，光线过强，就无法看清精子。

②每次调节显微镜焦距时，都应先将载物台调到与物镜最近的距离，但不能使载玻片与物镜接触，然后缓慢放低载物台，同时从目镜观察，直到观察到精子为止。

③观察活力时应轻轻调节微调，以观察各个层次的精子活动情况。

五、报告

将观察和检查的结果，分别填入表4-3内。

表4-3　种公猪采精记录

品种：				公猪号：			出生年月：				来源：	
采精				原精液				稀释				
年	月	日	时	采精量	活力	密度	畸形率	pH值	稀释液号	稀释比例	活力	采精员	备注

🖥️**企业标准**

公猪舍饲养管理技术操作规程

一、工作目标

规范种公猪饲养管理，提供所需的营养，确保精液质量合格。养公猪要领：配种是目的，营养是基础，运动是调节，精液检查是监督。

二、工作日程

08：00—08：30 记录温度，检查舍内设备的运行状况。

08：30—09：30 打扫舍内卫生。

09：30—10：00 健康检查。

10：00—11：30 上料、擦洗料筒、夏季通风等。

11：30—12：00 检查舍内设备。

12:00—13:30 午餐、午休。

13:30—14:30 记录温度,检查舍内设备的运行状况。

14:30—15:30 打扫舍内卫生。

15:30—16:30 健康检查。

16:30—17:30 上料,检查舍内设备,同时清洗工作用具和工作鞋。

三、操作规程

①不管在驱赶过程中或配种过程中都不允许粗暴地对待公猪。

②温度与通风:18~25 ℃,当环境温度高于27 ℃时注意公猪的防暑降温,当环境温度低于15 ℃时,注意公猪的保温。冬季夜间公猪舍空气污浊,早晨应适当配合风机通风换气。

③公猪使用专用料,日喂2次,6~8月龄每头每天喂2.3~2.5 kg,成年公猪按标准饲喂。每餐不要喂得过饱,以免猪饱食贪睡,影响性欲和精液品质。

④公猪要求单栏饲养,合理运动,不要将公猪长期养在栏内,当舍外运动场所温度低于25 ℃时放公猪出去自由运动,有利于提高新陈代谢,增强其食欲和性欲。

⑤经常刷拭、冲洗猪体。在高温季节里,在公猪站内选择一个大栏,其上方安装喷水装置,每天轮流安排公猪到此淋水、刷洗一次,有助于提高公猪生产性能。

⑥调教公猪:后备公猪达7.5月龄,体重达130 kg,膘情良好即可开始调教。

⑦注意工作安全:工作时保持与公猪的距离,不要背对公猪,用公猪试情时,需要将正在爬跨的公猪从母猪背上拉下来,这时要小心,不要推其肩、头部以防遭受攻击。严禁粗暴对待公猪,在驱赶公猪时,最好使用赶猪板。

⑧防止公猪体温异常升高,如高温环境、严寒、患病、打斗、剧烈运动等均可能导致体温升高,即使短时间的休温升高,也可能导致长时间的不育,因为从精原细胞发育至成熟精子约需40 d。

⑨保持圈舍与猪体清洁,及时驱体外寄生虫。

⑩性欲低下的公猪可肌注丙酸睾丸素100 mg/d,隔天一次,连续3~5次,情况严重的淘汰。

⑪注意保护公猪的肢蹄,控制地面湿度,减少不必要的冲栏。

⑫提供合理的光照条件。只要不影响公猪舍内降温,应尽量保证猪舍有足够的光照(尤其是深秋到初春季节),减少病原含量,增加公猪抗病力,还能增加维生素D的合成与骨钙沉积利用增强肢蹄功能。

⑬公猪站每天要填写公猪生产情况周报表,采精完毕立即登记。

任务二　猪的配种

📖 知识准备

一、母猪的初配月龄和体重

后备小母猪适宜的初配年龄和体重因品种和饲养管理条件不同而异。我国南方地方品种，后备母猪3月龄左右即开始发情，培育和杂交品种5~6月龄开始发情。性成熟的后备母猪虽能受胎，但产仔少，仔猪体重轻、成活率低。后备母猪各组织器官还远未发育完善，如过早配种，不仅影响第一胎的繁殖成绩，还将影响猪体自身的生长发育，进而影响以后各胎的繁殖质量，并且利用年限较短；配种过晚，体重过大，会增加后备母猪发生肥胖和难产的概率，同时会增加后备猪的培育费用。

后备母猪适宜的初配月龄与体重有很大关系，初配体重对仔猪出生重、产仔数、断奶重的影响很大，见表4-4。达到初配月龄而体重低的母猪不能配种。一般来说，我国小型早熟品种应在7~8月龄、体重50~60 kg；大中型品种在9~10月龄、体重80~90 kg时开始配种利用。

表4-4　地方母猪初配体重对仔猪体重的影响　　单位：头/kg

组别	母猪自身生长			第1胎			第2胎		
	初配体重	1胎断奶重	2胎断奶重	初生窝重	平均产仔数	60日龄窝重	初生窝重	平均产仔数	60日龄窝重
对照	28.5	48.71	65.00	3.69	5.51	60.38	5.20	8.00	79.88
试验	37.5	56.42	80.00	4.14	6.00	76.20	6.60	10.00	98.08

如果后备母猪的饲养管理条件较差，虽然月龄达到初配时期，但是体重较小，最好适当推迟初配年龄；如果饲养管理条件较好，虽然体重达到初配体重要求，但是月龄尚小，最好通过调整饲粮营养水平和饲喂量控制体重，待月龄达到要求再进行配种。最理想的是，年龄达到初配的要求，体重达到成年体重70%以上。

二、母猪发情排卵规律

（一）母猪发情规律

猪是多周期发情家畜，常年发情。经产母猪发情一般在断奶后5~10 d。有的母猪分娩后也会出现发情，一般在分娩后3~6 d出现发情征状，但不排卵；有的母猪在泌乳期内也会发情且排卵，交配后可正常怀孕，发情时间一般在泌乳一个月左右。有的母猪怀孕后仍有类似发情的表现，一般在怀孕后23~32 d和第75 d到产仔这两个时间段，易出现孕后发情。

1. 发情周期

母猪性成熟后，卵巢中的卵泡周期性地成熟和排卵，并表现发情。发情周期是指前后两次发情的间隔时间。猪的发情周期一般为 18～23 d，平均为 21 d，地方品种为 19～21 d，杂种为 20～22 d，国外品种为 20～23 d。猪的发情周期分为发情前期、发情期、发情后期和休情期四个阶段。

①发情前期：是性周期开始阶段，此时母猪生殖器官发生很大的变化。输卵管内壁细胞生长，纤毛数量增加，子宫角的蠕动加强，子宫黏膜内的血管分布大量增加，阴道上皮组织也增生增厚，发情前期的时间为 1～2 d。

②发情期：是母猪性周期高潮时期，母猪表现出很强的性欲。母猪在发情前期发生的各种变化更加显著，并为受精和受精卵在子宫着床准备条件。此时，卵巢表面的卵泡破裂，卵细胞排出，母猪发情征状更加明显，发情期为 1～2 d，此时的母猪接受公猪爬跨，是适宜配种的时期。如果排出的卵子未受精，就过渡到发情后期。

③发情后期：此时母猪性欲减退，拒绝公猪爬跨。母猪卵巢中形成黄体，并分泌孕酮，子宫黏膜增生和黏液分泌停止，体内各性器官的生理活动逐渐恢复到平常生理状态，这一阶段历时约 2 d。

④休情期：继发情后期之后，是各性器官生理活动相对静止期，性器官没有显著的性活动过程，卵巢中黄体逐渐萎缩消融，新的卵细胞和滤泡细胞开始发育，逐渐过渡到下一个发情周期。

2. 发情持续期

其指 1 次发情所持续的时间。一般为 2～5 d，平均 2.5 d。但因季节、品种、年龄等不同而异：一般春季短，国外品种短（除长白猪），老年母猪短。

3. 发情征状

母猪在发情期除内部生殖器官发生一系列变化，其外部征状也很明显。发情母猪的外部特征主要表现在行为和阴户的变化上：发情的母猪食欲减退，精神不安，爬跨其他猪；外阴部先红肿，后有黏液流出；后期静止不动、两耳直立、尾向上举，此时母猪排尿频频，喜欢接近公猪，等待交配。母猪外阴部肿胀时间最短 4～5 d，最长可达 10 d，平均 7 d 左右。

我国地方品种猪发情表现明显，发情高潮的母猪在圈内精神不安，不吃食甚至鸣叫、跳圈等；培育品种、国外引进品种和杂交猪发情表现不明显，往往只有阴门肿胀无其他表现，对这种猪要注意观察，不要错过配种机会。年老母猪发情持续时间短，表现也不明显，应特别注意观察。

（二）母猪排卵规律

母猪在 1 次发情期可排卵 20～30 个。排卵数与品种、胎次、杂交、气温等因素有关。中国地方品种猪排卵数比国外引进品种多，但品种之间也有差异。嘉兴黑猪平均排卵数 25.68 个、二花脸猪平均 28 个；外国品种大白猪平均 16.7 个、长白猪平均 15.22 个、杜洛克猪平均 11.5 个。初产猪排卵数少，经产猪排卵数多。中国猪种的初产猪平均排卵 17.21 个、经产猪为 21.58 个；外国猪种的初产猪平均排卵 13.5 个、经产猪为 21.4 个。杂交的后代母猪再次进行杂交，其后代排卵数会有所增加。气温高排卵多，气温低排卵少。嘉兴黑猪在冬季（11—12 月）排卵数 23.33 个、夏秋季（8—10 月）排卵数 34.4 个。

母猪多在发情后 12 ~ 39 h 排卵,持续排卵时间为 10 ~ 15 h,卵子排出后能存活 12 ~ 24 h,但保持受精能力的时间为 8 ~ 12 h。精子和卵子在输卵管的上 1/3 处结合,精子和卵子结合后称配子。公猪和母猪配种后,精子要游动 2 ~ 3 h 才能到达受精部位与卵子结合,精子在输卵管内能存活 10 ~ 20 h。按此推算,配种最适宜时期在母猪排卵前 2 ~ 3 h,或母猪发情后 20 ~ 30 h。如果配种过早,卵子还未排出,等排卵后精子已失去活力。配种过晚,精子到达配种部位时卵子已不能受精,即使勉强受精,因配子活力不强变成衰老配子,易使胚胎发育中途死亡。

(三)促进母猪发情排卵措施

母猪不发情原因主要有两个方面,一是饲养管理不当,二是患有生殖系统疾病。

后备母猪容易养得过肥而不发情或配种后不孕。过肥的母猪腹部和生殖道周围脂肪多,造成母猪排卵少,发情不明显或化胎。对这些母猪应减少精料,多运动,喂些青饲料,减少过多脂肪,促进发情受胎。

经产母猪在仔猪断奶到第 1 次发情的时间变化幅度很大。营养好的母猪发情就早,有些母猪哺育仔猪多,营养不够,仔猪断奶时身体很瘦就不发情。对这些母猪应加强泌乳期的营养,仔猪断奶后也应喂给优厚的精料和优质青饲料,膘情尽快恢复促使发情。母猪在配种前保持中上等标准型膘情是最佳状态,如图 4-4 所示。正如俗话所说:"母猪保持七八成膘,容易怀胎产仔高。"

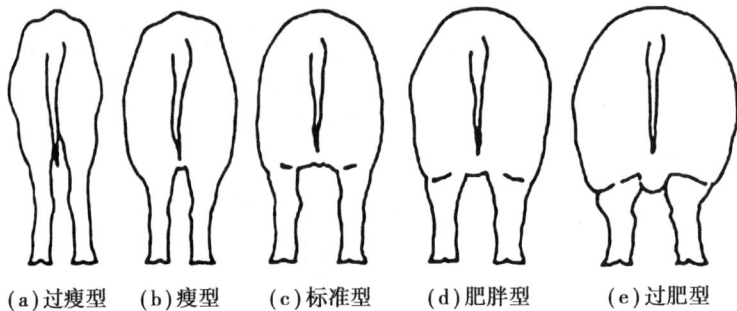

(a)过瘦型　　(b)瘦型　　(c)标准型　　(d)肥胖型　　(e)过肥型

图 4-4　母猪膘情评分

患有生殖道疾病的母猪应查明原因对症治疗。在生产中一般采取以下措施促使母猪发情排卵。

①用公猪诱情。公猪放到不发情母猪圈内,通过与公猪接触、爬跨等性刺激,促使母猪发情排卵。

②改善母猪生活环境。不发情母猪增加运动和光照,放牧或饲喂青饲料,给母猪换圈等改变母猪生活环境,促使母猪发情。

③仔猪早期断奶或并窝饲养。为了提高母猪年产仔数,很多猪场采用仔猪早期断奶技术,仔猪生后 3 ~ 5 周断奶。早期断奶技术可使母猪提早发情配种。有的母猪产仔较少,可与产仔日期相近的母猪并窝饲养,这些母猪不再泌乳,可以很快发情配种。

④母猪注射促性腺激素或孕马血清。不发情母猪注射绒毛膜促性腺激素,每头中型母猪肌内注射 1 000 IU(或 100 IU/10 kg 体重)绒毛膜促性腺激素。妊娠 2 ~ 3 个月的孕马血清含有促性腺激素,促使卵泡发育成熟,在母猪耳根部皮下注射 5 mL/次,一般注射 4 ~ 5 d

可发情配种,发情率90%左右。一些人工合成雌激素,如己烯雌酚等注射后,母猪虽发情但不排卵,达不到受胎目的,因此雌激素不能滥用。

⑤淘汰老母猪。一般母猪生育5～7胎后繁殖能力下降,产仔少,仔猪体弱易死亡。必须经常保持壮年的母猪群,长期不发情或屡配不孕的母猪更要及时淘汰。患有繁殖系统疾病的母猪,如患子宫炎、卵巢囊肿,即使治疗也需较长过程,成本过高,不如更换新母猪。

三、猪的发情鉴定方法

(一)行为观察法

1. 发情前期

母猪兴奋不安、鸣叫,对公猪气味和声音表示好感,但不允许公猪过分亲近,爬跨其他母猪,食欲明显减退,这一阶段持续1～2 d。

2. 发情期

母猪间断鸣叫,接受其他猪爬跨,主动接近公猪,检查人员站在疑似发情母猪的侧后部,双手用力按压疑似发情母猪背部(30 kg 压力),有明显的压背"静立反射":母猪呆立不动,举尾上翘或甩向一边,两后腿叉开,两耳直立或振颤,神情呆滞,这一阶段持续1～2 d,为最佳配种时期。有的发情鉴定人员的做法是,将公猪放在邻栏,发情鉴定人员侧坐或直接骑在疑似发情母猪背腰部,双手压在母猪的肩上,如果疑似发情母猪站立不动,说明此时是最适合配种时期,如图4-5所示。实践证明,公猪在场,利用公猪的气味及叫声可增加发情鉴定的准确性。在生产上也有用脚蹬其臀部的方式,如果母猪后坐,即可安排配种。

图4-5 压背"静立反射"试验

3. 发情后期

拒绝公猪爬跨,躲避压背测试,精神、食欲等恢复正常。

(二)阴部观察法

将疑似发情母猪赶到光线较好的地方或把舍内照明灯打开,仔细观察母猪阴户颜色、状态,观察阴道黏液数量和黏度。

1. 发情前期

外阴部逐渐肿胀,阴道黏膜由淡黄色变为红色,阴道湿润,有少量黏液,随着外阴部肿胀程度增加,黏膜充血发红,阴道流出的黏液增多。

2.发情期

母猪外阴肿胀达高峰,阴道黏膜潮红,从阴道内流出水一样的黏液,黏稠度很小。稍后母猪阴门由潮红变成浅红,由水肿变为出现微皱,阴门较干,仔细观察阴道口的底端,当阴道口底端流出的黏液由稀薄变成黏稠,用医用棉签蘸取黏液,其黏液不易与阴道口脱离、拖拉滴挂时,此时是配种最佳时期。最后母猪外阴水肿消退,黏膜呈红色,阴道分泌液变得少而黏稠。

3.发情后期

发情征状完全消失,阴门肿胀消退,黏膜光泽逐渐恢复正常,黏液减少至无。外阴部完全恢复正常。

(三)试情法

鉴于母猪在发情时,对公猪的爬跨反应敏感,采用试情公猪和母猪接触,根据母猪接受公猪爬跨安定的程度判断其发情的阶段。将疑似发情母猪赶到配种室或配种栏内,试情公猪与疑似发情母猪自由接触,如果疑似发情母猪允许试情公猪爬跨,说明此时可以进行配种,如图4-6所示。

图4-6 试情法判断母猪发情

母猪由于对公猪气味异常敏感,可用沾有公猪尿或精清的布块放在母猪鼻端,观察母猪的反应,以判定其是否发情,也有合成激素用于母猪试情,还有利用发情母猪对公猪的叫声异常敏感的特点,用播放公猪求偶叫声录音鉴定母猪的发情,但使用较少。

在生产实践中,多采取观察外阴部变化、阴道黏液黏稠程度、静立反应检查结果等各项观察指标进行综合判断。如果有试情公猪或配种公猪,可以直接用试情公猪或配种公猪进行试情,这样可提高鉴定的准确度。

四、配种方法

母猪的配种方法分为自然配种和人工授精两种。

(一)自然配种

自然配种俗称"本交",将适配期的发情母猪与公猪赶到配种场地。母猪与公猪个体差异不大,交配没有困难,不用人工辅助让它们自由交配。如果公母猪个体差异较大,就需要人工辅助交配。可以选择在有斜坡的地势,公猪小、母猪大时公猪站在高处,反之母猪站在高处。公猪爬跨母猪,把母猪尾巴拉向一侧,公猪阴茎顺利进入阴道。必要时,配种人员可辅助将公猪的阴茎插入母猪的阴道内。

配种前应用干的纸巾清洁母猪的外阴,有些公猪包皮腔积尿较多时,应在公猪爬跨上母猪时,挤净包皮腔中的尿液。在公猪阴茎勃起伸出前,应将公猪的包皮口用干的消毒纸巾擦干净。配种员应观察配种的整个过程,并在交配结束时,将母猪赶回母猪圈。

自然配种根据间隔的时间及 1 次配种所使用公猪的头数,分为单次配、重复配、双重配及多次配四种配种方式。

①单次配。母猪在一个发情期内用一头公猪配种 1 次。这种方式简便,能减轻公猪负担。但由于母猪排卵时间长,配种 1 次容易降低受胎率和产仔数。一家一户的散养猪户较多采用这种配种方法。

②重复配。母猪在一个发情期内用同一头公猪配种两次,两次配种间隔 8 ~ 16 h。发情母猪上、下午各配 1 次,或下午配 1 次、次日上午再配 1 次。这种方式能较长时间保持有活力旺盛的精子,增加卵子的受精机会,提高受胎率和产仔数。育种猪场适于采用这种方式,既能多产仔又能进行后代的父本记录。

③双重配。母猪在一个发情期内与两头同品种或不同品种公猪交配,两次配种间隔 10 ~ 15 min。由于短时间内连续交配两次,增强母猪性兴奋,加速卵泡成熟,增加排卵数,缩短排卵时间,仔猪出生整齐。连续两头公猪配种增加了卵子对精子的选择机会,使仔猪健壮,生活力强。商品猪场可采用这种方式。

母猪有持续排卵的特点,采用重复配或双重配可提高受胎率和产仔数,但这种方法配种工作量也增大了一倍。

④多次配。一头母猪在一个情期中,从第 1 次配种后,每隔 8 ~ 16 h 配种 1 次,直到母猪在公猪前不再有静立反射为止。这种配种方法工作量大,对公猪的需要量也大,但在不熟悉母猪发情的情况下,采用此法有助于提高受胎率。

(二)人工授精

猪的人工授精是指采用人工方法采集公猪的精液,经过精液品质检查和精液处理,再用器械将处理后的精液输送到母猪生殖道内的适当部位使之受孕的配种技术。公猪 1 次采精量可供 5 ~ 10 头母猪输精。采用人工授精法可以减少公猪饲养头数,节省饲料,降低饲养成本,提高公猪利用率。在交通不便的地区能充分利用优良公猪,并能解决公母猪体格大小悬殊、交配困难的矛盾。有利于品种改良,减少疾病传播。

五、配种时机的掌握

适时配种是提高母猪受胎率和产仔数的关键。猪的生殖生理是确定适时配种的基础。母猪的发情持续期平均约 59 h,排卵时间是发情开始后 25 ~ 36 h(平均 31 h)。在输卵管内,卵子保持受精能力的时间为 8 ~ 12 h,而精子为 25 ~ 30 h。因此,精子应在卵子排出之前 2 ~ 3 h,即发情开始后 20 ~ 30 h 到达受精部位(输卵管壶腹部)。过早或过迟交配,均会因精子或卵子活力低而影响受胎率和产仔数。

在实际工作中,适时配种是与发情鉴定联系在一起的。掌握母猪发情的表征,可归纳为"五看"。即一看阴户,由充血红肿到紫红暗淡,肿胀开始消退并出现皱纹;二看黏液,由稀薄到浓稠并带丝状;三看表情,表情呆滞,出现"候配反应";四看年龄,"老配早,小配晚,不老不小配中间";五看品种,国外引进品种配种适期为发情后 3～5 d,持续期 10～25 h。长白猪比大约克猪晚 1～1.5 d。杂种母猪发情 3～4 d,可以在发情后第二天下午配种。培育品种发情 2～3 d,可以在发情当日下午或第 2 天上午配种。地方母猪发情时间长,可在发情后 2～3 d 配种。

大部分正常发情母猪的配种时机在发情开始后 16～32 h,配种掌握在发情期过半的时间进行,如图 4-7 所示。老龄母猪、初配及久不发情母猪的配种时机还要根据其他情况确定。

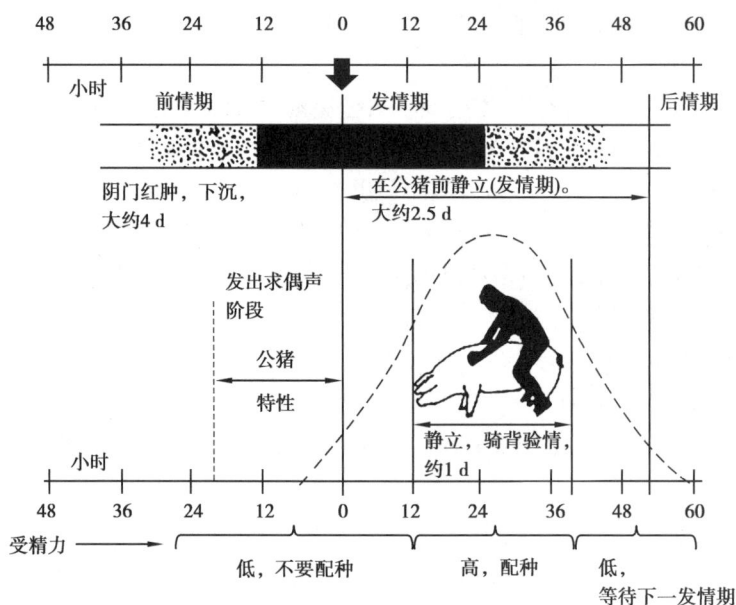

图 4-7　母猪发情规律与配种时机示意图

有试情公猪的猪场,每天早晚查情两次;没有试情公猪的猪场,每天早晚两次进行观察和压背试验,以此判断其最佳配种时间。配种时间的确定以人骑在母猪背上,母猪不动、出现"静立反应"为最佳(不能以手压背)。具体配种时间可参考表 4-5。

表 4-5　猪的配种时间参考表

项目	较早发情	正常发情	较晚发情
断奶至发情间隔	2～3 d	4～6 d	7 d 以上
发情持续时间	72 h	48 h	24 h
从发情开始至排卵时间	50 h	34 h	16 h
主要对象	老龄母猪	膘体一致的旺龄母猪	初配及久不发情母猪
发现静立反应到授精时间	36～43 h	16～32 h	1～8 h
上午(7:00—9:00)静立反应	下午配 1 次,次日下午配 1 次	经产下午配 1 次,次日上午配 1 次	上午配 1 次,下午配 1 次

项目	较早发情	正常发情	较晚发情
下午(15:00—17:00)静立反应	第2~3 d上午各配1次	经产次日上、下午各配1次	下午配1次,次日上午配1次
配种时间的特点	发情高峰期已过配	发情高峰即将过时配	稍有发情迹象,即配;如不受,可强输

除了根据其初配还是老龄经产、断奶至发情的间隔时间等因素判断从发现发情到配种的间隔时间,还需要对外阴部、阴道黏膜、黏液进行检查,并结合试情、外部观察结果综合考虑,从而提高受胎率。

六、配种次数及注意事项

从理论上讲,母猪在一个发情期中只要有1次正常的配种,就可保证母猪的受胎率。但在实际生产中存在配种时机掌握困难,这个困难可以通过增加配种次数解决,以使排卵时有足够的获能精子在受精部位。在生产中多配种2~3次为宜,但配种次数并不是越多受胎率越高。一般来说,如果配种员有一定的发情鉴定经验,母猪在一个情期内配种两次(本交或人工授精)就可以达到满意的受胎率。配种次数过多,最后1次配种后,母猪如果很快发情结束,不仅最后1次配种没有实际意义,而且会增加发生子宫炎的危险性。母猪在最后1次配种后,应有12 h左右的时间发情才逐渐结束。

配种时应注意以下事项:

①配种时间应在采食后2 h较好。夏季炎热天气应在早晚凉爽时进行。

②配种场地应距公猪舍较远,地面平整。

③配种环境应安静,不要喊叫或鞭打公猪。

④下雨或风雪天应在室内交配。

⑤交配后用手轻轻按压母猪腰部,防止母猪弓腰引起精液倒流。

⑥公猪交配后不要立即洗澡,喂冷水或在阴冷潮湿的地方躺卧,以免受凉得病。

技能训练

技能一 母猪的发情鉴定

一、目的及要求

了解母猪的发情特点,掌握母猪发情的鉴定方法,能准确找出已发情母猪,并鉴定母猪的发情阶段。

二、设备和材料

若干头发情母猪、试情公猪1~2头等。

三、方法和手段

教师和猪舍查情员先给学生进行讲解,再在教师组织下,查情员进行现场演示,学生先观摩,在教师和查情员的指导下亲自鉴定,最后总结,得出结论。

四、鉴定方法与步骤

学生先进行分组,然后与教师、猪舍查情员一起进入猪舍,在猪舍内对母猪分小群进行逐头观察,再有针对性地进行检查,找出有发情征状的后备母猪或空怀母猪。具体方法与步骤如下:

（一）通过外部观察及压背试验查情

1. 精神状态与行为

观察母猪有无食欲减退甚至废绝情况,以及鸣叫、精神兴奋、爬跨同圈其他母猪的行为。观察有无对周围环境及声音十分敏感的母猪,如一有动静就马上抬头,竖耳静听,并向有声音的方向张望,这种母猪要特别注意,高度怀疑其发情的可能。

2. 外阴部变化

观察母猪外阴部变化。母猪进入发情期前 1 ~ 2 d 或更早,阴门开始微红,以后肿胀增强,外阴呈鲜红色,有时会排出一些黏液。若阴唇松弛,闭合不全,中缝弯曲,甚至外翻,阴唇颜色由鲜红色变为深红或暗红,黏液量变少且黏稠,能在食指与大拇指间拉成细丝,即可判断母猪已进入发情盛期。非发情期母猪,阴户不肿胀,阴唇紧闭,中缝像一条直线。

3. 压背试验及敏感部位刺激

用手按压母猪后背或骑背,表现静立不动并用力支撑,或有向后坐的姿势,同时伴有竖耳、弓背、颤抖等动作,说明母猪已经进入发情期,这一系列反应称为静立反应。这时母猪一般会允许接触其外阴部,用手触摸其阴部,发情母猪会表现肌肉紧张、阴门收缩。触摸侧腹部,母猪会表现紧张和颤抖。

人工查情法往往不能及时发现刚进入发情期的母猪,因为在没有公猪气味、声音、视觉刺激的情况下,仅凭压背试验,母猪出现静立反应的时间晚得多。如果每天进行 1 次查情,当发现母猪发情时,可能已经错过第 1 次配种或输精的最佳时间。母猪外部观察、压背试验及敏感部位刺激法查情可证实母猪确实进入发情期的特征是:①黏液能在食指与大拇指间拉成细丝;②压背时出现静立反应。

（二）通过试情公猪查情

以母猪是否接受公猪爬跨为准,这是最有效的发情鉴定方法。

我国大多数猪场采用早晚 2 次试情。如果每天进行 1 次试情,应安排在清早,清早试情能及时地发现发情母猪。如果人力许可,可分早晚 2 次试情。

试情时,公猪与母猪头对头试情(图 4-8),母猪能嗅到公猪的气味,并能看到公猪。因为发情前期的母猪也可能会接近公猪,所以在试情中,应由另一个查情员对主动接近公猪的母猪进行压背试验。如果在压背时出现静立反应,则认为母猪已经进入发情期。如果母猪在压背时不安稳为尚未进入发情期或已过了发情期。在采用试情公猪前进行骑背试验,对检查发情会更为合理。

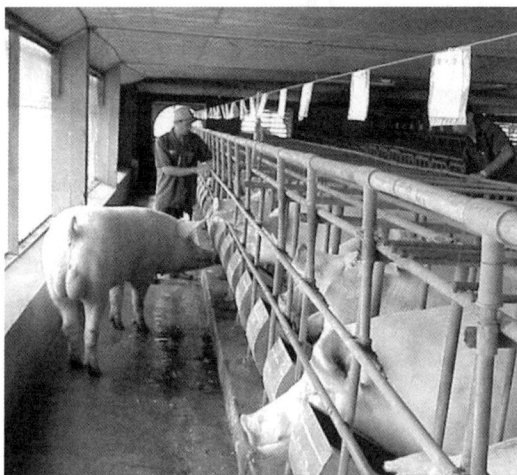

图4-8 用试情公猪查情

采用试情公猪查情是养猪场最佳的查情方法。确定母猪是否发情的特征性表现是母猪在试情公猪前出现静立反应。若结合母猪外阴部肿胀及松弛状况、黏液量及黏稠度、阴道黏膜充血状态,能更准确地判断母猪发情阶段。

五、报告

结合本次实训内容,找出猪舍其他发情母猪,并填写母猪发情鉴定表(表4-6)。

表4-6 母猪发情鉴定表

圈栏号	母猪品种	母猪耳号	所用方法				鉴定结果
			阴部变化	阴道黏液	静立反应	试情法	

技能二 猪的人工输精操作训练

一、目的及要求

熟悉输精前的准备工作,掌握母猪输精的技术要领,学会操作输精。

二、设备和材料

发情待配母猪若干头、输精管、瓶(袋)装精液、可控保温箱 1 个、蒸馏水 25 L、0.1% 高锰酸钾溶液、医用乳胶手套、3% 来苏尔、润滑膏、洗衣粉、肥皂、面盆、毛巾、脱脂棉等。

三、方法和手段

学生先分小组,教师和输精员为学生进行讲解。在教师组织下,输精员进行现场输精操作演示,学生先观摩,然后在教师和输精员的指导下亲自操作,再自己练习,直到熟练。

四、输精训练步骤

(一)输精前的准备

①检查精子活力,活力低于 0.5 级的精液不能使用。

②根据需要输精的母猪头数,准备好精液。总数应为需要输精母猪头数的 2 倍或略多,即至少为每头待配母猪准备一份复配用的精液。

③输精前,将精液瓶(袋)放入专用保温箱或疫苗箱中,冬季应避免精液在运送及输精时降温,可在保温箱内放一个热水袋,盖上几层毛巾,再将精液瓶(袋)放入。冬季应将精液升温到 20 ~ 25 ℃ 时输精为好,夏季应防止精液温度受气温影响升温过高(33 ℃)。

④准备清洁、消毒的干毛巾或 4 张纸巾、专用润滑膏。

⑤输精管应按需要量放入专用的临时存放盒中。使用时输精管的前 2/3 部分不要用手直接接触。

⑥输精前,应对发情母猪的适配情况再次检查确认,清洁躯体和外阴部,如果母猪外阴过于肮脏,可先用湿毛巾拧干水分后擦拭。不要用清水洗,尤其是输精前,以防止母猪将污水吸入子宫内,引起子宫炎。

(二)输精过程

①清洁母猪外阴,用清洁干毛巾或纸巾将母猪的外阴(包括阴门裂内)擦干净。

②在输精管头上涂上润滑剂,小心拿住输精管后端,应避免接触输精导管的前 2/3 部分;单个包装的输精管,应先将泡沫头一端的塑料膜撕开,露出泡沫头,然后将润滑膏涂在泡沫头的前端,应防止润滑膏将输精管头中央的小孔堵塞。

③精液容器与输精管连接,轻轻摇动精液瓶(袋)3 ~ 5 次,沉淀的精子与上清液混合,拿住瓶(袋)颈打开管口盖,将精液容器与输精管连接紧实。

④将输精管泡沫头锁定在子宫颈管中,左手将阴户分开并向后下方拉,以使阴门呈开张状态,将输精导管的泡沫头以向上 45° 角从阴门插入阴道(不要向下或水平插,因为这样会损伤尿道口),插入 15 cm 左右后,平缓水平重复抽送输精导管,直到输精管的前部到达子宫颈口(有阻力),然后适度用力向左旋转并推入 4 ~ 5 cm,输精管的泡沫头卡入母猪子宫颈管内。子宫颈管受到刺激后会收缩,将输精管的泡沫头锁定。螺旋形的多次性输精管在输精时,输精管到达子宫颈口向左旋转,可将输精管前端的螺旋部分旋入子宫颈的褶皱内,并被子宫颈锁定。

⑤确认输精管头锁定在子宫颈管中,以下两种方法可验证输精管泡沫头已经锁定在子

宫颈管内：一种是向前推送输精管时，阴门被牵引向体腔内，轻拉输精管有一定阻力，放松拉力输精管自动缩入；另一种是轻轻转动输精管管杆，当放松时，输精管会旋复原位。

⑥将精液输入母猪生殖道内，右手提起精液袋（瓶），使其与输精管的连接处高于阴门，左手压住母猪的后背，或采用仿生倒骑输精法，如图4-9所示，并用腿部按摩母猪的侧腹部及后部乳房，进一步刺激子宫收缩，精液顺输精管进入子宫颈管内。为了提高输精效率，最好在母猪前面安排1头公猪与其"交流"。

图4-9 倒骑输精法示意图

如果精液流动不畅，可轻轻挤压精液容器使精液充满输精管，然后尽量让精液自行流入，瓶装精液在精液流出部分后，可能由于瓶壁的张力，精液不能自行流出。可挤压精液瓶，也可在精液瓶瓶底扎1个小孔，使空气进入，精液靠液体的重力流出，直到精液全部流出。完成输精一般用时 5～10 min，可通过调整精液瓶（袋）的高度调节输精的速度。但不论什么情况，输精时间都不应短于 5 min，如果超出 15 min，则说明输精过程存在问题，需要注意检查操作方法。

⑦抽出输精管，精液全部进入生殖道内后，可将输精管向后下方抽出，抽出的速度应略快而平稳，这样子宫颈会很快封闭，以防止精液倒流。

最好在精液输完后，将输精管折弯，套住瓶口或精液袋上的小孔，以防止精液倒流，并让输精管继续留在子宫颈内 5～10 min，以刺激子宫收缩，然后较快而平稳地向后下方抽出。这样更有利于精液向子宫深部运行，对提高受胎率有利。

（三）输精量

一次输精量一般为 20～100 mL，依母猪体型大小可酌情增减，但一次输入有效精子总数应不少于 20 亿个。一般输精剂量不低于 20 mL，有效精子密度不低于 0.3 亿/ mL，其受胎效果仍然良好。瘦肉型母猪的输精量与本地猪有较大差异。瘦肉型经产母猪输精量保证 100 mL，后备母猪保证 80 mL，本地猪输精量 40 mL 即可。

五、作业

通过训练正确地进行输精操作，输精完成后填写母猪输精记录表（表4-7）。

表 4-7　母猪输精记录表

母猪耳号	胎次	发情日期	第一次输精				第二次输精				第三次输精				预产期	输精员
			公猪耳号	输精时间	站立反应	精液倒流	公猪耳号	输精时间	站立反应	精液倒流	公猪耳号	输精时间	站立反应	精液倒流		

技能三　拟订配种计划

一、目的及要求

通过配种计划的拟订练习,学会猪场不同年龄种猪配种计划安排。

二、材料和条件

猪场年度生产计划报告、上年度配种、产仔、哺乳、可售猪记录,公、母猪年度淘汰计划,后备公猪和后备母猪参加配种计划、计算器、配种计划表等。

三、方法和手段

学生先分组,教师发放各种猪场记录资料,并对学生讲解拟订配种计划,学生结合资料进行分组讨论,最后每位同学拟订 1 份猪场年度配种计划和 1 份周配种计划。

四、拟订方法与步骤

根据上年度母猪配种、产仔、生产可售猪情况,计算 1 头母猪年产可售猪头数(纯种数量、杂种数量分别计算),再根据年度生产计划计算 1 年需要配种的母猪头数(母猪配种产仔率、由出生至可出售存活率等系数均已考虑)。

$$1 年需要配种的母猪头数 = \frac{年生产计划(头数)}{1 年母猪年生产可出售猪(头数)}$$

由 1 年需要配种母猪头数推断周配种母猪头数。

$$1 周配种母猪头数 = \frac{1 年需要配种母猪头数}{52 周}$$

母猪一般生育 6 ~ 7 胎淘汰,则年淘汰率为 30% ~ 35%,每个月淘汰率为 2.5% ~ 3%。同时由 40% 的后备母猪补充。公猪一般使用 3 年,年淘汰率为 35%,同样由 40% 的后备公猪补充。

根据本场各类种猪所处生产生理时期(空怀、妊娠、泌乳、后备发育程度)逐头编排具体配种周次,并将与配公猪个体的品种耳号注明,便于配种工作的组织和安排。

如果是一年中某一时期计划生产任务,应根据母猪的生产周期及猪场的实际情况提前作好安排。

母猪生产周期=妊娠期(16.5 周)+哺乳期(3 ~ 5 周)+断奶后发情配种期(1 周)

$$全年参加配种所需公猪头数=周配种母猪头数×\frac{2}{公猪周配种次数}$$

例如,周配种母猪 26 头,公猪平均周配 4 次,则:

$$所需公猪头数=26×\frac{2}{4}=13(头)$$

此计算方法只适用连续工艺流程生产情况,不适于季节配种场家,季节配种公母比例为1 : 25。

五、报告

拟订一份年度配种总计划和一份周配种计划,填写配种计划表(表4-8、表4-9)。

表 4-8　年度配种计划总表　　　　　　　　　　　单位:头

全年生产任务	全年参加配种母猪头数	全年参加配种公猪头数	备注

制表人:

表 4-9　周配种计划总表

公猪个体×母猪个体
1
2
3
⋮
52

制表人:

🖥国家标准

猪人工授精技术规程(NY/T 636—2021)

一、人工授精技术程序

人工授精技术程序通常包括精液采集、精液品质检查、精液稀释与分装、精液保存与运输、输精前精子活力监测、输精等环节。但生产模式不同猪场的技术环节有所不同,自供精液猪场,不涉及精液运输环节;外购精液猪场,不涉及精液采集、精液品质检查、精液稀释与分装环节。

二、精液采集

(一)公猪调教

应选择符合种用要求的适龄后备公猪(引入品种和培育品种宜为 8~9 月龄,地方品种宜为 5~7 月龄)进行采精调教。采集精液前,将其他公猪精液、包皮积液、发情母猪尿液或专用诱情剂喷涂在假台猪后躯臀部,将公猪引向假台猪,训练其爬跨;也可用发情母猪引诱公猪,待公猪性兴奋时快速隔离母猪,引导公猪爬跨假台猪,每天可调教 1~2 次,每次调教不宜超过 15 min。

(二)采精前准备

1. 采精公猪

剪去公猪包皮部的长毛,清洗包皮,将公猪体表冲洗干净并擦干。

2. 采精室

采精室的温度保持为 20~25 ℃。

3. 采精器械和质检设备

将集精杯置于 38 ℃恒温箱备用,并准备纸巾或消毒清洁的干纱布等。备好已消毒的精液分装器具、精液瓶或精液袋等。调试精液质检设备,打开显微镜载物台恒温板电源,预热精子密度测定仪。

4. 精液稀释液

根据采精公猪数量和射精量,配制足量稀释液(通常为原精量 3~5 倍),置于水浴锅中预热至 35 ℃。

(三)采精操作

①用 0.1% 高锰酸钾溶液清洗公猪腹部和包皮,再用温水清洗,纸巾擦干。

②采精员一只手持集精杯(内装一次性采精袋并覆盖 2~3 层专用过滤纸,杯内温度 35~37 ℃),另一只手戴双层手套(内层乳胶手套、外层 PE 手套),挤出公猪包皮积尿,按摩公猪包皮部,刺激其爬跨假台猪。

③待公猪爬跨假台猪并伸出阴茎时,脱去外层手套,用手由前向后用力锁紧阴茎螺旋状龟头,顺其向前冲力将阴茎的"S"状弯曲延直,龟头露出,握紧阴茎龟头防止其旋转,阴茎充分伸展,达到强直、锁定状态。

④公猪射精时,最初射出的少量(5 mL 左右)及最后射出的水样精液不收集,收集乳白色或灰白色富含精子的浓分精液于集精杯内。

(四)采精频率

根据公猪产精能力确定采精频率,成年公猪每周采精 2~3 次,青年公猪每周采精 1~2 次。宜做到定点、定时和定人。

三、输精

(一)输精时间

1. 自然发情的母猪

母猪出现静立反应后 8~12 h 进行第 1 次输精,之后每间隔 8~12 h 进行第 2 次或第 3 次输精。

2. 定时输精处理的母猪

应在注射促性腺激素释放激素(GnRH)或其类似物后 24 h 与 40 h 分别输精。

(二)精子活力监测

输精前均应进行精子活力检查,每头公猪或每批次精液产品均应随机抽样检测,并至少检测一份。可采用如下方法进行精子活力检验。

①仪器法:按《种猪常温精液》(GB 23238—2021)的规定执行。

②人工法:预热显微镜载物台恒温板至 37 ℃,并将载玻片、盖玻片置于恒温板上;从 16~17 ℃恒温箱取出精液,轻轻摇匀,用微量移液器取 1 滴(或 10 μL)精液滴于载玻片上,盖上盖玻片,置于显微镜下检查活力。

(三)输精管

输精时,可采用单支独立包装的一次性无菌常规输精管或深部输精管进行输精。常规输精管由导管和海绵头组成。深部输精管由外套管、海绵头、内导管及锁扣组成,当深部输精管的海绵头固定在子宫颈时,内导管可以伸出海绵头继续向前延伸到深部输精要求的位置。

(四)输精程序

1. 常规输精程序

①输精前,输精员先清洁双手并消毒,然后用一次性纸巾清洁母猪外阴及邻近部位。

②撕开输精管密封袋,露出输精管海绵头部,在海绵头前端涂抹润滑剂(如输精管已经润滑剂处理,可省略)。然后,用手轻轻分开外阴,将输精管沿 45°角斜向上插入母猪生殖道内,越过尿道口后再水平插入,感觉有阻力时,缓慢逆时针旋转,并前后移动,当感觉输精管被子宫颈锁定时,即可准备输精。

③从精液储存箱中取出备好的精液瓶(袋),确认公猪品种、耳号等信息后,缓慢颠倒混匀精液,掰开瓶嘴(或撕开袋口),与输精管相连。

④根据母猪对输精和人工刺激的反应,通过调节输精瓶(袋)的高低控制输精速度,一般 3~10 min 完成输精。

⑤输精管内精液完全进入母猪子宫体后,降低输精瓶(袋)位置并保持约 15 s,观察精液是否回流。若有倒流,再提起输精瓶(或袋),直至全部精液彻底进入母猪子宫体。

⑥为防止空气进入母猪生殖道,输精管应在生殖道内滞留 5 min 以上,由其慢慢自然滑落。

2. 子宫体深部输精程序

①按照消毒程序做好准备。

②取出深部输精管,将输精管外套管插入生殖道,并保证内导管头部位于外套管内。当感觉海绵头被子宫颈锁定时,暂停操作 2~3 min,让母猪子宫颈充分放松。在输精管慢慢插入过程中,逐渐除去外包装袋,以避免输精管被污染。

③分次轻轻向前推动内导管,每次推入长度不宜超过 2 cm。前行如遇阻力,可轻微外拉或旋转再继续插入。当内导管前插阻力消失时,表明内导管前端已经抵达子宫体,继续向前轻轻插入,再次感觉到阻力时,表明内导管前端已抵达子宫壁,应停止插入,回撤 2 cm左右,用锁扣固定内导管,准备输精。

④将精液瓶嘴(或袋口)连接至内导管末端输精口。

⑤挤压输精瓶(或袋)使精液输入子宫体,一般可在 30 s 内完成输精;如遇挤压困难,应略微回撤内导管或母猪放松 1~2 min,再次挤压输精瓶(或袋),以完成输精。

⑥精液瓶(袋)中精液排空后,先将内导管缓慢撤入外套管内,输精管在生殖道内滞留5 min 以上,然后慢慢拉出体外。

四、证实方法

①采精后,应及时进行精液品质检查,并记录种公猪耳号、品种、采精日期、采精量、颜色、气味等采精信息,以及精子活力、精子密度、畸形精子率等精液品质信息。

②输精后,应及时记录母猪耳号、胎次、发情日期(出现静立反应的日期)、静立反应和预产期等信息,以及每一次输精的公猪耳号、输精时间和输精员等信息。

任务三 妊娠母猪饲养管理

📖 知识准备

母猪妊娠从配种开始,至分娩结束。妊娠母猪饲养管理的基本任务是,保证受精卵和胎儿在母体内正常发育,防止死胎和流产现象发生,以获得数量多、品质好的仔猪;母猪保持中上等体况,临产时达 8~9 成膘,为哺乳期泌乳打下基础。另外,对初产的母猪要优饲,初产母猪需 20%~30% 营养以维持自身生长发育。

一、母猪繁殖周期

母猪是一种周期性发情的动物。在正常生理状态下,从后备母猪发情配种受胎,母猪就开始经历不同繁殖生理阶段。首先要经过 108~123 d(平均 114 d)的妊娠期;妊娠结束,母猪进行分娩;分娩后,母猪便进入哺乳期,通常为 21~60 d(一般为 35 d);仔猪断奶后,母猪回到空怀期;一般经过 3~7 d 或更长时间,母猪再次发情配种受胎,又重复经历同样的繁殖过程。母猪由发情配种受胎,经分娩到下 1 次配种受胎的全过程,即为一个繁殖周期。母猪的一生能产多窝仔猪,经历多个繁殖周期。可见,母猪的繁殖周期包括后备母猪和断奶母猪的妊娠期、哺乳期和空怀期。妊娠期和空怀期的时间是固定不变的,哺乳期时间具有伸缩性。哺乳期下限应选在母猪泌乳高峰(21 d)以后,但最多也不应超过 60 d,我国多采用 5~6 周断奶,而规模化场家多在 3~4 周断奶。繁殖周期划分示意图,如图 4-10 所示。

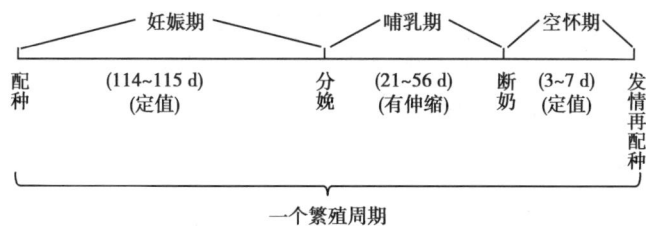

图 4-10　繁殖周期划分示意图

例如,将哺乳期选定为 56 d,空怀期定为 7 d,则一个繁殖周期为:115+56+7＝178 d,即母猪产一窝仔需 178 d。一年有 365 d,则一年产仔窝数为 365÷178＝2.05(窝)。

若想达成年产 2.3 窝的指标,繁殖周期应如何划定? 这首先应算出一个繁殖周期的允许天数:365÷2.3＝159 d,然后,在一个繁殖周期中即从 159 d 减去妊娠期 115 d,则还剩 44 d。再去掉 7 d 的空怀期,即在 37 日龄断奶方可达成年产 2.3 窝的指标。

二、缩短母猪繁殖周期,提高年产窝数

(一)早期断奶

通过缩短哺乳期,达到缩短繁殖周期增加母猪年产仔窝数的目的。但必须采取相应的措施才能实现。如创造适宜的环境条件,有良好的育仔设备;有全价的仔猪料和人工乳,要做到早开食、适时补料等。在生产中要求有较高的技术含量,否则很难取得良好的育仔效果。一般工厂化、集约化养猪场,仔猪可在 3~4 周龄断奶,农村农户养猪可在 6 周龄左右断奶。

(二)并窝

并窝是指在猪场同期有一定数量母猪产仔的情况下,有的母猪分娩后只存活 3~5 头仔猪,把几窝这样的仔猪合并起来,让一头保姆猪饲养。这样部分母猪既可以尽早发情配种,缩短产仔间隔,又能使保姆猪的奶头得到充分利用。

(三)诱导发情

在生产实践中,诱导断奶母猪及时正常发情排卵可以缩短母猪的繁殖周期,提高种猪的利用效率。通常使用的方法有公猪诱导法、合群并圈、加强运动、按摩乳房、外源激素(如孕马血清促性腺激素、人绒毛膜促性腺激素等)。

(四)提高情期受胎率

提高全群可繁殖母猪 1 次发情的受胎率。情期受胎率越高,对增加全群平均年产仔窝数越有利。如果一头母猪,1 次发情没配上,则就要等 21 d 再发情后参加配种,这不但浪费 21 个饲养日,加大饲养成本,而且也拉长繁殖周期,势必减少群体平均年产仔窝数。因此,在生产中都极力采取相应措施,提高母猪情期受胎率。

三、妊娠母猪早期表现

母猪妊娠后,采食、睡眠、行为和体型等方面都发生一系列变化,表现为食欲旺盛、喜欢

睡眠、行动稳重、性情温顺、喜欢趴卧,尾巴常下垂不爱摇摆,被毛日渐有光泽,体重有增加的迹象。观其阴门,可见收缩紧闭成一条线,这些均为妊娠母猪的综合表征。但个别母猪在配种后3周左右出现孕后发情现象,发情持续时间短,一般只有1~2 d。对公猪不敏感,虽然稍有不安,但不影响采食(具体早期妊娠诊断方法详见技能训练及拓展知识)。

四、母猪妊娠期间的变化和胎儿发育规律

(一)母猪妊娠期的生理特点

母猪妊娠后新陈代谢旺盛,饲料利用率提高,蛋白质的合成增强,青年母猪自身的生长加快。妊娠母猪和空怀母猪吃相同数量的同一种饲料,妊娠母猪比空怀母猪增重明显。

1.母体增重内容

妊娠母猪体重变化在正常饲养管理情况下,整个妊娠期经产母猪可增重40~50 kg,初产母猪可增重50~60 kg。妊娠期间母体的增重由两部分组成。

(1)子宫及其内容物的增长

妊娠母猪随胎儿的生长发育其子宫也在增长。妊娠母猪子宫的黏膜和浆液膜均发生变化,肌纤维加大,肌肉层急剧增长,结缔组织和血管扩大,胎衣和胎水(羊水)迅速增长。妊娠期间,母猪子宫及其内容物增长情况见表4-10。

表4-10 母猪妊娠期间子宫、胎衣和胎水的重量

妊娠天数	子宫		胎衣		胎水	
	质量/g	与47 d 比/%	质量/g	与47 d 比/%	质量/g	与47 d 比/%
47	1 300	100	800	100	1 350	100
63	2 450	189	2 100	420	5 050	374
81	2 600	200	2 550	510	5 650	419
96	3 441	265	2 500	500	2 250	207
108	3 770	290	2 500	500	1 890	140

随着妊娠期的增进,母猪子宫、乳腺和胎儿内沉积的营养物质也随之增加,约有50%的蛋白质和50%以上的能量是在最后的1/4时期沉积的,钙磷的沉积率也以末期为最高。

(2)母体本身营养物质的沉积

妊娠期间,母猪具有较强贮存营养物质的能力,母猪增重中15%是蛋白质,25%是脂肪,其贮存部分一般为胎儿的1.5~2倍,高的可达4倍。这种贮存对分娩后母猪的营养具有重要意义。母猪的增重以前期为主,而妊娠中、后期,由于胎儿发育超过母体增重,此时母体的能量和营养物质的沉积量会显著下降。

2.孕期合成代谢

妊娠母猪喂以与空怀母猪相等水平的饲粮时,妊娠母猪除能保证其胎儿和乳腺组织增长,母体本身的增重还高于空怀母猪(表4-11)。这表明在同等营养水平下,妊娠母猪比空怀母猪具有更强的沉积营养物质的能力,这种现象称为"孕期合成代谢"。

表 4-11　在相同采食量下妊娠母猪与空怀母猪的体重对比　　　　单位：kg

妊娠或空怀		采食量	配种体重	临产体重	产后体重	净增重	相差
I	妊娠	225	230	274	250	20	16
	空怀	224	231	235	235	4	—
II	妊娠	418	230	308	284	54	15
	空怀	419	231	270	270	39	—
III	妊娠	233	197	233	211	14	9
	空怀	233	196	201	201	5	—

母猪"孕期合成代谢"的强度随营养水平不同而异,低营养水平时的合成强度高于高营养水平。有研究报道,在能量供应水平较低时,妊娠母猪的能量和蛋白质的利用率分别提高 9.2% 和 6.4%。

妊娠期间,胎儿的生长发育和母体变化,在母猪物质代谢加强的同时,能量代谢也有提高,妊娠后期更加明显。母体在整个妊娠期内代谢率平均增加 11% ~ 14% ,妊娠后期可达到 30% ~ 40% 。

(二)胎儿发育规律

卵子在输卵管壶腹部受精后,受精卵沿着输卵管向两侧子宫角移动,附植在子宫黏膜上,在它周围逐渐形成胎盘,母体通过胎盘给胎儿供应营养。胎重的增长特点是前期慢,后期快,最后更快。猪的妊娠期 114 d(108 ~ 120 d) ,妊娠 1 ~ 90 d 胎儿重 550 g,而最后 24 d 增重很快,体重可达 1 300 ~ 1 500 g。胎重的 2/3 是在妊娠最后的 1/4 期内增长的,妊娠最后 1 个月胎儿增重占出生重 60% ,而胎高、胎长的增长相对较平缓(图 4-11)。

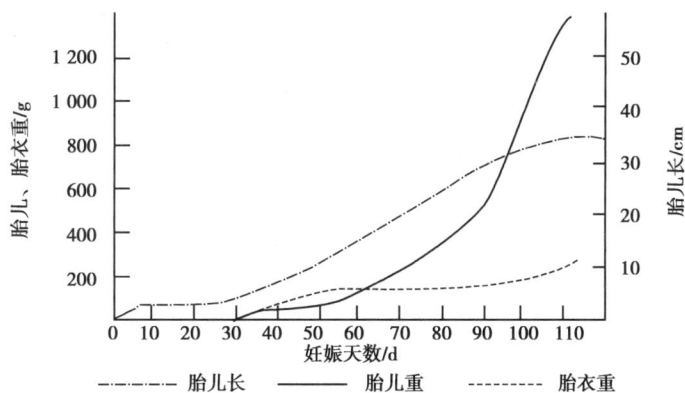

图 4-11　妊娠期间猪胎长、胎重与胎衣增长情况

根据胎儿的发育变化,常将 114 d 妊娠期分为两个阶段,妊娠前 84 d 为妊娠前期,妊娠 85 d 到出生为妊娠后期。虽然妊娠前期胚胎体重、体长增长较慢,但这是胚胎组织器官分化发育最旺盛、激烈的阶段。而妊娠后期不仅生长迅猛,还发育激烈。因此,前期对营养需要量不多,但必须全价,而后期所需营养物质不但量大,且品质要好。

(三)影响胚胎生长发育的因素

母猪在一个发情期所排出的卵子,除 10% 的卵子不能受精外,有 20% ~ 25% 是在受精后、产前死亡。而在产前死亡总数中,2/3 集中在妊娠早期特别是胚胎附植前后,1/3 发生在怀孕后期。如果胚胎死亡发生在早期,则不见任何东西排出而被子宫吸收,称为化胎;若发生在怀孕中期或后期,因胎儿不能被母体所吸收而形成僵尸,称"木乃伊";如死亡不久就在分娩的时候随同存活仔猪一起产出,则称死胎。也有报道,母猪约有 40% 的胚胎在妊娠期死亡。母猪每次发情排卵 20 ~ 30 个,而产仔却只有 10 个左右,这主要是产前胚胎死亡所造成的(表 4-12)。

表 4-12 各生殖阶段典型的胚胎死亡情况

生殖阶段	数目/个	在原来基础上减少幅度/%
排出的卵子	17.0	0
受精的卵子	16.2	4.7
妊娠 25 d 的胚胎	12.3	24.1
妊娠 50 d 的胚胎	11.2	8.9
妊娠 75 d 的胚胎	10.4	7.1
妊娠 100 d 的胚胎	9.8	5.8
分娩的活仔猪	9.4	4.1
每窝断奶的猪	8.0	14.9

胚胎在整个妊娠阶段主要有 3 个死亡高峰期:胚胎死亡多发生在 9 ~ 13 d,在这个时期胚胎由圆变长,出现营养层与植入之间的矛盾,致使胚胎在发育过程中发生大量死亡,大多数异配体和染色体畸变的胚胎也死于此时;妊娠第 3 周,正值胎儿器官形成阶段,此时,胚胎会在竞争有利其发育的蛋白质类物质时,表现为强存弱亡现象;妊娠第 60 ~ 70 d,由于胎儿迅速生长,妊娠母猪由于饲养管理不当,通过神经刺激而干扰子宫血液循环,减少胎儿的营养供给,致使一部分胚胎死亡。引起胚胎死亡或者母猪流产的因素有以下几个方面。

1. 疾病因素

妊娠母猪生殖器官畸形、子宫疾患及危害生殖力的传染病都能直接或间接对胚胎产生不同程度的影响。微生物是致使子宫感染、降低胚胎存活率的重要原因之一。母猪患有猪繁殖与呼吸综合征、伪狂犬病、细小病毒病等传染病,会致使胚胎死亡。另外,在交配或人工授精过程中,公猪包皮上的污物、精液被污染、器械消毒不彻底等都会使妊娠母猪子宫感染大肠杆菌、葡萄球菌等而影响胎儿的存活。

2. 营养性因素

猪在妊娠过程中,由于营养缺乏和营养比例失调会引起猪的繁殖力下降,尤其是妊娠后期营养不足会引起新陈代谢障碍而造成母猪消瘦,不能满足胚胎发育过程中的营养需要,从而致使胚胎死亡。例如,妊娠期饲料中蛋白质和必需氨基酸不足,不能满足妊娠的需要,便可引起死胎,日粮中钙、磷、铁和碘等矿物质的缺乏会导致胚胎死亡率上升。维生素的缺乏尤其是维生素 A 和维生素 E 的不足,会明显影响胚胎的发育,致使胚胎死亡率上升。妊娠母猪营养过剩也会降低胚胎存活率,许多报道表明,母猪在妊娠期摄取高水平的营养或过多的热量物质会使妊娠母猪过于肥胖,子宫周围积储过量脂肪而阻碍胚胎发育乃至其死亡。因此,妊娠母猪日粮应保证蛋白质、能量、维生素、矿物质等营养物质的全面与均衡以满足母猪妊娠的需要。

3.环境因素

圈舍的环境因素也是影响母猪生产的重要原因,阴暗、潮湿、光照不足、噪声、空气污染、高温等都会造成母猪繁殖障碍。例如,猪群拥挤、剧烈频繁争斗、圈舍构造不合理造成的机械性损伤、惊吓、寒冷刺激、长途运输等因素都会导致母猪胚胎死亡,母猪配种前、后 1～3 周对高温特别敏感,其受胎率明显降低,出现胚胎早期死亡。圈舍内氨气、硫化氢、甲烷等有毒气体增加,会使母猪产仔减少、死胎增多。

4.遗传因素

猪染色体畸变是胚胎死亡极重要的原因。特别是非同源染色体之间易位时,会因染色体分配不均衡而产生染色体不均衡的配子,这些配子受精会产生带有不均衡核型的胚胎,这些胚胎都是致死的,从而导致母猪分娩时产仔数量明显降低,近亲交配会使一些隐性致死基因获得纯合表现,从而引起胚胎死亡,遗传性的孕酮分泌不足也会导致胚胎早期死亡。

5.药物因素

妊娠过程中药物使用不当,也会造成死胎。例如,饲料添加阿散酸会造成死胎;妊娠期使用流感等弱毒苗可引起胚胎吸收等。故妊娠期应慎用药物及疫苗。

6.其他因素

除以上因素,母猪便秘可使体内毒素排出受阻,引起胎儿吸收;玉米霉变后会产生玉米赤霉烯酮 F_2 毒素可使妊娠母猪胚胎死亡;棉籽饼中的棉酚和菜籽饼中的介子硫苷对胎儿特别有害,过量使用会增加胚胎死亡率;有毒化学物质、农药,都会使母猪发生流产、死胎。

五、妊娠母猪的饲养管理

(一)妊娠母猪的饲养

1.妊娠母猪的营养需要

妊娠母猪吸收的营养,首先要满足母猪的维持需要,其次是供给胎儿生长发育的营养需要,这是妊娠母猪营养需要的主导部分,还有妊娠后期乳房组织、子宫增生肥厚的营养需要。对青年母猪来讲,其自身发育尚未结束,也需要额外的营养供给。

妊娠母猪的营养需要应根据母猪品种、年龄、体重、胎次有所不同。

(1)能量

1998 年 NRC 推荐的妊娠母猪消化能为 25.56～27.84 MJ/d。妊娠母猪能量供给过多会影响母猪繁殖成绩和将来泌乳,乃至整个生产。过高的能量水平会降低胚胎的存活率。试验表明,高能量日粮[代谢能 38.08 MJ/(d·头)]会增加胚胎死亡,配种后 4～6 周胚胎的存活率为 67%～74%;而低能量日粮[代谢能 20.90 MJ/(d·头)]存活率为 77%～80%。同时,能量水平特别是妊娠后期能量水平对仔猪初生重影响较显著,如母猪日粮代谢能在 20.90 MJ/(d·头)以下,会降低仔猪初生重;超过 25 MJ/(d·头),初生重增加并不明显。

妊娠母猪能量水平对将来泌乳影响较大,妊娠期间能量水平过高,母猪体重增加过多,泌乳期间母猪体重就会失重过大(表4-13),不但浪费饲料增加饲养成本,而且还会出现泌乳母猪产后食欲不旺,泌乳性能下降,并且断奶后发情配种也受影响。因此,合理掌握妊娠母猪营养水平,控制母猪妊娠期间增重比较重要。

表4-13 母猪妊娠期营养水平对体重的影响 单位:kg

营养水平	配种体重	产后体重	妊娠期增重	断奶体重	哺乳期失重	净增重
高	230.2	284.1	53.9	235.8	48.3	5.6
低	229.7	249.8	20.1	242.2	7.4	12.7

注:高、低营养水平饲喂量是指每100 kg体重每天分别饲喂1.8 kg和0.87 kg。

(2)蛋白质

蛋白质水平略低对母猪的产仔数、仔猪初生重和仔猪将来的生长发育影响不大,但蛋白质水平过低将会影响母猪产仔数和仔猪初生重。为了母猪正常进行繁殖泌乳,并且身体不受损,保证正常产仔,按要求妊娠母猪粗蛋白质水平应为12%~12.9%。蛋白质的利用率取决于必需氨基酸的平衡,玉米-豆粕型日粮,赖氨酸是第一限制性氨基酸,在配制日粮时不容忽视,NRC推荐赖氨酸水平为0.52%~0.58%,还要注意其他氨基酸的含量和平衡。

(3)矿物质

无论常量元素还是微量元素,缺乏都容易导致母猪繁殖障碍,具体表现为:发情排卵异常,母猪流产,畸形和死胎增加。推荐用量为:钙0.75%、总磷0.60%、有效磷0.35%、氯化钠0.35%左右。在考虑数量的同时还要考虑质量,配合日粮要选择容易被吸收、重金属等杂质含量低的矿物质原料。因母猪繁殖7~8胎才能淘汰,存活时间4年左右,故容易导致重金属蓄积性中毒,影响母猪繁殖生产。

(4)维生素

妊娠母猪日粮缺乏维生素将会出现繁殖障碍乃至终生不育,可选用对应的预混料补充。长年供应青绿饲料能满足水溶性维生素的需要。

(5)水

妊娠母猪日粮量虽较少,但为了防止饥饿增加饱腹感,粗纤维含量相对较高,一般为8%~12%,对水的需要量较多,一般每头妊娠母猪日粮需要饮水12~15 L。供水不足往往导致母猪便秘,老龄母猪会引发脱肛等不良后果。

2.妊娠母猪的饲养方式

按照母猪妊娠特点,对待不同的母猪,因其所处的生殖生理状况不同,应该采取不同的饲养方式,主要有以下几种:

(1)"抓两头,顾中间"

断奶后膘况差的经产母猪,从配种前几天开始至怀孕初期阶段加强营养,前后共约1个月,加喂适量精料,特别是富含蛋白质的饲料通过加强饲养,使其迅速恢复繁殖状况,待体况恢复后再回到以青粗饲料为主饲养,妊娠80 d后由于胎儿增重速度加快,再次提高营养水平,增加精料喂量,既能保证胎儿对营养的要求,也能让母猪为产后泌乳贮备一定的营养。

（2）"步步登高"

处于生长发育阶段的初产母猪和生产任务重的哺乳期间配种的母猪,整个妊娠期的营养水平及精料使用量,按胎儿体重的增长,随妊娠期的增进而逐步增高。

（3）"前粗后精"

配种前膘况好的经产母猪可以采取这种饲养方式,即在妊娠前期胎儿发育慢,母猪膘情又好者可适当降低营养水平,日粮组成以青粗饲料为主,相应减少精料喂量,妊娠后期胎儿发育加快,需要营养增多,再按标准饲养,以满足胎儿迅速生长的需要(图 4-12)。

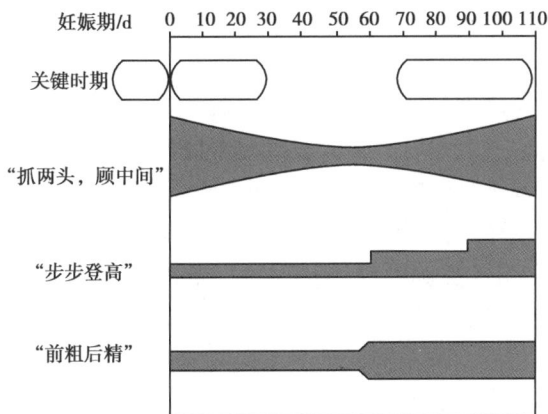

图 4-12　妊娠母猪的饲养方式

3.妊娠母猪的饲养

（1）坚持"低妊娠、高泌乳"原则

在整个妊娠期,营养水平相对低,泌乳期营养相对高。控制妊娠期精料的给量,妊娠期精料留着加在泌乳期。通常情况,供应妊娠母猪的营养物质,除保证胎儿的生长发育需要,还用于增加母体重量,也就是说母猪体内还要储存一部分营养物质以增补泌乳不足的需要。假如妊娠期营养水平过高,会带来 3 个方面的不利影响:一是母猪增重过多,体内就会有大量脂肪沉积,产后泌乳时,再将体内营养转为奶供给仔猪,就是饲料→体脂→奶模式,从饲料到母奶要经过两次转换,饲料利用率低,没有在乳泌期直接把饲料转化成奶更经济,从而造成饲料浪费,增加饲养成本;二是妊娠母猪过于肥胖,引起产后泌乳期食欲不旺、泌乳性能下降、产奶减少;三是母猪肥胖后,会造成难产发生率增加,导致母猪分娩困难、仔猪生后体弱、泌乳期失重大和断奶后发情延迟等不良后果。此外,妊娠母猪采用较低营养水平,还可增加胚胎的存活率,减少乳房炎的发生率,减少母猪哺乳期间的体况消耗和增加使用年限等。

（2）抓住两个关键期

妊娠母猪的饲养应抓住两个关键时期。第一个关键时期是在母猪妊娠后 20 d 左右。这一时期是受精卵附植到子宫角的不同部位,并逐渐形成胎盘的时期。在胎盘未形成前,胚胎很容易受环境条件的影响,在饲养管理上要给予特殊照顾。日粮营养要全面,不要喂霉烂变质、有毒饲料,禁饮冰水或喂以冰冻饲料,预防患高烧性疾病。第二个关键时期是母猪妊娠期的 90 d 到产前的 3~5 d。这一时期胎儿的生产发育与增重特别迅速,母猪消化能力特别强,体重增加很快,所需营养显著增加。另外,胎儿体积迅速增加,子宫膨胀,消化器官受到挤压,消化机能受到影响。因此,这个时期要逐渐减少青粗饲料,增加精饲料,这样才能满足母猪体重与胎儿生长发育迅速增长的需要。蛋白饲料和能量饲料用在妊娠后期,尤其是最后 20 ~ 30 d,应尽力加料。

(3)灵活掌握日粮饲喂量

妊娠母猪日粮量应根据母猪年龄、胎次、体况、体重、舍内温度等灵活掌握。一般 175 ~ 180 kg 经产妊娠母猪为:前期(40 d 内)2 kg 左右,中期(41 ~ 80 d)为 2.1 ~ 2.3 kg,后期(82 d 后)2.5 kg 左右。青年母猪可相应增加日粮量 10% ~ 20%,以确保自身继续生长发育的需要,圈舍寒冷可增加日粮 10% ~ 20%。整个妊娠期间母猪的增重要求控制在 35 ~ 45 kg 为宜,其中前期一半,后期一半。青年母猪第 1 个妊娠期增重达 45 kg 为宜。

(4)全期供应全价平衡日粮

在妊娠后 20 d 内应对母猪加强营养,让母猪迅速恢复体况,这个时期胚胎需要的营养虽不多,能量水平可以稍低一些,但各种营养成分要平衡,最好供给全价配合饲料,必须保证蛋白质、矿物质、微量元素及维生素的供给,在保证日粮全价性的基础上,可根据母猪的膘情降低精料给量。妊娠 20 d 后母猪体况已经恢复,食欲增加,代谢旺盛,在日粮中可适当增加一些青饲料、优质粗饲料和糟渣类饲料替代精饲料。而妊娠后期,胎儿发育很快,除了保证日粮的全价性,需要增加精料量,保证蛋白质及能量的供给。否则,必然会导致死胎、弱胎增多,产仔数减少,产后泌乳不佳。防止限饲过度或饲料单一,母猪孕期营养贮备不足,仔猪初生重轻、生活力弱,母猪泌乳力差、断奶时过度消瘦,产后发情延迟等。

(5)妊娠母猪应限制饲喂

生产实践证明:妊娠母猪限制饲养有以下几个益处:①可以增加胚胎存活;②减少母猪难产;③减少母猪压死出生仔猪可能性;④减少母猪哺乳期失重;⑤有利于母猪泌乳期食欲旺盛;⑥降低养猪饲料成本;⑦减少乳房炎发病率;⑧减少肢蹄病发生率;⑨延长母猪使用寿命。

整个妊娠期间母猪的增重控制应在 30 ~ 45 kg 为宜,其中前期一半,后期一半。青年母猪第 1 个妊娠期增重达 45 kg 左右为宜;第 2 个妊娠期增重 40 kg 左右;第 3、4 产增重 35 kg 左右;5 产以上母猪妊娠期增重 30 kg 左右为宜。妊娠母猪后期达八成半膘为适宜,过瘦过胖均不利。

妊娠母猪应限制饲喂的方法如下:

①单栏饲养法。利用单栏饲养栏单独饲喂,最大限度地控制母猪饲料摄入,可节省一定的饲料成本,同时避免母猪因抢食发生咬架,减少机械性流产和仔猪出生前的死亡。但有些人反映由于限位栏面积过小,母猪无法趴下,长期站立,肢蹄病发生率增加,母猪计划外淘汰率增加。

②隔日饲喂法。此饲养方法适于群养母猪,也就是将一群母猪一周的日粮集中 3 d 喂饲,使用前应设计一个饲喂计划表,允许母猪在一周的 3 d 中每日自由采食 8 h,剩余 4 d 不再投料,但要保证清洁爽口的饮水。

每周合计喂料 16.5 ~ 18.9 kg,平均每头母猪日粮为 2.3 ~ 2.7 kg,此方法不能防止胆小体弱母猪吃不饱,造成一栏母猪体况不均或者影响胚胎生长发育。隔日饲喂法要求必须有一个宽阔的投料面积,每头母猪都会有采食位置,以免咬架。另外饲喂时间不要过短,保证每头母猪 1 次采食吃饱,见表 4-14。

表 4-14　饲喂计划表实例

周一	周二	周三	周四	周五	周六
8 h 自由采食	停喂	8 h 自由采食	停喂	8 h 自由采食	停喂
5.5 ~ 6.3 kg		5.5 ~ 6.3 kg		5.5 ~ 6.3 kg	

③日粮稀释法。在饲粮配合时使用一些高纤维饲料,如苜蓿草粉、干燥的酒糟、麦麸等稀释饲料能量浓度。稀释后的日粮具有较好的饱腹感,防止饥饿躁动及影响其他母猪休息,也降低饲料成本。

④母猪电子识别饲喂系统。使用电子饲喂器,自动供给每个母猪预定的料量,计算机控制饲喂器,计算机通过母猪的磁性耳标或颈圈上的传感器识别个体,母猪采食时,就会自觉来到饲喂器前,计算机就分给它日料量的一小部分,当采食量到达限制食量时,饲喂器会对该猪自动闭合,一台饲喂器可饲养 40 ~ 60 头母猪,生产效益大大提高,见表 4-15。

表 4-15　荷兰 4 个使用母猪饲喂系统猪场的生产性能

猪场	母猪/头	年产胎次	产活仔数/头	母猪年产断奶仔猪数/头	返情率/%
Van Dam	350	2.44	13.00	28.30	9.00
Verhaegh	300	2.33	11.98	25.60	3.60
Wellink	300	2.41	11.89	25.93	8.00
Majo	650	2.40	12.40	27.50	9.00
平均		2.40	12.32	26.83	7.40

(二)妊娠母猪的管理

1.小群或单栏饲养

小群饲养就是将配种期相近、体重大小和性情相近的 3 ~ 5 头母猪放在一个圈饲养,妊娠后期每圈饲养 2 ~ 3 头,生产前 3 d 再进入产仔舍。小群饲养的优点是妊娠母猪可以自由运动,吃食时由于争抢可促进食欲;缺点是如果分群不当,胆小的母猪吃食少,影响胎儿的生长发育。单栏饲养也称禁闭式饲养。妊娠母猪从空怀阶段开始到妊娠产仔前均饲养在宽 60 ~ 70 cm、长 2.2 m 的栏中。单栏饲养优点是采食量均匀,没有相互碰撞;缺点是不能自由运动,肢蹄病较多。妊娠母猪最好单栏饲养,母猪群饲比单饲增加 5% ~ 15% 的饲料。

2.创造良好环境

妊娠母猪最适宜的环境温度为 15 ~ 21 ℃,湿度为 45% ~ 65%。母猪妊娠后,保持环境安静和母猪充分休息是饲养管理的重点,有利于受精卵的着床,减少胚胎的损失和流产。注意保持猪舍及猪体的清洁卫生;注意通风换气,保证猪舍空气清新;保持冬暖夏凉,夏季温度不能超过 32 ℃,否则易引起胚胎死亡或中暑流产;猪圈平坦,不要过于光滑,要有一定坡度便于冲刷,一般为 3% 左右坡度。

3. 适当运动

妊娠母猪适当运动,可以增强体质,有利于母体健康与胎儿发育,避免难产。无运动通道的猪舍,可在圈栏南墙留一个供母猪出入运动场的小门,其宽度 0.6 ~ 0.7 m、高 1 m,便于母猪出入舍外运动栏,也可赶至圈外运动。有条件的猪场可以进行放牧运动,产前 1 周应停止运动。据日本同行介绍,采取特制的泥池运动,既增强运动,又可避免互相挤撞打架。

4. 产前免疫

妊娠母猪产前免疫的目的在于保证仔猪通过吸食母猪初乳获得母源被动性免疫。对母猪进行预防注射的日期应安排在预产前并隔开较长时间,以便母猪有足够时间产生和积累抗体。一般认为产前 3 周适合于大多数疫苗的免疫预防注射工作。

5. 其他方面

饲养人员要加强责任心,细心照顾,切不可粗暴对待。保证饲料质量,不吃冰冻发霉的饲料,供给清洁充足的饮水。如果配种后需要并圈,最好在 50 ~ 60 d 进行。初配母猪妊娠后应进行乳房按摩,有利于乳腺系统发育,有利于泌乳。如果有寄生虫要进行体内外寄生虫的驱除工作,注意掌握用药剂量和用药时间,谨防中毒。母猪在妊娠 15 周时使用 0.1% 的高锰酸钾溶液(35 ~ 38 ℃)进行全身淋浴消毒,猪身体干后迁入分娩舍待产,这个时期可根据疾病的流行情况,产前在饲粮中添加抗生素 1 周,预防一些疾病发生,如支原净 100 mg/kg,强力霉素 100 mg/kg,连喂 7 d。

技能训练

技能一 母猪早期妊娠诊断

一、目的及要求

掌握早期诊断母猪妊娠的常规方法。

二、设备和材料

母猪配种记录卡、配种后 3 ~ 5 周以上的母猪若干头、超声波诊断仪、耦合剂、记录本等。

三、方法和手段

学生先分组,收集各栋母猪舍的配种记录卡,找到配种后 3 ~ 5 周以上的母猪,并认真观察母猪生理和行为变化等,对是否妊娠作出判断;在教师指导下,饲养员现场用超声波诊断仪对可疑母猪进行超声波诊断,然后学生动手亲自操作判断。

四、妊娠诊断的内容

结合猪场实际条件,采取观察法、超声波诊断法对妊娠母猪进行早期诊断。

(一)观察法

学生认真观察母猪的采食行为、睡眠情况、活动行为、体形变化等,并做出综合评判。

妊娠母猪食欲旺盛、喜欢睡眠、行动稳重、性情温顺、喜欢趴卧,尾巴常下垂不爱摇摆,被毛有光泽,体重增加。观其阴户,可见母猪阴户收缩紧闭成一条线,这些均为妊娠母猪的综合表征。但个别母猪在配种后3周左右出现假发情现象,具体表现是发情持续时间短,一般只有1~2 d。对公猪不敏感,虽然稍有不安,但不影响采食。应根据以上表征给予区别。学生可以让饲养员指定空怀母猪和确定已妊娠母猪进行整体区别,增加诊断准确性及诊断印象。

（二）超声波诊断法

采用超声波妊娠诊断仪对母猪腹部进行扫描,观察胚胞液或心动的变化,这种方法在配种20~29 d时有较高的检出率,可直接观察胎儿的心动。

首先打开电源开关,并在母猪腹部底部后侧的腹壁上（最后乳头上方5~8 cm处）涂一些耦合剂,然后将超声波诊断仪的探头紧贴在测量部位,如果诊断仪发出连续响声,说明该母猪已妊娠;如果诊断仪发出间断响声,并且经几次调整探头方向和方位均无连续响声,说明该母猪没有妊娠,应及时告知饲养员或技术员,以便观察其发情情况,再度配种。

无论采取哪一种诊断方式,一经确定其妊娠与否,都要做好记录,以便采取相应的饲养管理措施。

五、报告

现有一群母猪,根据所学知识,对母猪进行妊娠诊断,并填写诊断报告（表4-16）。

表4-16 早期妊娠诊断结果

栋栏号	母猪品种	母猪耳号	诊断方法		结果
			观察法	超声波诊断法	

技能二 拟订保胎防流计划

一、目的及要求

通过分析妊娠母猪死胎流产的原因,找出相应的预防治疗措施,并拟订1份较为全面的保胎防流计划,以提高学生对妊娠母猪的饲养管理水平。

二、设备和材料

猪场中繁殖母猪的饲养与管理记录、生产记录,主要是死胎、流产、木乃伊情况等记录资料。

三、方法和手段

学生先分组,收集各猪舍死胎、流产情况的记录资料,在教师指导下分析妊娠母猪死胎、流产的原因,学生结合资料进行分组讨论,最后每位同学拟订1份保胎防流计划。

四、拟订计划的内容

在分析妊娠母猪死胎、流产原因(饲料、管理、疾病、近亲等)的基础上,结合猪场具体实际,可从以下几个方面取舍,有针对性地拟订计划(仅供参考)。

（一）饲粮的营养水平和全价性

饲粮的营养水平和全价性是维持母猪内分泌的正常水平、防止胎儿因营养不足而死亡的前提。坚持使用全价平衡的配合性饲料。在母猪发育和怀孕的各个阶段掌握饲料的用量,合理使用维生素E等维生素和钙、磷等微量元素。应根据母猪妊娠前期、中期和后期对营养的不同需求提供不同的饲料。在妊娠前期能量不可过高,否则会增加胚胎死亡率。

（二）严格饲料安全制度

把好饲料的进货、运输、储存、饲喂关。坚决杜绝使用霉变、含毒的饲料喂母猪。妊娠全期严禁喂给发霉变质、有刺激性的饲料,以防胚胎中毒引起流产。应尽量避免使用或少用棉籽饼和豆科牧草、葛科牧草。不乱用药物和随意加大剂量。

（三）避免机械性伤害

妊娠母猪的日常管理,要避免几头母猪混养一圈造成争食、挤压,避免防止剧烈活动、拥挤、咬斗等现象发生。绝不能以惊吓、追赶、暴打等粗暴的行为对待母猪,以免引起母猪因机械性伤害导致的流产。

（四）防止冷、热应激

妊娠期间,要保持圈舍安静,避免生人靠近,防止宠物或小动物骚扰,禁止出现过强的噪声,保证母猪不受任何干扰。在炎热的夏季和寒冷的冬季,特别注意给妊娠母猪防暑降温和保暖防寒。防止热、冷应激造成胚胎死亡导致的流产,不给妊娠母猪喂冰冻饲料。要求环境温度控制为$15\sim25\ ℃$,相对湿度控制为$45\%\sim65\%$。做好夏季防暑、冬季保温,尽量减少因天气变化、人为因素对母猪造成的应激。

（五）搞好疾病防治

重视卫生消毒和疫病防治,加强对巴氏杆菌病、细小病毒病、伪狂犬病、钩端螺旋体病、乙型脑炎、弓形体病、感冒—发烧、生殖系统炎症、中暑等疾病的预防,防止因热性病导致流产。应根据本地区以及本场疫病的发生、流行情况制订合理的防疫程序,加强免疫。某种传染病在本场发生时,应及时采取药物治疗。定期带猪消毒,防止传染病发生。

（六）后期控制喂量

配种怀孕后,母猪采食量迅速增加,如果任其自由采食,体膘增加很快,不但容易导致死胎,还容易引起难产。妊娠期净增重保持在20 kg左右为宜。

（七）防止近亲交配和早配

近亲交配,配种年龄过早导致胚胎发育差,造成流产。淘汰有遗传缺陷、繁殖障碍的母猪。母猪发生流产后,除根据引发母猪流产的疾病进行合理的药物治疗和营养治疗外,还应对流产母猪的生殖器官进行合理的恢复性治疗。在母猪痊愈和自然发情后再进行配种,对催情药物的使用应遵循少用或不用的原则。

五、报告

针对猪场存在的妊娠母猪死胎流产情况,拟订 1 份切实可行的保胎防流计划。

💻 企业标准

配种妊娠舍饲养管理技术操作规程

一、工作目标

①按计划完成每周配种任务,保证全年均衡生产。
②保证配种分娩率在 85% 以上。
③保证窝平均产活仔数在 10 头以上。
④保证后备母猪合格率在 90% 以上(以转入基础群为准)。

二、工作日程

日班工作时间为:每日 7:30—11:30,14:00—17:30。
工作时间随季节变化,工作日程作相应的前移或后移。
7:30—9:00　发情检查(采精、输精)、配种;
9:00—9:30　喂饲;
9:30—10:30　观察猪群、治疗;
10:30—11:30　清理卫生、其他工作;
14:00—15:30　冲洗猪栏猪体、其他工作;
15:30—17:00　发情检查(采精、输精)、配种;
17:00—17:30　喂饲。

三、操作规程

(一)发情鉴定

发情鉴定最佳方法是母猪喂料后半小时表现平静时进行(由于与喂料时间冲突,主要用于鉴定困难的母猪),每天进行 2 次发情鉴定,上下午各 1 次,检查采用人工查情与公猪试情相结合的方法。配种员所有工作时间的 1/3 应放在母猪发情鉴定上。母猪的发情表现有:①阴门红肿,阴道内有黏液性分泌物;②在圈内来回走动,频频排尿;③出现神经质,食欲差;④压背静立不动;⑤互相爬跨,接受公猪爬跨。

也有的母猪发情不明显,发情检查最有效方法是每日用试情公猪对母猪进行试情。

（二）配种

1.配种程序

①先配断奶母猪和返情母猪,然后根据满负荷配种计划有选择地配后备母猪,后备母猪和返情母猪需配够3次。

②初期实施人工授精采用"1+2"配种方式,即第1次本交,第2、3次人工授精;条件成熟时推广"全人工授精"配种方式,并应由3次逐步过渡到2次。

③配种间隔:在1周内正常发情的经产母猪:上午发情,下午配第1次,次日上、下午配第2、3次;下午发情,次日早配第1次,下午配第2次,第3日下午配第3次。断奶后发情较迟(7 d以上)及复发情的经产母猪、初产后备母猪要早配(发情即配第1次),至少应配3次。

2.具体方法

①本交选择大小合适的公猪,把公母猪赶到圈内宽敞处,防止地面打滑。

②辅助配种:一旦公猪开始爬跨,立即给予帮助。必要时,用腿顶住交配的公母猪,防止公猪抽动过猛母猪承受不住而中止交配。站在公猪后面辅助阴茎插入阴道。使用消毒手套,将公猪阴茎对准母猪阴门,使其插入,注意不要让阴茎打弯。整个配种过程配种员不准离开,配完1头再配下1头。

③观察交配过程,保证配种质量,射精要充分(射精的基本表现是公猪尾根下方肛门扩张肌有节律地收缩,力量充分),每次交配射精2次即可,有些副性腺或液体从阴道流出。整个交配过程不得人为干扰或粗暴对待公母猪。配种后母猪赶回原圈,填写公猪配种卡、母猪记录卡。

④配种时,公母大小比例合理,有些第1次配种的母猪不愿接受爬跨,性欲较强的公猪有利于完成交配。

⑤参照"老配早,少配晚,不老不少配中间"的原则,胎次较高(5胎以上)的母猪发情后,第1次适当早配;胎次较低(2～5胎)的母猪发情后,第1次适当晚配。

⑥高温季节宜在上午8时前,下午5时后进行配种。最好饲前空腹配种。

⑦做好发情检查及配种记录,发现发情母猪,及时登记耳号、栏号及发情时间。

⑧公猪配种后不宜马上淋浴和剧烈运动,也不宜马上饮水,如喂饲后配种必须间隔半小时以上。

（三）断奶母猪的饲养管理

①断奶母猪的膘情至关重要,要做好哺乳后期的饲养管理,使其断奶时保持较好的膘情。

②哺乳后期不要过多削减母猪喂料量,抓好仔猪补饲、哺乳,减少母猪哺乳的营养消耗,适当提前断奶。

③断奶前后1周内适当减少哺乳次数,减少喂料量以防发生乳房炎。

④有计划地淘汰7胎以上或生产性能低下的母猪,确定淘汰猪最好在母猪断奶时进行。

⑤母猪断奶后一般在3～7 d开始发情,此时注意做好母猪的发情鉴定和公猪的试情工作。母猪发情稳定后才可配种,不要强配。

⑥断奶母猪可喂哺乳料,日喂 2 餐,日喂 2.5 ~ 3 kg,推迟发情的断奶母猪优饲,日喂 3 ~ 4 kg。

(四)返情、超期空怀、不发情母猪饲养管理

①配种后 21 d 左右用公猪对母猪做返情检查,以后每月做 1 次妊娠诊断。

②妊检空怀母猪放在观察区,及时复配。妊检空怀母猪转入配种区要重新建立母猪卡。

③每头每日喂料 3 kg 左右,日喂 2 次。过肥过瘦应调整喂料量,膘情恢复正常再配。

④超期空怀、不正常发情母猪要集中饲养,每天放公猪进栏追逐 10 min 或放运动场公母混群运动,观察发情情况。

⑤体况健康、正常的不发情母猪,先采取饲养管理综合措施(如诱情),然后再选用激素治疗。

⑥不发情或屡配不孕的母猪可对症使用 PG600、血促性素、绒促性素、排卵素、氯前列烯醇等外源性激素。

⑦长期病弱或空怀 2 个情期以上,应及时淘汰。

(五)妊娠母猪的饲养管理

①所有母猪配种后按配种时间(周次)在妊娠定位栏编组排列,怀孕料分 3 个阶段按标准饲喂。

②每次投放饲料要准、快,以减少应激。要给每头猪足够的时间吃料,不要过早放水进食槽,以免造成浪费。根据母猪的膘情调整投料量,见表 4-17。

表 4-17　母猪的膘情分级系统

膘情分级	母猪体况表现
瘦弱级	脊柱、腰角、肋骨非常明显,脊椎历历可数
十分瘦级	尖脊、削肩,不用压力便可辨脊柱,膘薄,大腿少肌肉
稍瘦级	脊柱尖,稍有背膘(配种最低条件)
标准级	身体稍圆,肩膀发达有力(配种理想条件)
稍肥级	平背圆膘、胸肉饱满,肋部丰厚(分娩前理想状态)
肥胖级	太肥,体型横、背膘厚

③不喂发霉变质饲料,防止中毒。

④减少应激,防流保胎。

⑤妊娠诊断:在正常情况下,配种后 21 d 左右不再发情的母猪即可确定妊娠。其表现为:贪睡、食欲旺、易上膘、皮毛光、性温顺、行动稳、阴门下裂缝向上缩成一条线等。做好配种后 18 ~ 65 d 内的复发情检查工作。

⑥对妊娠母猪定期进行评估,按妊娠阶段分 3 区段进行饲喂和管理。妊娠 1 个月内的喂料量为 1.8 ~ 2.2 kg/(d·头),妊娠中期 2 个月内的喂料量为 2.0 ~ 2.5 kg/(d·头),妊娠最后 1 个月的喂料量为 2.8 ~ 3.5 kg/(d·头),产前 1 周开始喂哺乳料,并适当减料(表 4-18)。

表 4-18　妊娠阶段 3 区段饲喂量

妊娠阶段	喂料量/($kg \cdot d^{-1} \cdot$ 头$^{-1}$)
妊娠 1 个月内	1.8 ~ 2.2
妊娠中期	2.0 ~ 2.5
妊娠最后 1 个月	2.8 ~ 3.5

⑦预防烈性传染病发生,预防中暑,防止机械性流产。

⑧按免疫程序做好各种疫苗的免疫接种工作。

⑨妊娠母猪临产前一周转入产房,转入前冲洗消毒,并同时驱体内外寄生虫。

任务四　猪的接产

📖 知识准备

一、母猪预产期的推算

母猪从交配受孕日期至开始分娩,妊娠期一般在 108 ~ 123 d,平均大约 114 d。母猪配种以后,根据母猪的配种日期可推算预产期,以便做好接产准备。在生产中,妊娠母猪预产期的推算方法有如下 3 种。

(一)"三三三"法

此法是常用的计算方法,即从配种日期算起,往后计 3 个月加 3 周再加 3 d。

(二)算式推出法

一种为"八七法",即从母猪交配受孕的月份减 8 个月,交配受孕日期减 7 d,不分大月、小月和平月,平均每月按 30 日计算,得数即母猪妊娠的大约分娩日期。此法也较简便易记。例如,配种期为 12 月 20 日,12 月减 8 个月为 4 月,再把配种日期 20 日减 7 d 是 13 日,故母猪分娩日期大约在 4 月 13 日。

另一种为"四八法",即从母猪交配受孕月份加 4 个月,交配受孕日期减 8 d,得出的数就是母猪的大致预产期。用这种方法推算月加 4 个月,不分大月、小月和平月,但日减 8 d 要按大月、小月和平月计算。例如,配种日期为 12 月 20 日,12 月加 4 个月为 4 月,20 日减 8 d 为 12 日,即母猪的妊娠日期大约在 4 月 12 日。使用上述推算法,如月不够减,可借 1 年(即 12 个月),日不够减可借 1 个月(按 30 d 计算);如超过 30 d 进 1 个月,超过 12 个月进 1 年。用此推算法比"三三三"推算法更为简便,可用于推算大群母猪的预产期。

(三)查表法

见表 4-19,通过查找配种月份与配种日期直接找到对应的产期,速度更快,节省时间,更适合于推算大群母猪的预产期。

表 4-19　母猪分娩日期推算表

配种	1月	2月	3月	4月	5月	6月	7月	8月	9月	10月	11月	12月
1日	4.25	5.26	6.23	7.24	8.23	9.23	10.23	11.23	12.24	1.23	2.23	3.25
2日	4.26	5.27	6.24	7.25	8.24	9.24	10.24	11.24	12.25	1.24	2.24	3.26
3日	4.27	5.28	6.25	7.26	8.25	9.25	10.25	11.25	12.26	1.25	2.25	3.27
4日	4.28	5.29	6.26	7.27	8.26	9.26	10.26	11.26	12.27	1.26	2.26	3.28
5日	4.29	5.30	6.27	7.28	8.27	9.27	10.27	11.27	12.28	1.27	2.27	3.29
6日	4.30	5.31	6.28	7.29	8.28	9.28	10.28	11.28	12.29	1.28	2.28	3.03
7日	5.1	6.1	6.29	7.30	8.29	9.29	10.29	11.29	12.30	1.29	3.1	3.31
8日	5.2	6.2	6.30	7.31	8.30	9.30	10.30	11.30	12.31	1.30	3.2	4.1
9日	5.3	6.3	7.1	8.1	8.31	10.1	10.31	12.1	1.1	1.31	3.3	4.2
10日	5.4	6.4	7.2	8.2	9.1	10.2	11.1	12.2	1.2	2.1	3.4	4.3
11日	5.5	6.5	7.3	8.3	9.2	10.3	11.2	12.3	1.3	2.2	3.5	4.4
12日	5.6	6.6	7.4	8.4	9.3	10.4	11.3	12.4	1.4	2.3	3.6	4.5
13日	5.7	6.7	7.5	8.5	9.4	10.5	11.4	12.5	1.5	2.4	3.7	4.6
14日	5.8	6.8	7.6	8.6	9.5	10.6	11.5	12.6	1.6	2.5	3.8	4.7
15日	5.9	6.9	7.7	8.7	9.6	10.7	11.6	12.7	1.7	2.6	3.9	4.8
16日	5.10	6.10	7.8	8.8	9.7	10.8	11.7	12.8	1.8	2.7	3.10	4.9
17日	5.11	6.11	7.9	8.9	9.8	10.9	11.8	12.9	1.9	2.8	3.11	4.10
18日	5.12	6.12	7.10	8.10	9.9	10.10	11.9	12.10	1.10	2.9	3.12	4.11
19日	5.13	6.12	7.11	8.11	9.10	10.11	11.10	12.11	1.12	2.10	3.13	4.12
20日	5 14	6.14	7.12	8.12	9.11	10.12	11.11	12.12	1.13	2.11	3.14	4.13
21日	5.15	6.15	7.13	8.13	9.12	10.13	11.12	12.13	1.14	2.13	3.15	4.14
22日	5.46	6.16	7.14	8.14	9.13	10.14	11.13	12.14	1.15	2.13	3.16	4.15
23日	5.17	6.17	7.15	8.15	9.14	10.15	11.14	12.15	1.16	2.14	3.17	4.16
24日	5.18	6.18	7.16	8.16	9.15	10.16	11.15	12.16	1.17	2.15	3.18	4.17
25日	5.19	6.19	7.17	8.17	9.16	10.17	11.16	12.17	1.18	2.16	3.19	4.18
26日	5.20	6.20	7.18	8.18	9.17	10.18	11.17	12.18	1.19	2.17	3.20	4.19
27日	5.21	6.21	7.19	8.19	9.18	10.19	11.18	12.19	1.20	2.18	3.21	4.20
28日	5.22	6.22	7.20	8.20	9.19	10.20	11.19	12.20	1.21	2.19	3.22	4.21
29日	5.22	—	7.21	8.21	9.20	10.21	11.20	12.21	1.22	2.20	3.23	4.22
30日	5.24	—	7.22	8.22	9.21	10.22	11.21	12.22	—	2.21	3.24	4.23
31日	5.25	—	7.23	—	9.22	—	11.22	12.23	—	2.22	—	4.24

二、母猪分娩前的准备工作

(一)产房的准备

1. 分娩栏的准备

准备充足的分娩栏,其所需要数量根据工厂化猪场和非工厂化猪场两种情况分别计算。

工厂化猪场所需分娩栏的数量=周分娩窝数×(使用周数+1)

例如,某一个猪场每周分娩 35 窝,仔猪 3 周断奶,则该场应准备分娩栏为 35×(3+1)=140 个;非工厂化猪场所需数量的计算方法,首先根据仔猪断奶时间和以往母猪分娩率(一般为 85%),计算全年猪场产仔窝数,然后根据断奶时间、母猪待产时间和分娩栏消毒准备时间,计算每一个分娩栏年使用次数。

$$非工厂化猪场全年需要分娩栏数=\frac{全年产仔窝数}{分娩栏年使用次数}$$

例如,某一个猪场有基础母猪 100 头,仔猪实行 4 周断奶,母猪在分娩栏待产和分娩栏消毒时间 1 周。则该场全年产仔窝数为 100×365÷(114+28+7)×85%≈208 窝,分娩栏年使用次数=52/(4+1)=10.4 次,全年需要分娩栏=208/10.4≈20 个,该猪场应准备分娩栏至少 20 个。

2. 产房的清洗、消毒、调温

产前清洗、消毒事关重要。腹泻是育仔中最大难题之一,而腹泻发生的主要原因是不良环境中的病毒、细菌和寄生虫等,另外母猪分娩后体力下降,各种病原微生物乘虚而入,也常引起母猪产后发烧拒食。因此,在产前 5～10 d,要将空栏的产房清扫干净,用高压水枪冲洗,用复合有机碘制剂或复合醛制剂对地面、墙壁、栅栏、食槽进行大消毒。最好再用火焰喷射器对栅栏和死角做高温消毒。其后通风、干燥,舍内相对湿度以 65%～75% 为宜。调试舍内所有的保暖设备,将舍温控制在 18～22 ℃,仔猪箱温度控制为 32～34 ℃,检修设备,保证设备完好与安全使用。没有采暖设备的产房,入冬前应备好干燥、柔软、铡短的(20 cm 左右)垫草备用。

(二)用具与药品准备

产前可根据需要准备洁净的毛巾、抹布、水桶、水盆、碘酊(或碘伏)、催产药物、剪刀、缝合针和缝合线,备用保险丝、灯泡及风灯。若冬季分娩,还应准备防寒用品,最好再预备一些 25% 的葡萄糖液,以做抢救仔猪用。种猪场还应准备记录本、秤、耳号钳子或耳标钳子和耳标,最好备有产科包(图 4-13)。

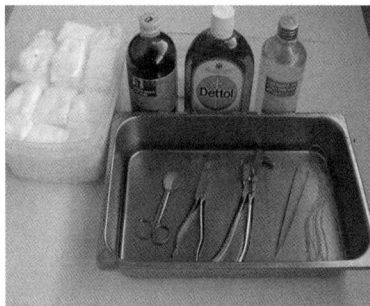

图 4-13 接产用具

(三)母猪准备

为使母猪适应新的环境,应在分娩前3~5 d将母猪赶入分娩舍。母猪进入分娩舍之前,清洗猪体污物,尤其是腹部、乳房、阴户周围的污物(图4-14),最后用复合有机碘制剂(如喷雾灵)对猪进行消毒。

图4-14 接产前清洗

(四)接产人员准备

产前接产人员必须将指甲剪短、磨光、洗净双手准备接产。

三、母猪的分娩

(一)产前征兆

母猪临产前在生理和行为上会发生一系列变化(产前征兆),掌握这些变化规律既可防止漏产,又可合理安排时间。因此,饲养员应掌握母猪的一些产前征兆。

1.乳房

母猪腹部膨大下垂,乳房膨胀有光泽,两侧乳头外张,从后面看,最后一对乳头呈"八字形",用手挤压有乳汁排出。一般初乳在分娩前数小时或一昼夜就开始分泌,个别产后才分泌。但营养较差的母猪,乳房的变化不十分明显,依靠综合征兆做出判断。

2.骨盆

骨盆开张,尾根两侧下陷,俗称"踏胯"。

3.外阴部

母猪阴户松弛红肿,流出稀薄黏液,称为"破水",以此判断母猪即将分娩。

4.行为

母猪产前行动不安,叼草做窝,尾巴摇摆,频频排尿,时起时卧,呼吸急促,待母猪侧卧,四肢伸直,阵缩间隔时间逐渐缩短,则母猪即将分娩。具体产前表现与分娩时间见表4-20。

表4-20 母猪产前表现与分娩时间

母猪产前表现	距分娩时间
乳房胀大,两侧乳头外张,乳房红晕、丰满	4~5 d
阴户红肿,尾根两侧下陷	3~5 d

续表

母猪产前表现	距分娩时间
部分母猪乳房可以挤出清乳	2 ~ 3 d
多数母猪乳汁乳白色、浓稠	12 ~ 24 h
衔草做窝或前肢出现搂草动作	6 ~ 10 h
侧卧、四肢伸直,阵缩间隔时间缩短	0.5 ~ 1 h
阴户流出稀薄黏液	1 ~ 20 min

(二)分娩过程

分娩借助子宫和腹肌的收缩,把胎儿及其附属膜(胎衣)排出来。分娩过程可分为准备阶段、排出胎儿、排出胎盘及子宫复原4个阶段。

1. 准备阶段

在准备阶段前,子宫相当安稳,可利用的能量储备达到最高水平。临近分娩前,肌肉的伸缩性蛋白质即肌动球蛋白也开始增加数量和改进质量,因此子宫能够提供排出胎儿所必需的能量和蛋白质。准备阶段以子宫颈的扩张和子宫纵肌及环肌的节律性收缩为特征。由于这些收缩的开始,胎水(胎内羊水、尿水液)和胎膜推向已松弛的子宫颈,促进子宫颈扩张。在准备阶段初期,以每15 min左右周期性地发生收缩,每次持续约20s,随着时间的推移,收缩频率、强度和持续时间增加,一直到以每隔几分钟重复地收缩。这时任何一种异常的刺激都会造成分娩的抑制,从而延缓或阻碍分娩。在此阶段结束时,子宫颈扩张而使子宫和阴道成为一个相连续的管道。

2. 排出胎儿

膨大的羊膜与胎儿头和四肢部分被迫进入骨盆入口,这时引起横膈膜和腹肌的反射性及随意性收缩,在羊膜里的胎儿即通过阴门。一般正常的分娩间歇时间为5 ~ 25 min,分娩持续时间依胎儿多少而有所不同,一般为1 ~ 4 h。

3. 排出胎盘

胎盘的排出与子宫收缩有关。子宫角顶部开始的蠕动性收缩引起尿囊绒毛膜的内翻,有助于胎盘排出。在胎儿排出后,母猪即安静下来,在子宫主动收缩下胎衣排出,一般在仔猪全部产出后10 ~ 30 min胎盘排出。

4. 子宫复原

胎儿和胎盘排出以后,子宫恢复到正常未妊娠时的大小,这个过程称为子宫复原,大致在28 d以后,子宫恢复到正常大小,而且替换子宫上皮。在子宫复原过程中,母猪产后初期阴道流出红褐色恶露,以后变为黄褐色,最后为无色透明液,整个过程约10 d,若时间过长,称为恶露不尽,说明子宫有病理变化,需要及时治疗。

(三)助产

在母猪分娩过程中,胎儿不能顺利产出称为难产。母猪分娩一般都很顺利,但有时也发生难产,发生难产时,若不及时采取措施,可能造成母仔双亡,即使母猪幸免而生存下来,也易发生生殖器官疾病,导致不育。

1. 难产原因

(1)母猪方面的原因

①产道狭窄性难产。多见于初产母猪,由于母猪配种怀孕后还处于生长发育阶段,骨盆口太小,虽然母猪经强烈的子宫收缩,但胎儿排不出子宫口造成难产。

②产力虚弱性难产。多见于体弱、有疾病、高胎次或产仔多的母猪。疲劳造成子宫收缩无力,无法将胎儿排出产道,引起难产。

③膀胱积尿性难产。多见于体弱、疾病等原因引起膀胱麻痹,尿液不能及时排出,膀胱积聚大量尿液,挤压产道引起难产。

④外界刺激引起的应激性难产。多见于初产、胆小的母猪,由于受到突然惊吓或分娩环境不安静等外界强烈的刺激,起卧不安,子宫不能正常收缩,引起难产。

⑤母猪过于肥胖、产道畸形、有疾病或发育不良也可能引起难产。

(2)胎儿方面的原因

①胎儿过大性难产。多见于母猪产仔太少,胎儿发育过大引起难产。

②胎位不正性难产。多见于胎儿在产道中姿势不正堵塞产道引起难产。

③畸形胎儿性难产。胎儿畸形不能顺利通过产道,引起难产。

④死胎性难产。胎儿在母体内死亡时间较长,引起胎儿水肿、发胀造成难产。

⑤其他。两头胎儿同时进入产道引起难产,这种情况一般比较少见。

2. 难产的判断方法

①母猪羊水已经流出并不断努责,但已超过 45 min 还没有产出仔猪,可判定为难产。

②母猪已经顺利产出 1 头或几头仔猪,但它仍十分烦躁、极度紧张、呼吸困难、心跳加快,且超过 45 min 仍没有仔猪产出,也可判定为难产。

③产仔完成后,及时收集胎衣并清点脐带头数,如果初生仔猪数比母猪排出的脐带头数少,说明体内还有仔猪,须再助产。

3. 难产救助方法

已经发育完善待产的胎儿,其生命的保障在于及时离开母体,分娩时间延长易造成胎儿窒息死亡。因此,发现分娩异常的母猪应尽早处理,具体救助方法取决于难产的原因及母猪本身的特点。

处理难产时,熟练地掌握"五字"措施。一是"推",接产人员用双手托住母猪后腹部,随着母猪的努责,向臀部方向用力推送,促进胎儿产出。二是"拉",看见仔猪头或腿部时出时进,可用手抓住仔猪的头或腿,随着母猪的努责,轻轻地拉出仔猪。三是"掏",母猪用力努责,仔猪还是产不下来,这时可用手伸入产道将胎儿掏出。四是"注",肌内注射催产素,促进胎儿产出。五是"剖",如果以上措施无效,可请兽医进行剖宫产。

(四)救助假死仔猪

生产中常常遇到分娩出的仔猪全身松软、不呼吸,但心脏及脐带基部仍在跳动,这样的仔猪称为假死仔猪。一般来说,心脏、脐带跳动有力的假死仔猪经过救助大多可救活。

1. 假死原因

脐带在产道内即拉断;胎位不正,产时胎儿脐带受到挤压或缠绕;仔猪在产道内停留时间过长(过肥母猪、产道狭窄的初产母猪发生较多);仔猪被胎衣包裹;黏液堵塞气管;冬季仔猪产出后,由于气温过低受冻致昏等。

2. 救助方法

①人工呼吸法。应迅速用毛巾或消毒旧布擦干仔猪口鼻部的黏液,再对准仔猪鼻孔吹气,诱发呼吸。

②倒提拍背法。倒提仔猪后腿,促使黏液从鼻腔中排出,并用手连续拍打仔猪臀部,直到发出叫声为止。

③刺激胸部法。用手托住仔猪的头颈和臀部,使腹部向上,用手拉住前肢令其前后伸屈,一紧一松地压迫胸部,若仔猪有哼叫声,说明急救成功。

④温水浸泡法。仔猪浸在 40 ℃的温水中,口鼻露在水面上,约 30 min 也能救活。

个别仔猪产下后包在胎衣中,应立即将胎衣撕破,以免闷死。救助过来的假死仔猪一般较弱,需进行人工辅助哺乳和特殊护理,直至仔猪恢复正常。

(五)清理胎衣及被污染的垫草

母猪在产后 0.5 h 左右排出胎衣,母猪排出胎衣,表明分娩已结束,此时应立即清除胎衣。若不及时清除胎衣,被母猪吃掉,可能会引起母猪形成食仔的恶习。污染的垫草等也应清除,换上新垫草,同时将母猪阴部、后躯等处血污清洗干净、擦干。

四、母猪产后初期的护理

分娩之后,经过一段时间,母猪身体(主要是生殖器官)在解剖和生理上恢复原状,一般称此为产后期。在分娩和产后期中,母猪整个机体,特别是生殖器官发生迅速而剧烈的变化,机体的抵抗力下降。产出胎儿时,子宫颈开张,产道黏膜表层可能造成损伤;产后子宫存有恶露,会为病原微生物的侵入和繁殖创造条件。因此,产后期的母猪应进行妥善的饲养管理,以促进母猪尽快恢复正常。

(一)饲养

1. 饮水

在分娩过程中,母猪的体力消耗很大,体液损失多,常表现疲劳和口渴,因此在母猪产后,最好立即给母猪饮少量含盐的温水,或饮温热的麸皮盐汤,补充体液。

2. 饲养

母猪产后 8~10 h 原则上可不喂料,只喂给温盐水或稀粥状的饲料。分娩后 2~3 d 内,母猪体质较虚弱,代谢机能较差,饲料不能喂得过多,且饲料的品质应是营养丰富、容易消化的。从产后第 3 d 起,视母猪膘情、消化能力及泌乳情况逐渐增加饲料给量,至 1 周左右按哺乳期饲喂量投给。个别体质较虚弱的母猪,过早大量补料反而会造成消化不良,乳质发生变化引发仔猪下痢。产后体况较好、消化能力强、哺育仔猪头数多的母猪,可提前加料,以促进泌乳。为促进母猪消化,改善乳质,防止仔猪下痢,可在母猪产后 1 周内每天喂给 25 g 左右的小苏打,分 2~3 次于饮水时投给。粪便干硬有便秘趋势的母猪,应多给饮水或喂给有轻泻作用的饲料。

3. 催乳

有的母猪因妊娠期间营养不良,产后无奶或奶量不足,应及时进行催乳,否则将导致仔猪发育迟缓甚至饿死,可喂给母猪小米粥、豆浆、胎衣汤、小鱼小虾汤等。膘情好而奶量不足的母猪,除喂给催乳饲料,还可采用药物催乳。

(二)管理

1. 保持产房温暖、干燥和卫生

产房小气候条件恶劣、产栏不卫生均可能造成母猪产后感染,表现恶露多、发烧、食欲降低、乳量下降或无乳,如不及时治疗,轻者导致仔猪发育缓慢,重者导致仔猪全部饿死。因此,搞好产房卫生,经常更换垫草,注意舍内通风,保证舍内空气新鲜。产后母猪的外阴部保持清洁,如尾根、外阴周围有恶露时,应及时洗净、消毒,夏季应防止蚊蝇飞落。必要时母猪注射抗生素,并用温度为 37 ~ 40 ℃的 0.1% 高锰酸钾、0.9% 生理盐水或 0.02% 新洁尔灭等溶液 2000 ~ 3000 mL 冲洗子宫,冲洗后倒出残存溶液,隔 0.5 h 向子宫注入 20 万 ~ 40 万 IU 青霉素或其他抗生素。

2. 运动

从产后第 3 d 起,若天气晴好,母猪带仔或单独到户外自由活动,这对母猪恢复体力、促进消化和泌乳等均有益处,但要防止着凉和受惊,运动量不宜过大。

技能训练

技能一 母猪顺产接产技术

一、目的及要求

根据母猪分娩征兆,正确判断母猪分娩时间,正确进行接产。

二、材料准备

待产母猪、洁净的毛巾或拭布、剪刀、碘酊(或碘伏)、有机碘消毒剂、催产剂、抗生素、凡士林油(或液体石蜡)、称量用具、耳号钳、母猪记录卡等,最好备有产科包。

三、方法和手段

学生作为接产助手观看母猪分娩和接产人员操作过程,处理仔猪体表黏液、断脐、称重、磨牙、断尾,并动手进行接产操作,填写母猪记录卡。

四、方法和步骤

(一)产前准备
学生根据课堂教学内容做好产房、待产母猪、器具、接产人员准备工作。
(二)母猪分娩的征兆
学生根据母猪的分娩征兆,判断母猪临近分娩的时间,并做好记录。

（三）接产步骤

在整个接产过程中，要求安静，禁止大声喧哗，动作迅速准确，以免刺激母猪，引起母猪不安，影响正常分娩。接产者必须将指甲剪短、磨光、洗净双手。在正常情况下，母猪会顺利产出仔猪，待产下后，进行以下处理。

①擦黏液。仔猪产出后，用洁净的毛巾迅速擦干其口、鼻及全身的黏液，以促进血液循环和防止体热散失。如发现胎儿包在胎衣内产出（胎盘前置），应立即撕破胎衣，再抢救仔猪。

②断脐。仔猪产出后，有的脐带自然断开，有的未断。对未断的脐带，应先将脐带内的血液向仔猪腹部方向挤压，然后在离腹部 4 ~ 5 cm 处将脐带钝性撕断，这样其断头不整齐，有利于止血。在断头上涂上碘酊，一般经 2 ~ 4 d 后脐带会干枯而自行脱落。

③保温。将新生仔猪放入仔猪箱中，仔猪体表尽快干燥。仔猪箱温度控制为 32 ~ 34 ℃。

④称重。仔猪身体干燥后称重，做好记录。

⑤吃初乳。仔猪身体干燥后，应尽快把仔猪送到母猪腹下吃初乳，最迟不得晚于 2 h。

⑥做好产后记录：a. 填写母猪记录卡。准确填写母猪记录卡，内容包括母猪胎次、分娩时间、顺产或难产、产仔数（活仔数、弱仔数、死胎数、木乃伊数）、仔猪公母情况等。b. 详细记录分娩持续时间和出生间隔。母猪分娩持续时间平均为 2.5 h（0.5 ~ 3 h），两头仔猪分娩间隔平均为 16 min，如果母猪安静、仔猪间隔 5 ~ 30 min 相继产出，说明产仔正常。相反母猪十分烦躁不安，极度紧张，不断努责，显得十分吃力，并且产仔间隔在 45 min 以上，可能是难产，须引起重视。产仔间隔延长对仔猪健康不利，甚至会造成临产窒息死亡。因此，准确记录仔猪出生间隔对分析全场母猪分娩状况、改进管理是必要的。

五、实训报告

接产操作完成后，填写母猪分娩记录卡报表，并描述母猪分娩过程，书写实训报告（表4-21）。

表 4-21 母猪分娩记录卡

母猪耳号：　　　猪种：　　　父系：　　　母系：　　　出生日期：　　　乳头数：

配种			分娩								断奶			
胎次	日期	公猪	预产期	实产期	产仔数						日期	头数		平均体重
					总数	死胎	弱仔	产活仔数				公	母	
	年月日	品种耳号	年月日	年月日				公	母	窝重	年月日			

技能二　母猪难产助产技术

一、目的及要求

正确判断母猪难产的原因,采取积极的措施实施助产。

二、材料准备

难产母猪、洁净的毛巾或拭布、剪刀、碘酊(或碘伏)、有机碘消毒剂、催产剂、抗生素、凡士林油(或液体石蜡)、长臂手套,最好备有产科包。

三、方法和手段

学生提前做好助产准备工作,再作为助手观看接产人员助产操作过程,学生亲自助产(推、拉、掏、注),分析难产原因,并根据助产体会书写出实训报告。

四、方法和步骤

（一）判断母猪是否难产

学生根据课堂教学内容对母猪是否难产做出判断。

（二）助产操作步骤

①先用温水和消毒剂(新洁尔灭、洗必泰、百毒杀或聚维酮碘等)或温肥皂水彻底洗净母猪的阴户及臀部的污物。

②戴上长臂手套并涂上润滑剂(如液体石蜡),将手卷成锥形,趁母猪努责间歇和产道扩张时伸入手臂。如果母猪右侧卧,就用右手,反之用左手。

③将手用力压,慢慢穿过阴道,进入子宫颈,子宫在骨盆边缘的正下方。

④手进入子宫后,可摸仔猪的头或后腿,根据胎位抓住仔猪的后腿、头、下巴慢慢地把仔猪拉出。注意,不要将胎衣和仔猪一起拉出。

⑤如果两只仔猪在交叉点堵住,先将一只推回,抓住另一只拖出。动作要轻,避免碰伤阴道和子宫颈。

⑥如果胎儿头部过大,母猪骨盆相对狭窄,用手不易拉出,可将打结的绳子伸进仔猪口中套住下巴慢慢拉出。

⑦如果胎位不正,可将胎儿推回子宫进行矫正,一般矫正后即可自然产出。如果无法矫正胎位或其他特殊原因拉出有困难,可将胎儿的某些部分截除,分别取出。在整个助产过程中,必须小心谨慎,尽量防止产道损伤。

⑧如果通过检查发现子宫颈口内无仔猪,可能是子宫阵缩无力,胎儿仍在子宫角未下来,这时可用催产素,促使子宫肌肉收缩,帮助胎儿尽快出生。如果30 min仍未见效,可第二次注射催产素。如果仍然没有仔猪出生,则应驱赶母猪在分娩舍附近平坦地面走动一段时间,产道复位以消除分娩障碍,分娩过程得以顺利进行。

助产后必须给母猪注射抗菌药物,防止泌尿生殖道感染而引起泌乳障碍综合征。

五、报告

分析母猪难产原因,叙述助产过程及注意事项,书写实训报告。

🖥 **企业标准**

分娩舍饲养管理技术操作规程

一、工作目标

①按计划完成母猪分娩产仔任务。
②哺乳期成活率95%以上。
③仔猪3周龄断奶平均体重6.0 kg以上,4周龄断奶平均体重7 kg以上。

二、工作日程

7:30—8:30　母猪、仔猪喂饲;
8:30—9:30　治疗、打耳号、剪牙、断尾、补铁等工作;
9:30—11:30　清理卫生、其他工作;
14:30—16:00　清理卫生、其他工作;
16:00—17:00　治疗、填写报表;
17:00—17:30　母猪、仔猪喂饲。

三、操作规程

(一)产前准备
①空栏彻底清洗,检修产房设备,之后用卫康(含戊二醛)、农福(酚复合物)、消毒威等消毒药连续消毒两次,晾干后备用。第二次消毒最好采用火焰消毒或熏蒸消毒。
②产房温度最好控制在25 ℃左右,湿度65%~75%,产栏安装滴水装置,夏季头颈部滴水降温。
③检验清楚预产期,母猪的妊娠期平均为114 d。
④产前产后3 d母猪减料,以后自由采食,产前3 d开始投喂维力康(维生素C可溶性粉)或小苏打、芒硝,连喂1周,分娩前检查乳房是否有乳汁流出,以便做好接产准备。
⑤准备5%碘酊、0.1% $KMnO_4$ 消毒水、抗生素、催产素、保温灯等药品和工具。
⑥分娩前用0.1% $KMnO_4$ 消毒水清洗母猪的外阴和乳房。
⑦临产母猪提前1周上产床,上产床前清洗消毒,驱体内外寄生虫1次。
⑧产前肌内注射长效土霉素5 mL。
⑨产前产后母猪料添加1~2周呼肠舒(林可霉素+壮观霉素制剂)、强力霉素等,以预防产后仔猪下痢。

（二）判断分娩

①阴道红肿，频频排尿。

②乳房有光泽，两侧乳房外张，用手挤压有乳汁排出，初乳出现后 12 ~ 24 h 内分娩。

（三）接产

①专人看管，接产时每次离开时间不得超过半小时。

②仔猪出生后，应立即将其口鼻黏液清除、擦净，用抹布将猪体抹干，发现假死猪及时抢救，产后检查胎衣是否全部排出，如胎衣不下或胎衣不全可肌注催产素。

③断脐用 5% 碘酊消毒。

④初生仔猪放入保温箱，保持箱内温度 30 ℃ 以上。

⑤帮助仔猪吃上初乳，固定乳头，初生重小的放在前面，大的放在后面。仔猪吃初乳前，每个乳头的最初几滴奶要挤掉。

⑥羊水排出、强烈努责后 1 h 仍无仔猪排出或产仔间隔超过 1 h，即视为难产，需要人工助产。

（四）难产的处理

①有难产史的母猪临产前 1 d 肌内注射律胎素或氯前列烯醇，或预产期当日注射缩宫素。

②临产母猪子宫收缩无力或产仔间隔超过半小时可注射缩宫素，但要注意在子宫颈口张开时使用。

③注射催产素仍无效或由于胎儿过大、胎位不正、骨盆狭窄等造成难产应立即人工助产。

④人工助产时，要剪平指甲，润滑手、臂并消毒，然后随着子宫收缩节律慢慢伸入阴道内；手掌心向上，五指并拢；抓住仔猪的两后腿或下颌部；母猪子宫扩张时，开始向外拉仔猪，努责收缩时停下，动作要轻；拉出仔猪后应帮助仔猪呼吸（假死仔猪的处理：将其前后躯以肺部为轴向内侧并拢、放开反复数次）。产后阴道内注入抗生素，同时肌内注射得力先等抗生素一个疗程，以防发生子宫炎、阴道炎。

⑤难产的母猪应在母猪卡上注明发生难产的原因，以便下一个产次正确处理或作为淘汰鉴定的依据。

（五）产后护理和饲养

①哺乳母猪每天喂 2 ~ 3 次，产前 3 d 开始减料，渐减至日常量的 1/2 ~ 1/3，产后 3 d 恢复正常，自由采食直至断奶前 3 d。喂料时若母猪不愿站立吃料，应赶起来。

②产前产后日粮加 0.75% ~ 1.5% 的电解质、轻泻剂（维生素 C、小苏打或芒硝），以预防产后便秘、消化不良、食欲不振，夏季日粮应添加 1.2% 的 $NaHCO_3$，可提高采食量。

③哺乳期注意环境安静、圈舍清洁、干燥，做到冬暖夏凉。随时观察母猪的采食量和泌乳量变化，以便针对具体情况采取相应措施。

④仔猪初生后 2 d 内注射血康或富来血、牲血素等铁制剂 1 mL，预防贫血；口服抗生素如诺氟沙星、庆大霉素 2 mL，以预防下痢。注射亚硒酸钠 VE 0.5 mL，以预防白肌病，同时提高仔猪对疾病的抵抗力；如果猪场呼吸道病严重，用鼻腔喷雾卡那霉素加以预防。无乳母猪采用催乳中药拌料或口服。

⑤新生仔猪要在 24 h 内称重、打耳号、剪牙、断尾。断脐以留下 3 cm 为宜,断端 5% 碘酊消毒;有必要打耳号时,尽量避开血管处,缺口处用 5% 碘酊消毒;剪牙钳 5% 碘酊消毒后齐牙根处剪掉上下两侧犬齿,弱仔不剪牙;断尾时,尾根部留下 3 cm 处剪断,5% 碘酊消毒。

⑥仔猪吃过初乳后适当通过寄养调整,尽量使仔猪数与母猪的有效乳头数相等,防止未使用的乳头萎缩,从而影响下一胎的泌乳性能。寄养时,仔猪间日龄相差不超过 3 d,把大的仔猪寄出去,寄出时用寄母的奶汁擦抹待寄仔猪的全身。

⑦3~7 日龄小公猪去势,去势时要彻底,切口不宜太大,术后 5% 碘酊消毒。

⑧产房适宜温度:分娩后 1 周 27 ℃,2 周 26 ℃,3 周 24 ℃,4 周 22 ℃。保温箱温度:初生 36 ℃,体重 2 kg 为 30 ℃,4 kg 为 29 ℃,6 kg 为 28 ℃,6 kg 至断奶为 27 ℃,断奶后 3 周为 24~26 ℃。

⑨产房保持干燥,产栏内只要有小猪,便不能用水冲洗,预防仔猪下痢。

⑩补料:出生后 5~7 日龄开始诱食补料,保持料槽清洁,饲料新鲜。勤添少添,晚间应补添 1 次料。每天补料次数为 4~5 次。

⑪产房人员不得擅自离岗,有其他工作不得已离岗时每次离开时间控制在 1 h 以内。

⑫仔猪平均 21~25 日龄断奶,一次性断奶,不换圈,不换料。断奶前后连喂 3 d 开食补盐以防应激。

⑬断奶后 1 周,逐渐过渡饲料,断奶后前 2 d 注意限料,以防消化不良引起下痢。

⑭在哺乳期因失重过多而瘦弱的母猪适当提前断奶,断奶前 3 d 需适当限料。

任务五　泌乳母猪饲养管理

📖 知识准备

母乳是仔猪出生后 2 周内唯一的营养物质,是 4 周内营养物质的主要来源,是仔猪生长发育的物质基础。因此,泌乳期母猪的饲养对仔猪的生长发育影响很大,其中主要对哺乳仔猪育成率、断奶窝重产生重要影响。只有养好泌乳母猪,使其分泌充足的乳汁,才能使仔猪多活快长,获得理想的育成率和断奶窝重。保证母猪有良好体况,断奶后母猪能再次配种受胎进入下一个繁殖周期。

一、母乳的成分和作用

在各种家畜乳的成分中猪乳中干物质、蛋白质及脂肪含量较高,唯乳糖略低些,见表4-22。

表 4-22 各种家畜乳成分比较 单位:%

种类	干物质	蛋白质	脂肪	乳糖	矿物质	能量/$(kJ \cdot 100g^{-1})$
猪乳	19 ~ 20	6.9	7.9	4.3	0.9	531.37
牛乳	12 ~ 13	3.1	3.5	4.9	0.7	292.88
山羊乳	12	3.1	3.5	4.6	0.8	288.70
绵羊乳	21	6.8	10.5	3.7	0.9	627.60
马乳	11	2.4	1.6	6.1	0.5	221.75
兔乳	26.4	10.4	12.2	1.8	2.0	753.12

母猪的乳汁分为初乳和常乳。母猪产后 3 d 内的乳汁是初乳,以后的乳汁是常乳。初乳对仔猪特别重要,必须使仔猪尽早吃到初乳,不吃初乳的仔猪很难成活。初乳中干物质和蛋白质比常乳高很多(表 4-23)。母猪在妊娠期不能将抗体转移给胎儿,仔猪只能通过吃初乳获得免疫球蛋白。据报道仔猪出生后 24 h 内血液中免疫球蛋白含量显著增加,由初生时 1.5 mg 增加到 20.3 mg,这些免疫球蛋白只有通过初乳才能获得。初乳含有的镁盐有轻泻作用,能促使仔猪排出胎粪和促进消化道蠕动,有利于消化。初乳中脂肪、乳糖和灰分都低于常乳,品种间乳汁成分有差异。梅山猪与大白猪比较,梅山猪初乳乳糖含量低,乳脂含量高,常乳中乳蛋白含量低。

表 4-23 猪的初乳和常乳成分比较

项目	水分	干物质	脂肪	蛋白质	乳糖	灰分
初乳/%	77.79	22.21	6.23	13.33	1.97	0.68
常乳/%	79.68	20.32	9.97	5.26	4.18	0.91

二、泌乳机制及影响因素

(一)母猪泌乳机制

母猪乳房结构的特点是没有乳池不能随时挤出奶。母猪分娩时机体分泌催产素,能使子宫收缩产出仔猪。同时乳腺周围肌纤维收缩将乳汁排出,分娩时随时都能挤出奶。

除产后最初的 1 ~ 3 d,其余时间仔猪不经过拱揉刺激是吃不到奶的,主要通过仔猪用鼻拱乳头的神经刺激将乳汁排出。仔猪 1 次哺乳要经过 3 个过程:首先仔猪发出叫声,开始拱揉母猪乳房,向母猪发出要求吃奶的信号。其次母猪侧卧身体,让奶头露出来,表示同意。经过仔猪 1 ~ 2 min 的按摩,母猪开始放奶,这时仔猪停止骚乱,安静用力吸吮并发出响声,母猪也发出哼哼放奶声。母猪放乳时间少则 10 ~ 30 s,多则 40 ~ 50 s。最后放乳结束。每次泌乳时间全程为 3 ~ 5 min。

母猪每天泌乳 20 ~ 26 次,每次间隔 1 h 左右,一般泌乳前期次数较多,随仔猪日龄增加泌乳次数减少。夜间安静泌乳次数较白天多,品种和个体之间差异较大。母猪泌乳全期产奶量 300 ~ 400 kg。每日泌乳 5 ~ 6 kg,每次泌乳量 0.25 ~ 0.40 kg。泌乳量在分娩后逐渐增加,产后 3 周达到高峰,以后随日龄增加泌乳量降低,中国猪种下降较为缓慢,引进猪种下降较快一些。产后 40 d 内的泌乳量占全期 70% ~80%,母猪泌乳曲线如图 4-15 所示。

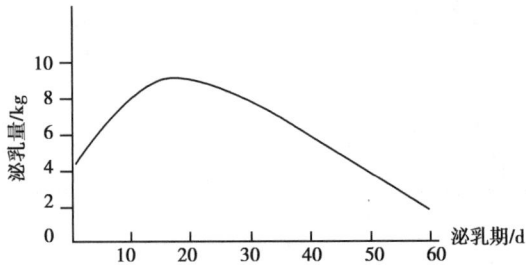

图 4-15　母猪的泌乳曲线

母猪乳房有 6 对以上,每对乳房的泌乳量不同。一般为前部乳房的乳腺和乳管数比后面多,泌乳量也多。仔猪出生后有固定奶头吃奶的习性,可通过人工方法将体弱的仔猪放在前面乳头吃奶,使体弱仔猪吃到较多的奶,加快生长,同窝仔猪发育均匀。

母猪胎次不同泌乳量不同。初产母猪泌乳量低,3 ~5 胎泌乳量最高,以后逐渐降低。

(二)影响母猪泌乳的因素

母猪的泌乳量通常用泌乳力衡量,泌乳力是以全窝仔猪 20 日龄的体重间接表示。母猪泌乳力受众多遗传因素和环境因素影响。例如,品种、年龄(胎次)、哺育仔猪头数及饲养管理等均能影响母猪的泌乳量。

1. 品种

不同品种或品系泌乳量不同。一般来说,大型肉用型或兼用型品种的猪泌乳量高,脂肪型品种猪泌乳量低(表 4-24)。

表 4-24　不同品种不同阶段泌乳量　　　　　　　　　　　单位: kg

品种	产后天数							
	10 d	20 d	30 d	40 d	50 d	60 d	平均	全期
金华猪	5.17	6.50	6.70	5.60	4.80	3.50	5.47	328.20
民猪	5.18	6.65	7.74	6.31	4.54	2.72	5.65	339.00
哈白猪	5.79	7.76	7.65	6.19	4.10	2.98	5.74	344.40
大白猪	11.20	11.40	14.30	8.10	5.30	4.10	9.27	557.40
长白猪	9.60	13.33	14.55	12.34	6.55	4.56	10.31	618.60

2. 年龄(胎次)

在通常情况下,初产母猪泌乳量低于经产母猪。初产母猪尚未达到体成熟,特别是乳腺等各组织还处在进一步发育过程中,因此,泌乳量受到影响。从第 2 胎开始泌乳量上升,第 5 胎达到高峰,第 6 ~7 胎以后泌乳量下降。现代工厂化养猪场,主张母猪 8 胎后淘汰。

3. 哺乳仔猪头数

哺乳母猪一窝哺育仔猪头数的多少与其泌乳量有密切的关系(表 4-25)。带仔头数多的泌乳量高。仔猪有吃固定乳头的习性,母猪放乳必须经过仔猪拱乳头刺激引起垂体后叶分泌促乳素才能放乳,而未被吃奶的乳头分娩后不久即萎缩,因而带仔头数多,吸出的乳量也多。试验证明,母猪每多带 1 头仔猪,60 d 的泌乳量可相应增加 26.72 kg。因此,调整母猪产后带仔头数,使其带满全部有效乳头的做法,可提高母猪的泌乳潜力(表4-25)。

表 4-25 母猪哺乳头数与泌乳量的关系 单位:kg

哺乳仔猪数/头	母猪的日泌乳量	每头仔猪日获得乳量
6	5~6	1.00
8	6~7	0.90
10	7~8	0.80
12	8~9	0.70

4. 乳头位置

乳头位置不同,乳房内乳腺体数量不同,其泌乳量不同(表4-26)。一般前 3 对乳头泌乳量高于中、后部乳头。

表 4-26 不同乳头位置的泌乳量比例

从前数乳头位置	第 1 对	第 2 对	第 3 对	第 4 对	第 5 对	第 6 对	第 7 对
所占泌乳量比例/%	23	24	20	11	9	9	4

5. 体重与体况

体重大、膘况适度的母猪泌乳量大于体重小的母猪,过于肥胖的猪泌乳量低。

6. 哺育季节

在养猪环境没有控制的情况下,春秋两季母猪泌乳量高。夏季炎热,蚊蝇干扰,冬季寒冷均影响母猪的泌乳量。

7. 饲养管理

哺乳母猪饲料的营养水平、饲喂量、环境条件和管理措施等均可影响其泌乳量。因此,给予哺乳母猪良好而适度的饲养管理条件,才能充分发挥泌乳潜力。

三、泌乳母猪的营养需要

泌乳母猪营养需要,主要包括维持需要和泌乳需要两大方面,青年阶段的母猪还包括生长需要,其中泌乳需要是主要方面。据统计 1 头母猪在 60 d 哺乳期内,可产奶 300~400 kg,大型高产母猪泌乳量为 500~600 kg,平均每昼夜产奶 5 kg 左右。泌乳母猪的营养供给如何,决定奶水的质与量,直接影响仔猪的生长发育和育成率,继而也会影响母猪再发情配种和连续利用。

对青年母猪来说,还要考虑其自身发育尚未结束的营养需要,如果得不到满足,除影响仔猪,还会严重影响青年母猪的自身发育和利用。

四、泌乳母猪的饲养管理

(一)泌乳母猪的饲养

仔猪如在哺乳期间获得良好的成活率和较大的断奶窝重,就应该努力提高母猪的泌乳量和奶水的质量,让仔猪吃得好。哺乳期间给母猪提供充足的营养,努力提高母猪采食量,是获得最大的泌乳量、最大的仔猪增重和母猪以后良好繁殖体况的基础,见表4-27。

表4-27　母猪哺乳期采食量与生产性能表现

采食量/$(kg \cdot d^{-1})$	哺乳母猪失重/kg	仔猪日增重/g			配种间隔
		0 ~ 21 d	0 ~ 28 d	21 ~ 28 d	
1.51	44.5	180.9	169.7	136.2	29.8
2.21	30.8	177.1	171.8	155.6	25.0
2.90	27.4	191.9	189.9	184.0	21.2
3.58	19.6	181.2	187.2	193.5	14.6
4.21	15.8	209.7	205.7	192.7	15.5
4.83	9.0	192.9	192.8	—	7.8

1.掌握好能量水平

哺乳母猪的能量需要分为维持需要、泌乳需要和生长需要。哺乳期间需要大量的能量,当哺乳母猪摄入的能量不能满足这3种能量需求时,母猪就会动用自身储备进行泌乳。而母猪体重损失过大就会影响下一次发情,干扰母猪生产的正常进行。

母猪能量需要取决于以下因素:

①妊娠期间的营养水平。主要对母猪开始泌乳时的体能储备和泌乳期间的采食量及体重变化产生影响,从而影响母猪的能量需要。

②泌乳期间体重损失及整个繁殖周期的体重变化。繁殖母猪在一生中,不仅体重变化较大,而且身体成分也发生很大变化。除母猪正常生长发育导致的差异,能量供给水平是导致其差异的主要因素。泌乳母猪能量摄入不足时,母猪就会动用体内脂肪和蛋白质,使其表现消瘦。

③妊娠期母猪的采食量。泌乳母猪的食欲取决于妊娠期间母猪采食量(表4-28)、体况、环境温度(表4-29)。母猪妊娠期间过于肥胖、环境温度偏高导致母猪食欲不好,同时饲料的类型和适口性、饲养方式等也会影响母猪采食量,最终影响能量摄入量。

表4-28　母猪妊娠期采食量对泌乳期采食量的影响

项目	试验分组		
	1 组	2 组	3 组
妊娠期饲料采食量/$(kg \cdot d^{-1})$	1.80	2.25	2.75
妊娠期增加的体重/kg	55.30	70.40	80.20
泌乳期饲料饲喂量/$(kg \cdot d^{-1})$	4.76	4.70	3.98
泌乳体重损失/kg	12.60	19.60	24.60

表 4-29 环境温度对母猪采食量、体重损失和仔猪体重的影响

项目	试验 1		试验 2	
环境温度/℃	27	21	28	16
母猪/头	20	20	46	16
母猪日采食量/kg	4.6	5.2	4.2	5.6
母猪体重损失/kg	21.0	13.5	22.0	13.0
仔猪 28 日龄体重/kg	6.2	7.0	6.4	7.3

④产仔数、仔猪体重、生活力。母猪产仔多、仔猪窝重大、仔猪生活力强等将会使母猪能量需要增加,均影响母猪能量需要。

⑤哺乳期长短。既影响母猪的总泌乳量,又影响母猪体重损失。一般泌乳前 1~2 周,母猪泌乳量最低,3~4 周泌乳量最高,5 周后逐渐降低,能量需求随泌乳量增大而增加。母猪体重损失与仔猪哺乳期的长短有直接关系,哺乳期长母猪体重损失大,缩短哺乳期有利于减少母猪体重损失,保证母猪整个繁殖期能量的正平衡。

泌乳母猪的能量需要可用析因方法分析,估计其能值时应考虑维持需要、泌乳需要和泌乳期间体重损失所需要的能量等。以下是利用析因法确定的泌乳母猪能量需要数值(表4-30),可估计泌乳母猪能量需要量。

表 4-30 乳母猪能量需要量的析因参考

哺乳阶段/周	体重/kg	维持需要/$(MJ \cdot d^{-1})$	泌乳量/$(kg \cdot d^{-1})$	泌乳需要(ME,MJ/d)	失重/kg	失重能值(ME,MJ/d)	总 ME 需要/$(MJ \cdot d^{-1})$
1	159.1	19.7	5.1	40.8	0.13	6.2	54.8
2	157.8	19.5	6.5	52.0	0.18	8.3	63.2
3	156.4	19.4	7.1	56.8	0.20	9.5	66.7
4	154.9	19.3	7.2	57.8	0.21	9.5	67.4
5	153.5	19.1	7.0	56.0	0.21	9.5	65.6
6	152.2	19.0	6.6	52.8	0.18	8.3	63.5
7	151.0	18.9	5.7	45.6	0.18	8.3	56.2
8	150.0	18.8	4.9	39.2	0.14	6.6	51.4

综合考虑妊娠期和泌乳期的能量供给,采取"低妊娠、高泌乳"的原则,母猪得到最佳的饲喂效果。妊娠期间营养水平过高会导致母猪体重增加过大,泌乳期间食欲下降,泌乳量降低。泌乳期间,特别是产后 2~4 周能量供给不足,母猪的泌乳量下降,泌乳期体重损失过大,对母猪泌乳和自身健康不利,还会造成仔猪断奶后母猪发情配种时间延长,母猪淘汰率增加。

通常泌乳母猪在 4~5 周的泌乳期内体重损失控制为 10~14 kg,如体重 175 kg 左右的母猪,在带仔 10~12 头的情况下,饲粮消化能为 14.12 MJ/kg,日粮为 5.5~6.5 kg,可以保

证食入消化能总量为 78 ~ 92 MJ。泌乳母猪按顿饲喂,每日饲喂 4 次左右,以湿料饲喂效果较好,可以提高母猪的采食量。

按照目前泌乳母猪日粮能量水平,母猪的能量摄入不能满足产奶的需要,而必须动用体内的储备,这种能量相对缺乏在整个泌乳期都是存在的,添加脂肪是提高饲粮能量的有效措施,而且还可以增加脂肪酸的含量。特别是在夏季高温季节,添加脂肪尤为重要。脂肪的适宜添加量在 2% ~ 3%,添加过多,饲料容易变质而且增加饲料的成本。多数试验表明:在泌乳初期母猪日粮中添加脂肪,还可以提高日产奶量和乳脂率。在选择脂肪时须注意脂肪酸的构成,建议少使用饱和脂肪酸和长链脂肪酸含量过高的动物油脂。

2. 保证蛋白质的数量和质量

泌乳母猪日粮中蛋白质的数量和质量直接影响母猪的泌乳量。泌乳母猪日粮中蛋白质水平低于 12% 时,母猪泌乳量显著降低,仔猪易患下痢。哺乳期母猪体重损失过多,影响母猪断奶后再次发情配种等。我国日粮中粗蛋白水平一般控制为 16.3% ~ 19.2% 较适宜。

在考虑蛋白质数量的同时,还应注意蛋白质的质量。在所有氨基酸中,赖氨酸是哺乳母猪的第一限制性氨基酸。高产母猪随着赖氨酸摄入量增加,母猪产奶量也增加,仔猪增重提高,母猪自身体重损失减少。试验表明,赖氨酸水平从 0.75% 提高至 0.9% 时,随着赖氨酸摄入量的增加,每窝仔猪增重提高,母猪体重损失减少。但是赖氨酸含量过高会导致另一种氨基酸——缬氨酸的不足。研究表明,母猪泌乳期间当日粮赖氨酸含量超过 0.8% 时,缬氨酸将成为第一限制性氨基酸。研究结果表明,日粮缬氨酸与赖氨酸比率增加,可提高母猪的泌乳性能和仔猪断奶时的窝重。通常要求赖氨酸应占饲料 0.6%,蛋氨酸加胱氨酸占 0.36%,苏氨酸占 0.45%。

在实际生产中,多用含必需氨基酸较丰富的动物性蛋白质饲料提高日粮中蛋白质质量,也可使用氨基酸添加剂,日粮中赖氨酸水平在 0.75% 左右。动物性蛋白质饲料多选用优质鱼粉,一般使用比例为 5% 左右,植物性蛋白质饲料首选豆粕,其次是其他杂粕。棉粕、菜粕在饲喂前要进行去毒、减毒,否则不能使用,以免造成母猪蓄积性中毒,影响以后的繁殖利用(表 4-31)。

表 4-31 泌乳母猪每日蛋白质、氨基酸需要量   单位:g

母猪体重	粗蛋白	赖氨酸	蛋氨酸+胱氨酸	苏氨酸	色氨酸	组氨酸	异亮氨酸	亮氨酸	苯丙氨酸+酪氨酸	缬氨酸	精氨酸
150 ~ 190/kg	630	29.4	17.6	21.0	5.9	12.2	19.3	23.5	34.1	29.4	19.8
190 ~ 230/kg	765	35.7	21.4	25.5	7.2	14.8	23.4	28.5	41.3	35.7	24.0

3. 满足矿物质和维生素供给

日粮中矿物质和维生素含量不仅影响母猪的泌乳量,而且也影响母猪和仔猪的健康。在矿物质中,钙、磷缺乏或钙、磷比例不当,会使母猪的泌乳量降低。如果日粮中没有充足的钙、磷供给,高产母猪会动用体内骨骼中的钙、磷以满足泌乳需要,容易引起瘫痪或骨折,造成母猪使用年限降低。处于封闭饲养条件下的母猪,其他矿物质也应该添加,否则不但会影响母猪的泌乳性能,还会影响母猪和仔猪的健康。日粮中恰当的钙含量为 0.8% ~ 1.0%,磷为 0.7% ~ 0.8%,有效磷 0.45%,为提高植酸磷的吸收利用率,可在日粮中添加植酸酶。母猪在哺乳期间会丢失大量的铁,常常表现临界缺铁性贫血状态,不但影响健康而且降低饲料的利用率,推荐用量为 70 mg/kg。同时,添加其他矿物质元素:锰 5~10 mg/kg、锌 60 mg/kg、硒 0.15 mg/kg 和碘 0.14 mg/kg。

哺乳仔猪生长发育所需要的各种维生素均来源于母乳,而母乳中的维生素又来源于饲料,因此母猪日粮中的维生素将影响仔猪的维生素供给。某些维生素的缺乏,不一定会在泌乳期得以表现,而是影响以后的繁殖性能,因此,要充分满足。夏季母猪日粮添加一定量的维生素 C(150~300 mg/kg)可减缓高热应激症。维生素 E 可增强机体免疫力和抗氧化功能,减少母猪乳房炎、子宫炎的发生,缺乏时可使仔猪断奶数减少和仔猪下痢。生物素广泛参与碳水化合物、脂肪和蛋白质的代谢,生物素缺乏可导致动物皮炎或蹄裂。高温环境可使动物肠道细菌合成生物素减少,故在饲料中应补充较多的生物素。维生素 D 可调节体内钙、磷代谢。其他一些必需维生素,如 B 族、叶酸、泛酸、胆碱等也应适量添加,不可忽视(表4-32)。

表 4-32　泌乳母猪饲料维生素添加量参考表　　　单位: mg/kg

维生素种类	添加量	维生素种类	添加量
维生素 A/(IU·kg⁻¹)	4 000	烟碱酸	12.0
维生素 D/(IU·kg⁻¹)	250	生物素	0.2
维生素 E	26	叶酸	0.3
维生素 K	0.5	泛酸	14.0
核黄素	4.5	胆碱	1 500

4. 饮水充足

在所有猪只中,母猪需要水分最多,而泌乳母猪最高,每天至少需要 25~30 L。在满足饮水量的同时,还应注意饮水的质量,保证饮水卫生、清洁,尤其是夏季应保证饮水清凉爽口。使用自动饮水器时,饮水器的安装高度应为母猪肩高加 5 cm(一般离地 55~65 cm),饮水器水流量至少 1 000 mL/min。如果没有自动饮水装置,应设立饮水槽,每天至少更换饮水 4 次,严禁饮用不符合饮水标准的水。

(二)泌乳母猪的管理

哺乳母猪饲养管理的中心任务是,既要母猪泌乳充足,又要控制母猪少掉膘,保持良好的体况和健康状态。泌乳期的饲养策略是母猪的采食量达到最大,这在夏季尤其重要。许多因素影响母猪在泌乳期间的采食量,有营养因素、管理因素。在管理上应保持母猪饲养环境的清洁、安静,不要随意惊吓、鞭打、驱赶母猪和惊吓小猪。母猪经常处于紧张的精神状态,会干扰母猪泌乳。

泌乳母猪应饲养在温度适宜、卫生清洁、无噪声的猪舍环境内。冬季要有保温设施,夏季要注意防暑降温和通风换气,雨季要注意防潮。泌乳母猪舍的温度一般为 15~22 ℃。哺乳母猪理想的温度为 18 ℃,每增加 1 ℃,每头母猪每日饲料摄取将减少 100 g。经常观察母猪的采食、排泄、体温、皮肤黏膜颜色,注意乳房炎的发生及乳头损伤。发现异常现象应及时采取措施,防止影响泌乳,诱发仔猪黄痢或白痢等疾病。

有条件的猪场在母猪产后 2 周左右,母猪带仔猪进行放牧运动,这样有益于母仔的健康,但是时间要掌握好,以保证母猪饲喂、饮水时间。放牧距离也不要过远,免得母仔疲劳。如果环境较差或母猪体况不佳,泌乳母猪在产后 1~2 周内可实行保健饲养,即在泌乳母猪日粮中添加泰乐菌素和阿莫西林或强力霉素,添加量为 100~150 mg/kg。除此之外,还应根据本地传染病流行情况进行猪瘟和其他传染病的免疫接种工作。

五、防治母猪无乳或乳量不足

(一)原因

1. 营养方面

母猪在妊娠期间能量水平过高或过低,母猪偏肥或偏瘦,造成母猪产后无乳或泌乳性能不佳,泌乳母猪蛋白质水平偏低或蛋白质品质不好,日粮中严重缺钙、磷或钙、磷比例不当、饮水不足等都会出现无母猪乳或乳量不足。

2. 疾病方面

母猪患有乳房炎、链球菌病、感冒发烧、肿瘤等疾病将出现母猪无乳或乳量不足。

3. 其他方面

高温、低温、高湿、环境应激,母猪年龄过小、过大等,也会出现母猪无乳或乳量不足。

(二)防治措施

根据饲养标准科学配合日粮,满足母猪所需的各种营养。封闭式饲养的母猪,更应注意各种营养的合理供给,在确认无病、无管理过失的前提下,可以用下列方法进行催乳。

①将胎衣洗净煮沸 20~30 min,去掉血腥味,然后切碎,连同汤一起拌在饲料中分 2~3 次喂无乳或乳量不足的母猪。但严禁生吃,以免造成消化不良或形成母猪食仔恶癖。

②母猪产后 2~3 d 内无乳或乳量不足,可以给母猪肌内注射催产素,剂量为 10 IU/100 kg 体重。

③用淡水鱼或猪内脏、猪蹄、白条鸡等煎汤拌在饲料中饲喂。

④泌乳母猪适当喂一些青绿多汁饲料,可以增加母猪的乳量,但是要控制饲喂量,防止因过多饲喂青绿多汁饲料而影响混合精料的采食,造成能量、蛋白质及矿物质营养的摄入量不足,长期如此泌乳母猪身体会受损。另外,也可用中药催乳。

六、断乳母猪的饲养管理

母猪断奶当天,中等膘情母猪日粮为 2 kg 左右,日喂 2 次,停喂青绿多汁饲料。下床或驱赶时要正确驱赶,以免肢蹄损伤。迁回母猪舍后 1~2 d 内,群养的母猪应注意看护,防止咬架致伤致残。断奶后 3 d 内,注意观察母猪乳房的颜色、温度和状态,发现乳房炎应及时诊治。断奶后 1 周左右,注意观察母猪发情,及时安排配种。泌乳期间失重较大的母猪,应给予特殊照顾,使其体况迅速恢复,便于母猪配种妊娠。

从母猪对仔猪断奶到下 1 次配种妊娠,这段称为母猪空怀期。这一时期母猪身体各器官处于调整阶段,最重要的调整是准备发情配种。国内习惯采用仔猪 35~50 d 断奶,多数空怀母猪体重下降 20%~30%,若母猪在哺乳期营养不良或过度泌乳,部分母猪断奶后仅有五成膘情,这时母猪肋骨明显外露,并迟迟不会发情,这类母猪从哺乳期就应看膘施料,应鼓励母猪尽量多吃,每天饲喂不应少于3次,并尽早对仔猪补料开食,适当提前断奶,以保持空怀母猪有一个良好体况,以控制七、八成膘情为最佳。常用判断膘情的经验是,观察母猪背部,七、八成膘时应看到稍为突出的脊椎骨,但不应看到肋骨外露,若见到肋骨说明膘情太差,过瘦的空怀母猪每天应增加0.5 kg的饲料量。

常言道:"空怀母猪八成膘,容易怀胎产仔高。"这种空怀母猪最易发情、排卵和受孕。如空怀母猪太瘦,会影响正常发情,并减少排卵,卵子活力低,造成产仔数下降或母猪空怀;反之如空怀母猪过肥,也会造成同样的结果。一般空怀母猪日粮中蛋白质水平应在12%以上,空怀母猪对钙供应不足极为敏感,在生产中缺磷现象较少发生,应在空怀母猪每日日粮中供给15 g钙,10 g磷和15 g食盐,空怀母猪对维生素供给敏感,尤其是维生素A、维生素D和维生素E不应缺乏。

技能训练

技能一　母猪繁殖性能测定

一、目的及要求

掌握母猪的繁殖性能测定项目和测定方法。

二、材料准备

不同胎次临产、即将断奶母猪若干头,称重器具、记录表格、计算器等。

三、方法和手段

学生测定与收集母猪繁殖性能原始数据,对数据进行统计归纳,总结不同母猪的繁殖成绩并进行比较,写出实训报告。

四、测定内容和步骤

①母猪分娩情况记录。记录母猪分娩是顺产或难产,记录母猪的产仔间隔及整个产程时间。

②母猪产仔数的统计。记录总产仔数、产活仔数、弱仔数、木乃伊仔数、死胎数,汇总年产仔数,计算年产窝数。

③初生重的测定。称量初生仔猪的个体重,称量或统计初生窝重。

④断奶窝重的测量。断奶时称量全窝仔猪的总重量(包括寄养、并窝过来的仔猪)。

⑤母猪断奶后发情时间。记录母猪断奶后第1次发情时间。

五、报告

根据所测定母猪繁殖性能成绩,比较母猪的繁殖性能高低(表4-33)。

表 4-33　母猪繁殖性能测定统计参考表

序号	母猪号	品种	与配公猪号	胎次	产仔时间	总产仔数/头	产活仔数/头	初生窝重/kg	断奶活仔数/头	断奶日龄/d	断奶窝重/kg	年产仔数/头	年产窝数	育成数/头	育成率/%	备注
1																
2																
3																
4																
5																
6																
7																
8																

技能二　绘制母猪采食量变化曲线

一、目的及要求

通过记录空怀母猪、妊娠母猪、泌乳母猪各阶段的采食量,分析母猪不同生理阶段采食量的变化规律。

二、材料准备

空怀母猪、妊娠母猪、泌乳母猪的当天及以往饲料喂量记录、坐标纸、计算器等。

三、方法和手段

学生分成小组,分别测定空怀母猪、妊娠母猪、泌乳母猪当天的采食量,并收集以往母猪采食量记录,对不同生理阶段母猪采食量进行统计,求平均采食量,绘制不同生理阶段母猪采食量变化曲线,写出实训报告。

四、具体内容和步骤

①测量或统计母猪空怀期的采食量。测量当天或统计以往母猪空怀期每天的采食量(最后取平均采食量),并做好记录。

②测量或统计母猪妊娠期的采食量。测量当天或统计以往母猪妊娠期每天的采食量(最后取平均采食量),并做好记录。

③测量或统计母猪泌乳期的采食量。测量当天或统计以往母猪泌乳期每天的采食量(最后取平均采食量),并做好记录。

④绘制母猪采食量变化曲线。以采食量为纵坐标,以时间为横坐标,绘制不同生理阶段

母猪(空怀母猪、妊娠母猪、泌乳母猪)采食量随时间变化曲线。

⑤归纳分析。分析母猪各阶段的采食量与母猪的繁殖生理存在的关系。

五、报告

比较所绘采食量变化曲线与图 4-16 的差别,分析各阶段采食量与母猪的繁殖生理之间存在的关系,写出分析报告。

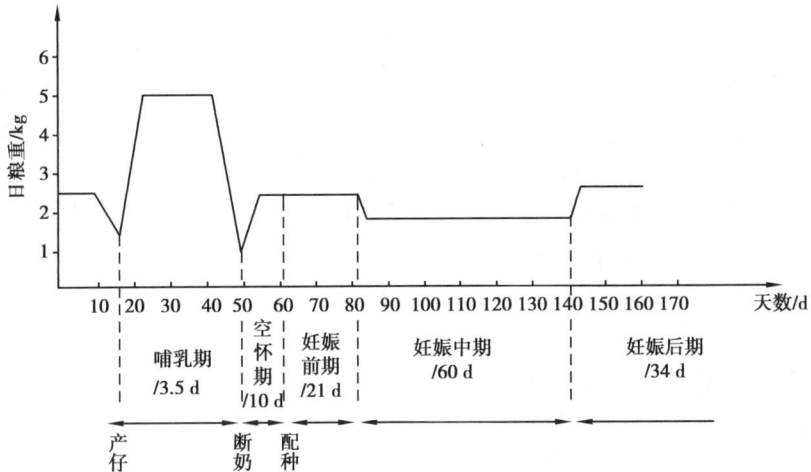

图 4-16 母猪不同生理阶段饲料喂量

项目五 猪病防治

项目指南

　　在养猪业中,猪传染病对猪场的危害最大,是一个必须高度重视的问题。我国市场经济的快速发展,导致猪及其产品快速流通而交易频繁,极易诱发传染病。同时,我国养猪经营主体的多元化、规模化,猪场和个体经营为扩大生产盲目引种,普遍存在轻视疫病的防治工作倾向,这为规模化猪场传染病的防治工作增加了压力和难度。

　　本项目的学习任务是掌握猪常见传染病的临床症状、诊断、预防与控制措施。学习形式可以结合猪场及实验室的实际条件,采用分组讨论、多媒体观摩、动手操作等形式展开。

　　【项目重点】猪常见传染病的临床症状、诊断、预防与控制措施。

　　【项目难点】猪主要传染病的鉴别诊断。

　　【学习目标】本项目的学习目标:学生掌握猪常见传染病的临床症状、诊断措施,并结合生产实际制定措施,预防和控制常见传染病。同时培养学生观察、分析及其根据实际情况解决问题的能力。

　　【参考学时】16 学时。

任务一 猪常见传染病诊断与防治

📖 知识准备

　　猪传染病比较严重,有猪瘟、口蹄疫、猪细小病毒病、病毒性胃肠炎、猪繁殖与呼吸综合征、伪狂犬病、猪水疱病、猪丹毒、猪肺疫(猪巴氏杆菌病)、猪副伤寒、猪链球菌病、猪大肠杆菌病等。

一、猪瘟

　　猪瘟俗称"烂肠瘟",又称古典猪瘟。猪瘟是一种传染性极强的病毒性疾病,可感染各年龄的猪只,一年四季流行,发病率和死亡率均很高,危害极大。本病是威胁养猪业最严重的传染病。世界动物卫生组织将猪瘟列为 A 类 16 种法定传染病之一,我国定为一类烈性传染病。

猪瘟病毒属于黄病毒科瘟病毒属,为单股 RNA 型,病毒粒子呈球形。本病毒只有 1 个血清型,但病毒株的毒力有强、中、弱之分。本病仅发生于猪,各种品种的猪对猪瘟病毒都有易感性,野猪也可感染,与猪的年龄、性别等无关。

(一)临床症状

其可分为最急性型、急性型、亚急性型、慢性型和温和型(非典型)猪瘟。

最急性型:突然发病,高热达 41 ℃左右,可视黏膜和皮肤有针尖大密集出血点,病程 1 ~ 3 d,死亡率达 100%。此型较少见,多发于新疫区或未经免疫的猪群。

急性型:病猪精神沉郁,减食或厌食,伏卧嗜睡,常堆睡在一起,呈怕冷状。全身无力,行动迟缓,摇摆不稳。体温达 41 ℃以上稽留不退,死前降至常温以下。初期眼结膜潮红,后期苍白,眼角处初期有多量黏液,后期转为脓性分泌物,呈褐色而粘着两眼。病初便秘,排出粪球状,附有带血的黏液或黏膜,发病 5 ~ 7 d 后腹泻,一直到死。有的病猪初期即可出现腹泻,或便秘和腹泻交替。外阴部、腹下、四肢内侧薄皮部有出血点或出血斑(图 5-1),病程长的出血斑互相融合形成较大的出血坏死区。公猪包皮内常积有尿液,排尿时流出异臭浑浊有沉淀物尿液。

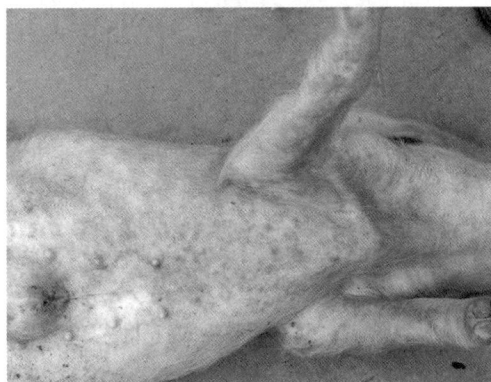

图 5-1 皮肤有出血斑点

亚急性型:病程长,可达 21 ~ 30 d。症状与急性型相似,皮肤有明显的出血点,耳、腹下、四肢、会阴等可见陈旧性出血点,或新旧交替出血点,扁桃体肿胀溃疡,舌、唇、齿龈结膜有时也可见到。病猪行走摇晃,后躯无力,站立困难,以死亡转归。

慢性型:病程长达 1 个月以上,体温时高时低,病猪食欲不佳,精神沉郁,消瘦,贫血,便秘与腹泻交替,皮肤有陈旧性出血斑或坏死痂,注射退热药和抗菌药后,食欲好转,停药后又不吃食。

温和型(非典型):病情发展慢,发病率和病死率均低,是由低毒力的猪瘟病毒引起的。大猪和成年猪都能耐过,仔猪死亡。妊娠母猪感染时可分别导致流产、木乃伊胎、死胎,出生后的猪衰弱并打战,新生猪残废或出生后很健康,但在几天内忽然死亡。

(二)病理变化

最急性型:浆膜、黏膜和肾脏仅有极少数的点状出血,淋巴结轻度肿胀、潮红或出血。

急性型:也称败血型猪瘟。耳根、颈、腹、腹股沟部、四肢内侧的皮肤出血,初为明显的小出血点,病程稍久,出血点可相互融合形成较大的斑块,呈紫红色。猪瘟的特征性病变出现在淋巴结、脾脏和肾脏等。淋巴结变化出现最早，呈明显肿胀，外观颜色从深红色到紫红色，切面呈红白相间的大理石样，特别是颌下、咽背、腹股沟、支气管、肠系膜等处的淋巴结较明显。脾脏不肿胀，边缘常可见到紫黑色突起（出血性梗死），有时很多的梗死灶连接成带状，一个脾出现几个或十几个梗死灶（图 5-2），检出率约为 30% ~ 40%。肾脏色较淡呈土黄色，表面点状出血非常普遍，量少时出血点散在，多时则布满整个肾脏表面，宛如麻雀蛋模样，出血点颜色较暗。

图 5-2　脾坏死

亚急性型：病程 2 ~ 4 周，主要病变表现为淋巴结、肾和脾，与急性病变相同。耳根、股内侧有出血性坏死样病灶，断奶仔猪的胸壁肋骨和肋软骨结合处的骨合线明显增宽。

慢性型：败血症变化较轻微，主要特征性病变为回盲口的纽扣状溃疡（图 5-3）。断奶仔猪肋骨末端与软骨交界部位发生钙化，呈黄色骨化线。

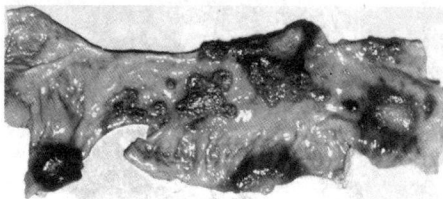

图 5-3　回肠黏膜上的扣状肿

温和型（非典型）：母猪具有高水平抗体，不发病，但子宫内胎儿却因猪瘟病毒感染而发病或死亡，致使母猪流产、产死胎、畸形胎或数天就死的弱仔，或出生健康，几天内突然死亡。

（三）诊断要点

①体温升高，稽留不退，皮肤和黏膜发红或发绀，有点状出血。

②全身淋巴结肿大，切面呈红白相间的大理石样花纹。

③脾脏的边缘有暗红色出血性梗死灶。

④肾脏、膀胱、喉头黏膜和心包膜等处有许多点状出血。

⑤肠黏膜可见数量不等的纽扣状溃疡和坏死。

直接免疫荧光抗体技术是检测猪瘟病毒的一种快速诊断方法，该方法采取猪的扁桃体或者肾、脾等组织做冰冻切片或触片，经丙酮固定，荧光抗体染色，在荧光显微镜下观察，如果这些组织细胞内发现亮绿色荧光，说明细胞内存在猪瘟病毒，即可诊为猪瘟。

（四）防治

①新母猪配种前接种 1 次，4 头份/头。经产母猪断奶时免疫，剂量同前。公猪每年免疫两次，剂量同母猪。

②已发生猪瘟，对乳猪进行超免，即出生后先注射猪瘟疫苗，剂量为 1 ~ 2 头份/头，2 h

后吃初乳。建议 50 ~ 60 日龄二免或根据抗体检测决定二免的时间。

③无疫情,仔猪初免可在 20 ~ 25 日龄,剂量为 2 头份/头,50 ~ 60 日龄时二免,剂量为 4 头份/头。

二、口蹄疫

口蹄疫属一类传染病,俗称"口疮、蹄癀",是由口蹄疫病毒所引起的偶蹄动物一种急性、热性、高度接触性传染病。该病主要侵害偶蹄兽,尤以黄牛最易感,其次为水牛、牦牛和猪等,本病也可感染人。其临诊特征为口腔黏膜、蹄部和乳房皮肤发生水疱。

(一)临床症状

猪感染发病后,体温升高至 40 ~ 41 ℃,精神不振,食欲减少,侧卧不起,跛行。蹄冠、蹄叉和蹄踵部皮肤出现局部红肿、热、敏感。形成水疱,料粒至黄豆大小,内含灰白色或暗黄色液体。水疱破溃后,可见暗红色糜烂面(图 5-4)。破溃处若无继发感染,会很快结痂愈合。否则,蹄匣可能脱落。

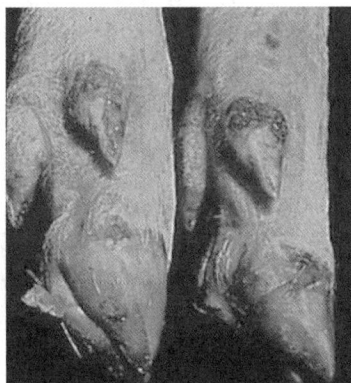

图 5-4　蹄部破溃糜烂

病猪吻突、齿龈、舌、腭也可能出现水疱,破溃后形成浅表溃疡。少数母猪的乳房、乳头也可能出现水疱。新生仔猪感染后常呈急性死亡。较人的仔猪感染后可见剧烈腹泻,严重脱水而死。妊娠母猪偶尔流产,泌乳母猪泌乳减少或停乳。

(二)病理变化

猪口蹄疫的主要病变位于蹄冠、蹄踵和蹄叉,偶尔可见吻突、口腔黏膜形成水疱,然后破溃、糜烂。

仔猪死于口蹄疫,可见胃肠道有急性卡他样变,脏器浆膜面出血,大腿肌肉坏死。心肌变性,似水煮过,其切面为灰白色与淡黄色条纹相间,类似虎皮斑纹,称"虎斑心"。

(三)诊断要点

①体温升高到 40 ℃以上。
②成年病猪以蹄部水疱为主要特征,口腔黏膜、鼻端、蹄部和乳房皮肤发生水疱溃烂。
③乳猪多表现急性胃肠炎、腹泻,以及心肌炎而突然死亡。

实验室可用补体结合试验、乳鼠血清保护试验、反向间接血凝试验及酶联免疫吸附试验检测病毒和定型。

（四）防治

①控制：免疫 O 型口蹄疫灭活疫苗,所用疫苗的病毒型必须与该地区流行的口蹄疫病毒型一致,选用对口蹄疫病毒有效的消毒剂。

②预防：后备母猪(4 月龄)、生产母猪配种前、产前 1 个月、断奶后 1 周龄肌内注射猪 O 型口蹄疫灭活疫苗,所有猪只每年 10 月份注射口蹄疫灭活苗。

三、猪细小病毒病

猪细小病毒病是由猪细小病毒(PPV)引起猪的一种繁殖障碍性传染病。本病以胚胎和胎儿感染及死亡为特征,引起死胎、木乃伊胎、流产、死产和初生仔猪死亡。猪细小病毒(PPV)主要感染胚胎、仔猪、育肥猪、母猪、公猪等,但只有母猪表现繁殖障碍,而其他不同年龄、种类的猪均不表现临床症状。通常母猪本身并无明显症状。

（一）临床症状

本病仅怀孕母猪表现症状,母猪在不同孕期感染,分别造成死胎、木乃伊胎、流产等不同症状,怀孕 10～30 d 感染,则胚胎死亡并被吸收,怀孕 30～50 d 感染,主要生产木乃伊胎儿,木乃伊化的程度与胎儿日龄有关(图 5-5),由于没有发生严重的胎盘炎或还保留一些活胎儿,所以没有发生流产,木乃伊化胎儿便随活仔猪同时排出,这时的活胎儿不含抗体,但组织中含有大量的抗原,以致持续 8 个月时仍然能排毒感染其他猪。怀孕 50～60 d 感染时多出现死产,怀孕 70 d 感染的母猪则常出现流产症状,而怀孕 70 d 后感染的母猪则多能正常产活仔猪。此外产仔瘦小、产弱猪、母猪发情不正常、久配不孕等都是 PPV 感染的临床症状。

图 5-5　死亡胎儿形状多样,部分坏死、黑化

（二）病理变化

剖解眼观病变为母猪子宫内膜有轻微炎症,胎盘有部分钙化,胎儿在子宫有被溶解、吸收的现象。感染胎儿还可见充血、水肿、出血、体腔积液、脱水(木乃伊胎)及坏死等病变。

（三）诊断要点

①多见于初产母猪发生流产、死胎、木乃伊或产出弱仔,以产木乃伊胎为主。

②经产母猪感染后通常不表现繁殖障碍现象,且无神经症状。

实验室可以用血凝试验(HI)检查组织提取物中的病毒,该方法简单易行,但敏感性较低,也可采用荧光抗体技术快速诊断方法。

（四）防治

①防止把带毒猪引入无此病的猪场。引进种猪时，必须检验此病，无此病才能引进。

②后备母猪和育成公猪，在配种前一个月免疫注射。

③在本病流行地区内，可将血清学反应阳性的老母猪放入后备种猪群中，其受到自然感染而产生自动免疫。

④因本病发生流产或木乃伊同窝的幸存仔猪，不能留作种用。怀孕猪发生流产、死产、胎儿发育异常、木乃伊化等，应考虑猪细小病毒感染的可能，确诊还要依靠实验室诊断。

四、病毒性胃肠炎

病毒性胃肠炎又称病毒性腹泻，是一组由多种病毒引起的急性肠道传染病。临床特点为起病急、恶心、呕吐、腹痛、腹泻，排水样便或稀便，也可有发热及全身不适等症状，病程短，病死率低。各种病毒所致胃肠炎的临床表现基本类似。目前，我国流行的病毒性腹泻主要有：传染性胃肠炎（TCE）、猪流行性下痢（PED）等。

（一）临床症状

传染性胃肠炎以突然爆发下痢开始，数日内可蔓延全群。幼猪下痢通常呈水样性粪便（图5-6），经常含有未消化的凝乳，3周龄以下的仔猪会呕吐。受感染的仔猪快速脱水，一周龄内仔猪2～4 d死亡。越年幼的猪，病情越严重，死亡率几乎100%。3周龄以后的猪只，很少死亡，成年猪的临床症状只限于下痢、减食、偶尔呕吐，通常在1周内恢复。

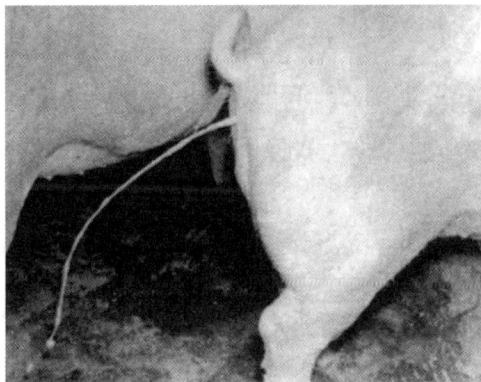

图5-6　病猪水样下痢的排粪状

猪流行性下痢的症状与传染性胃肠炎非常相似。不同的地方是猪流行性下痢症传染较慢，1周龄以下的吮吸仔猪死亡率为50%～90%。4～5周时间，此病将遍及全场。TGE的流行期很少超过两个月，然而，PED可长达6个月。

（二）病理变化

病仔猪严重脱水，胃部膨满，有凝乳滞留。小肠膨大，并有泡沫状液体及未消化乳块。小肠壁可能由于绒毛萎缩而变薄，甚至几乎透明。绒毛萎缩的观察方法是将回肠纵切开，然后用放大镜检查。

（三）诊断要点

传染性胃肠炎多流行于冬春寒冷季节，即12月至次年3月。大小猪都可发病，特别是

1~7日龄仔猪。病猪呕吐(呕吐物呈酸性)、水泻,明显脱水和食欲减退。哺乳猪胃内充满凝乳块,黏膜充血。

猪流行性下痢多在冬春发生,呕吐、腹泻、明显脱水和食欲缺乏。传播也较慢,4~5周才传遍整个猪场,往往只有断奶仔猪发病,或者各年龄段均发。病猪粪便呈灰白色或黄绿色,水样并混有气泡流行性腹泻。大小猪几乎同时发生腹泻,大猪在数日内可康复,乳猪部分死亡。剖检以小肠病变为主,表现为肠壁变薄透明,肠内容物稀薄如水便(图5-7)。

图5-7 小肠很薄,肠管扩张呈半透明状,弛缓

实验室可用荧光抗体法、免疫电子显微镜检查病毒颗粒,或用酶联免疫吸附试验以检测病后猪只的抗体。

(四)防治

应用"猪流行性腹泻、猪传染性胃肠炎和猪轮状病毒三联灭活苗"进行免疫接种。后备母猪阶段必须先免疫1次,在初产前一个月左右再免疫1次。以后每胎产前一个月免疫1次,交巢穴注射,每次4 mL。初生仔猪0.5 mL/头,5~25 kg仔猪1 mL/头,25 kg以上猪2 mL/头。

五、猪繁殖与呼吸综合征

猪繁殖与呼吸综合征(PRRS)主要感染猪,尤其是母猪,该病严重影响其生殖功能,临床主要特征为流产,产死胎、木乃伊胎、弱胎,呼吸困难,在发病过程中会出现短暂性的两耳皮肤发绀,故又称为"蓝耳病"。1996年,受该病威胁,中国许多规模化猪场发生严重的"流产风暴"。之后,猪繁殖与呼吸综合征病原在我国各地广泛存在。

(一)临床症状

常见猪群发病突然,传播迅速,体温明显升高,可达41 ℃以上;精神沉郁,采食量下降;卧地不起,耳朵出现小红斑点,耳缘发紫,耳尖出血严重(图5-8)。背部、胸腹下及四肢末梢等处皮肤出血,出现黄豆大小纽扣状坏死。部分猪呼吸困难,气喘急促、咳嗽、流鼻涕、眼分泌物增多,大部分猪有泪斑出现结膜炎症状。尿少发黄,粪干发黑、呈球状,部分猪下痢,有的呕吐,磨牙,四肢呈游泳状,后肢不能站立等;不同妊娠阶段的母猪可感染发病,并发生流产,产出死胎、木乃伊胎。公猪性欲减退,精液质量下降。

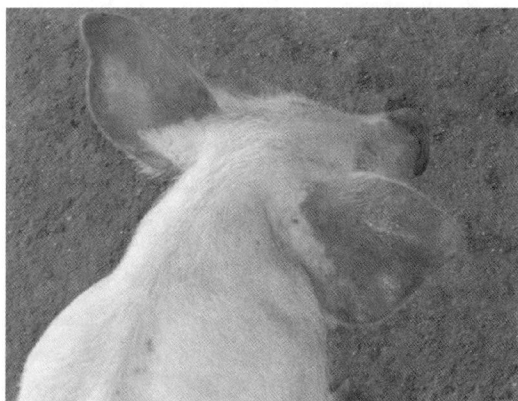

图 5-8　耳朵发紫,耳尖出血

(二)病理变化

无继发感染的病例除淋巴结轻度或中度水肿,肉眼变化不明显,呼吸道的病理变化为温和到严重的间质型肺炎,有时有卡他性肺炎,若有继发感染,则可出现相应的病理变化,如心包炎、胸膜炎、腹膜炎及脑膜炎等。

①弥漫性间质性肺炎、肺肿胀、硬变(图 5-9),肺边缘发生弥散性出血,有的有类似支原体肺炎的症状,在心叶和尖叶上出现肉变、胰变和出血现象;有的肋面和隔膜上有较多的棕红色出血灶,出血灶大小不一,有的大如核桃,有的只有针尖大小;有的发生萎缩,苍白色,缺乏弹性,部分肺有硬块。

图 5-9　弥漫性间质性肺炎

②淋巴结出血。所有的猪只淋巴结都有出血的症状,有的腹股沟淋巴结、肠系膜淋巴结出血严重;有的腹股沟淋巴结只是肿大,无出血现象;但所有猪的肺门淋巴结出血,大理石外观为本病的特征之一。

③有的病死猪在心壁上有出血点,有的出血甚至形成片状,有的在心脏的冠状沟处有胶冻样坏死,感染发病时间较长的病例,心脏质硬。

④肝脏变化不明显。少数猪肝表面有纤维素性渗出物,肝脏表面布满白色、圆形的荚膜,有的有针尖大的出血点,有的胆囊充盈。

⑤有的猪脾脏肿大、质脆,有的脾脏边缘出血。

⑥肾脏肿大，出血。急性型死亡的病例，可见到肾脏布满大小不一、弥散型的出血点，呈现雀斑肾。

⑦胃肠道出血。大肠壁有出血点、出血块。多数发病猪的胃黏膜层发生不同程度的溃疡，有的胃黏膜几乎全部脱落，在胃黏膜脱落处充血、出血严重，大部分猪在幽门部有大小不一的干酪样痂状物质。

⑧母猪流产的死胎及出生后不久的弱仔猪，可见头部水肿（特别是颌下、颈下、腋下水肿部呈胶胨样），眼结膜水肿，鼻两侧皮下水肿并见出血，后内侧皮下水肿，并有大面积出血性浸润。

（三）诊断要点

现场诊断要点：

①怀孕母猪咳嗽，呼吸困难，怀孕后期流产，产死胎、木乃伊胎或弱仔猪，有的出现产后无乳。

②新生仔猪病猪体温升高可达41 ℃以上，出现呼吸促迫及运动失调等神经症状，产后1周内仔猪的死亡率明显上升，有的病猪在耳、腹侧及外阴部皮肤呈现一过性青紫色或蓝色斑块。

③3～5周龄仔猪常发生继发感染。

④育肥猪生长不均。

⑤主要病变为间质性肺炎。

确诊需要在国家指定机构进行。符合临床指标和病理指标，且符合病原学指标之一，判定为高致病性猪蓝耳病，指标如下：

①临床指标：体温明显升高，可达41 ℃以上；眼结膜炎、眼睑水肿；咳嗽、气喘等呼吸道症状；部分猪出现后躯无力、不能站立或共济失调等神经症状；仔猪发病率可达100%、死亡率可达50%以上；母猪流产率可达30%以上；成年猪也可发病死亡。

②病理指标：可见脾脏边缘或表面出现梗死灶，在显微镜下见出血性梗死；肾脏呈土黄色，表面可见针尖至小米粒大的出血斑点；皮下、扁桃体、心脏、膀胱、肝脏和肠道均可见出血点和出血斑；部分病例可见胃肠道出血、溃疡、坏死。在显微镜下见肾间质性炎，心脏、肝脏和膀胱有出血性、渗出性炎等病变。

③病原学指标：高致病性猪蓝耳病病毒分离鉴定阳性，高致病性猪蓝耳病病毒反转录聚合酶链式反应（RT-PCR）检测阳性。

（四）防治

①控制：母猪分娩前20 d，每天每头猪喂阿司匹林8 g，其他猪可按每千克体重125～150 mg阿司匹林添加于饲料中喂服；或者按3 d给1次喂服，喂到产前一周停止，可减少流产，使用氟苯尼考或恩诺沙星等控制继发细菌感染。

②预防：后备猪4月龄时用弱毒苗首免，1～2个月后加强免疫，仔猪断奶后用弱毒苗免疫。

六、伪狂犬病

伪狂犬病是由伪狂犬病毒引起的多种动物共患的一种急性传染病。除猪外，其他动物主要表现为发热、奇痒、脑脊髓炎的致死性感染。猪感染本病,因不同的年龄表现不同。成年猪危害不严重,种猪主要表现繁殖障碍,对仔猪的危害最严重,15 日龄内的仔猪死亡率达100%,因此本病给养猪业造成严重的损失。本病现已呈世界分布。

(一)临床症状

本病的临床症状主要表现为呼吸道和神经症状,其严重程度主要取决于被感染猪的年龄。分娩高峰的母猪舍往往首先发病。开始由整窝发病逐渐变为每窝只发病 2～3 头,死亡率下降。发病猪主要是 15 日龄以内的仔猪,发病最早是 2～3 日龄,发病率为98%,死亡率为85%,随着年龄增长,死亡率可逐渐下降。育成猪和成年猪多轻微发病,发病率高,但极少死亡。

新生仔猪出生后可非常健康,第 2 d 有的仔猪就发病,体温升高至 41～41.5 ℃,精神沉郁,不吃,口角有大量泡沫或流出唾液,眼睑和嘴角水肿。有的病猪呕吐或腹泻,其内容物为黄色。有的仔猪出现神经症状,肌肉震颤,运动障碍,共济失调,最后角弓反张。神经症状几乎所有新生仔猪都有。病程最短 4～6 h,最长为 5 d,大多数为 2～3 d,发病 24 h 以后表现为耳朵发紫,后躯、腹下等部位有紫斑。出现神经症状的乳猪几乎 100% 死亡,发病的仔猪耐过后往往发育不良或成为僵猪。

20 日龄以上的仔猪到断奶前后的小猪,症状轻微,体温41 ℃以上,呼吸短促,被毛粗乱,沉郁,食欲不振,有时呕吐和腹泻,几天内可完全恢复,严重者可延长半个月以上。这样的猪表现为四肢僵直,尤其是后肢(图 5-10),震颤、惊厥等,行走相当困难,也有部分猪出现神经症状而往往预后不良。哺乳猪发病的同时,该窝的母猪有时出现厌食、便秘、震颤、惊厥、视觉消失或眼结膜炎,母猪多呈一过性或亚临床感染,很少死亡。有的母猪分娩延迟或提前,有的产下死胎、木乃伊胎或流产,产下的仔猪初生重极小,生命力弱。

图 5-10 仔猪呈犬样坐姿

(二)病理变化

本病没有特征性的病理变化,在诊断上具有参考价值的变化是呈鼻腔卡他性或化脓出血性发炎,扁桃体水肿并伴以咽炎和喉头水肿(图 5-11),勺状软骨和会厌皱襞呈浆液性浸润,淋巴结充血、肿大,呈褐色(与猪瘟不同)。心肌松软、心内膜有斑状出血、肾点状出血(针尖状),几乎见于所有的病猪。胃底部可见大面积出血。

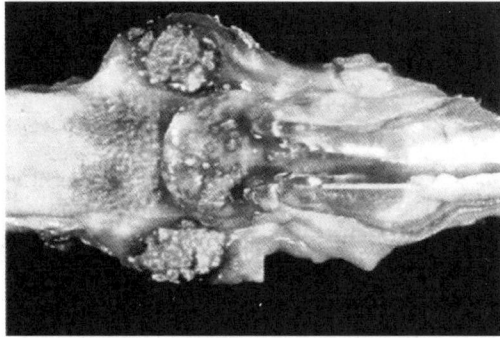

图 5-11 扁桃腺及咽喉头有明显坏死

(三)诊断要点

①公猪睾丸肿胀、萎缩,甚至丧失种用能力。

②母猪返情率高。

③妊娠母猪发生流产,产死胎、木乃伊胎。

④新生仔猪大量死亡,4~6日龄是死亡高峰。

⑤病仔猪发热、发抖、流涎、呼吸困难、拉稀,有神经症状。

⑥扁桃体有坏死、炎症,肺水肿。

⑦肝、脾有直径1~2 mm坏死灶,周围有红色晕圈。

⑧肾脏布满针尖样出血点。

确诊本病则必须结合病理组织学变化或其他实验室诊断,可直接使用免疫荧光法、间接血凝抑制试验、琼脂扩散试验、补体结合试验、酶联免疫吸附试验等。

(四)防治

①正发生伪狂犬病:用基因缺失弱毒苗对全猪群进行紧急预防接种,4周龄内仔猪鼻内接种免疫,4周龄以上猪只肌内注射;2~4周后所有猪再次加强免疫,并结合消毒、灭鼠、驱杀蚊蝇等全面的兽医卫生措施,以较快控制发病。

②伪狂犬病阳性:生产种猪群用基因缺失弱毒疫苗,肌内注射,每年3~4次免疫;引进的后备母猪用基因缺失弱毒疫苗,肌内注射,2~4周后,再肌内注射加强免疫;仔猪和生长猪用基因缺失弱毒疫苗,3日龄鼻内接种,4~5周龄鼻内接种加强免疫,9~12周龄肌内注射免疫。

七、猪水疱病

猪水疱病又称猪传染性水疱病,是由猪水疱病病毒引起的一种急性、热性接触性传染病,其特征是病猪的蹄部、口腔、鼻端和母猪乳头周围发生水疱。

(一)临床症状

病猪病初体温升高至40~41 ℃,精神沉郁,食欲减退。病猪蹄冠、蹄叉或悬蹄发生水疱。水疱由米粒大至黄豆大,数目不等。水疱内充满清亮或淡黄色液体,经1~2 d破溃后露出红色、浅的破溃面(图5-12),以后逐渐结痂恢复。病猪表现出疼痛感,行动困难,跛行很明显。如果破溃部继发感染,可引起蹄壳脱落,病猪不能站立,跪地爬行或卧地不起。部分病猪在鼻盘和口腔黏膜或齿龈及舌面出现水疱和溃疡,部分哺乳母猪在乳房上也会出现水疱。

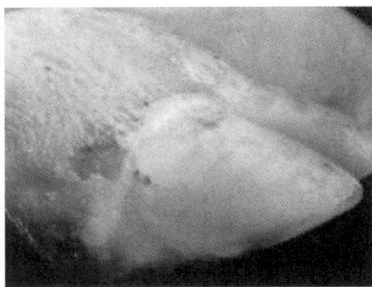

图 5-12　蹄部溃斑

哺乳母猪乳房发生水疱后,由于疼痛不愿给仔猪哺乳,可造成仔猪因吃不到奶而死亡。发病小猪生长发育停滞,育肥猪掉膘严重。怀孕母猪发病有流产现象。本病一般较轻,死亡率很低,病程 10 d 左右便可自愈。

(二)病理病变

特征性病变是在猪蹄部、鼻盘、口唇、舌面、乳房部位出现大小不等的水疱(图 5-13),个别猪在心内膜上有条状出血斑,其他器官无典型病变。

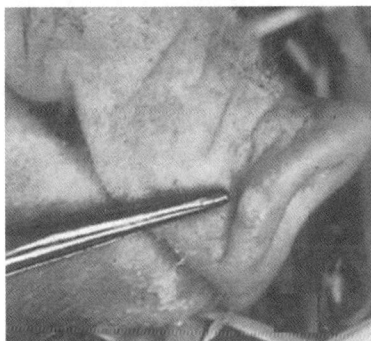

图 5-13　鼻端出现水疱

(三)诊断要点

①体温升高到 40 ℃以上。

②成年病猪以蹄部水泡为主要特征,口腔黏膜、鼻端、蹄部和乳房皮肤发生水疱溃烂。

本病在临床上难以与口蹄疫、水疱性口炎及水疱疹进行区别,因此,确诊需依靠动物接种试验、血清学实验室诊断。

(四)防治

应用猪水疱病乳鼠化弱毒疫苗(或灭活疫苗)定期进行免疫接种,每头猪肌内注射 2 mL。禁止从疫区调入猪只和引种,对病猪及其制品应进行无害化处理,坚持经常性的消毒与卫生工作。

八、猪丹毒

猪丹毒是由猪丹毒杆菌引起的一种急性、热性传染病。病程多为急性败血型或亚急性的疹块型,转为慢性的多发生关节炎,有的有心内膜炎,主要侵害青年架子猪。

(一)临床症状

潜伏期平均为 3 ~ 5 d,根据病程长短可分外最急性、急性、亚急性疹块性和慢性,我国以急性和亚急性疹块性最多见。

①最急性。常见于流行的初期,1 头或数头猪不表现任何症状而突然死亡。常是晚上吃食正常,第二天早晨发现猪已死亡。

②急性。病猪不愿走动,虚弱地躺卧,不食,有时可呕吐。体温上升高达 42 ℃以上,稽留不退。眼结膜充血,眼睛清亮。粪便干硬呈栗状,附有黏液。严重的呼吸加快,黏膜发绀。发病 1 ~ 2 d 后常见皮肤有红色疹块,大小形状不一,压之褪色(图 5-14)。一般病程很短,可能突然死亡。也有一些病猪于 3 ~ 4 d 后体温下降,死亡,急性不死转入亚急性和慢性。

哺乳仔猪和刚断奶仔猪,一般突然发病,表现神经症状,抽搐、倒地而死,病程不超过 1 d。

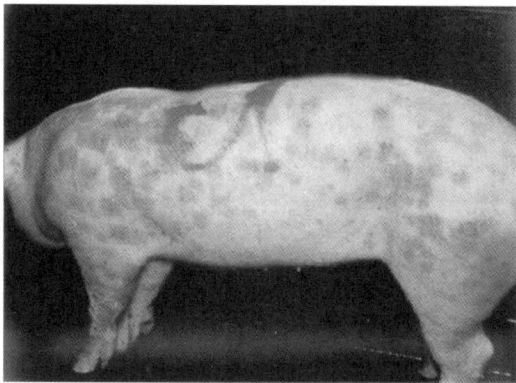

图 5-14　颈背部皮肤呈菱形或方形红色疹块

③亚急性疹块性。病初食欲不振,饮水增加,便秘,有时可见呕吐,体温升高达 41 ℃以上。发病后 2 ~ 3 d,胸、腹、背、肩、四肢等处的皮肤出现疹块,疹块呈方形、菱形、圆形、不规则形。疹块突出于皮肤表面。疹块初期红色,指压褪色;后期蓝紫色,指压不褪色。疹块出现后 1 ~ 2 d,体温下降,几天后疹块部位的皮肤下陷,颜色减退,表面结痂,经 7 ~ 14 d 痊愈。

④慢性。在临床上表现为慢性心内膜炎、慢性关节炎、皮肤坏死等。

a. 慢性心内膜炎。病猪表现食欲时好时坏,消瘦、不愿活动,呼吸加快。听诊心脏有杂音,心律不齐、心跳加快;常由心衰而死亡。

b. 慢性关节炎。初期表现为四肢关节(腕、跗关节等)的炎性肿胀,患肢僵硬、疼痛。急性炎症消失后,以关节变形为主,表现为一肢或两肢跛行或卧地不起。病猪食欲正常,但生长缓慢,体质虚弱、消瘦。

c. 皮肤坏死。常发生于背、肩、耳、蹄等部位。局部皮肤肿胀、隆起、坏死、色黑干硬似皮革,随病程的发展,坏死皮肤与其下层的新生组织分离,犹如一层甲壳。经 2 ~ 3 月坏死皮肤脱落,留下一片无毛色淡的斑痕。如有继发感染而病情复杂,病程延长。

(二)病理变化

①最急性型。常不见特征性肉眼变化,有时可见心外膜出血、胃出血等。

②急性型。表现为胃底部黏膜有点状和弥漫性出血,十二指肠和回肠有轻重不等的充血及出血。全身淋巴结充血、肿胀,切面多汁。脾肿大、边缘钝圆,呈红棕色,肝充血,肾混浊肿胀,呈暗红色水肿,称"大紫肾",并有出血点(图5-15)。肺充血或水肿,心脏内外膜均有小点出血。

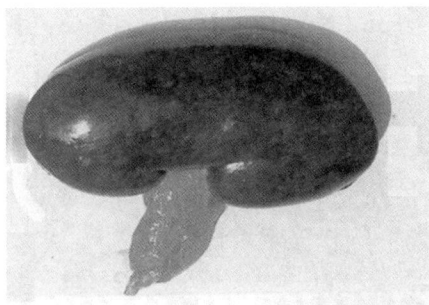

图5-15 肾肿大、紫红色,散在云雾状斑

③亚急性型。主要表现为皮肤有坏死性疹块,疹块部皮下组织充血,也有侵害关节而使关节发炎肿胀,内脏及肌肉等无显著病变。

④慢性型。主要表现为心脏二尖瓣处有溃疡性心内膜炎,形成疣状团块,状如菜花,此病变也能发生在三尖瓣处。髋关节、飞节、腕关节及跗关节等部位,常见慢性关节炎、关节囊肿大,有浆液性纤维性渗出物。

(三)诊断要点

多发生于夏天3~6月龄猪,病猪体温很高。多数病猪耳后、颈、胸和腹部皮肤有轻微红斑,指压退色,病程较长时,皮肤有紫红色疹块,呕吐。胃底区和小肠有严重出血,脾肿大,呈紫红色。淋巴结肿大,关节肿大。

根据临床症状和实验室分离鉴定病原进行诊断。这种病原很容易培养。无菌采集病变组织用血液琼脂培养基,37 ℃培养48 h,可形成直径为1~2 mm边缘整齐的菌落,表面光滑有蓝绿色荧光;菌落细菌染色为单兰氏阳性纤细小杆菌,单在、成对或成丛排列。细菌明胶穿刺,呈试管刷状生长,不液化明胶。血清学试验结果只能说明患猪接触过病原,不足以当作确诊依据,必须间隔14 d作2次血清学试验,如果结果都是滴度升高,才可以用来辅助诊断。

(四)治疗

青霉素、氧氟沙星或恩诺沙星等治疗有显著疗效。及时用青霉素按每千克体重1.5万~3万单位,每天2~3次肌注,连用3~5 d。绝大多数病例的疗效良好,极少数不见效,可选用氧哌嗪青霉素,若与庆大霉素合用,疗效更好。

九、猪肺疫(猪巴氏杆菌病)

猪肺疫是由多杀性巴氏杆菌所引起的一种急性传染病(猪巴氏杆菌病),俗称"锁喉风""肿脖瘟"。为急性或慢性病程,急性呈败血症变化,咽喉部肿胀、高度呼吸困难。

(一)临床症状

根据病程长短和临床表现分为最急性型、急性型和慢性型。

①最急性型。未出现任何症状,突然发病,迅速死亡。病程稍长者表现体温升高到41～42 ℃,食欲废绝,呼吸困难,心跳急速,可视黏膜发绀,皮肤出现紫红斑。咽喉部和颈部发热、红肿、坚硬,严重者延至耳根、胸前。病猪呼吸极度困难,常呈犬坐姿势,张口伸颈(图5-16),有时可发出喘鸣声,口鼻流出白色泡沫,有时带有血色。一旦出现严重的呼吸困难,病情往往迅速恶化,很快死亡。死亡率高达近100%,自然康复者少见。

图5-16　张口呼吸,呈犬坐姿势

②急性型。本型最常见,体温升高至40～41 ℃,初期为痉挛性干咳,呼吸困难,口鼻流出白沫,有时混有血液,后变为湿咳。随病程发展,呼吸更加困难,常呈犬坐姿势,胸部触诊有痛感。精神不振,食欲不振或废绝,皮肤出现红斑,后期衰弱无力,卧地不起,多因窒息死亡。病程5～8 d,不死者转为慢性,病死率60%～70%。

③慢性型。主要表现为肺炎和慢性胃肠炎。时有持续性咳嗽和呼吸困难,有少许浆液性或脓性鼻液。关节肿胀,常有腹泻,食欲不振,营养不良,发育停止。有痂样湿疹,极度消瘦。病程2周以上,多数发生死亡。

(二)病理变化

根据病程长短和临床表现分为最急性型、急性型和慢性型。

①最急性型。全身黏膜、浆膜和皮下组织有出血点,尤以喉头及其周围组织的出血性水肿为特征。切开颈部皮肤,有大量胶胨样淡黄或灰青色纤维素性浆液。全身淋巴结肿胀、出血,心外膜及心包膜上有出血点,肺急性水肿,脾有出血但不肿大,皮肤有出血斑,胃肠黏膜为出血性炎症。

②急性型。除具有最急性型的病变,其特征性的病变是纤维素性肺炎,主要表现为气管、支气管内有多量泡沫黏液。肺有不同程度肝变区(图5-17),伴有气肿和水肿。病程长的肺肝变区内常有坏死灶,肺小叶间浆液性浸润,肺切面呈大理石样外观,胸膜有纤维素性附着物,胸膜与病肺粘连,胸腔及心包积液。

③慢性型。尸体极度消瘦、贫血。肺脏有肝变区,并有黄色或灰色坏死灶,外面有结缔组织,内含干酪样

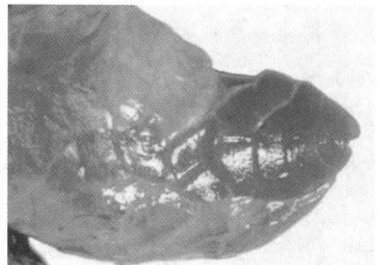

图5-17　红色肝变

物质。有的形成空洞,与支气管相通。心包与胸腔有积液,胸腔有纤维素性沉着,胸膜肥厚,常常与病肺粘连。有时肋间肌、支气管周围淋巴结、纵隔淋巴结及扁桃体、关节和皮下组织有坏死灶。

(三)诊断

诊断要点:气候和饲养条件剧变时多发。急性病例高热。急性咽喉炎,颈部高度红肿。呼吸困难,口鼻流泡沫。咽喉部肿胀出血,肺水肿,有肝变区,肺小叶出血,有时发生肺粘连。脾不肿大。

鉴别诊断:猪流感、猪传染性萎缩性鼻炎、猪传染性胸膜肺炎、仔猪副伤寒、单纯性猪喘气病等。

实验室检查,取静脉血、心血、各种渗出液和各种实质脏器涂片,用瑞氏或姬姆萨氏法、美蓝染色镜检,菌体多呈现卵圆形,明显两极浓染,不运动,有荚膜,不产芽孢。

无菌采集病变组织用血液培养基 37 ℃分离培养 24 h 后,观察菌落及细菌染色镜检。多杀性巴氏杆菌两端钝圆,中央有微凸的短杆菌,革兰氏染色阴性,直径为 0.5 ~ 1 μm。

在生化试验中,本菌能分解葡萄糖、蔗糖、果糖、半乳糖和甘露糖,产酸不产气,不分解乳糖和鼠李糖,靛基质试验和硫化氢试验阳性,尿素酶试验阴性,石蕊牛乳无变化,不液化明胶,明胶穿刺呈绒状生长,上粗下细。

(四)治疗

青霉素、链霉素和四环素族抗生素对猪肺疫都有一定疗效。在用抗菌药肌内注射的同时可选用其他抗菌药拌料口服。抗生素与磺胺药合用,如四环素+磺胺二甲嘧啶,或泰乐菌素+磺胺二甲嘧啶则疗效更佳。在治疗上特别要强调的是,本菌极易产生抗药性,因此有条件的应做药敏试验,选择敏感药物治疗。

十、猪副伤寒

猪副伤寒(又称猪沙门菌病)是由沙门氏菌属细菌引起仔猪的一种传染病。急性者以败血症,慢性者以坏死性肠炎,有时以卡他性或干酪样肠炎为特征。

(一)临床症状

本病潜伏期为数天,或长达数月,与猪体抵抗力及细菌的数量、毒力有关。临床上分急性型、亚急性型和慢性型。

①急性型,又称败血型,多发生于断乳前后的仔猪,常突然死亡。病程稍长者,表现体温升高(41 ~ 42 ℃),腹痛,下痢,呼吸困难,耳根、胸前和腹下皮肤有紫斑,多以死亡告终。病程 1 ~ 4 d。

②亚急性型和慢性型。为常见病型,表现体温升高,眼结膜发炎,有脓性分泌物。初便秘后腹泻,排灰白色或黄绿色恶臭粪便。病猪消瘦,皮肤有痂状湿疹。病程持续可达数周,终至死亡或成为僵猪(图 5-18)。

有的猪群发生所谓潜伏性"副伤寒",小猪生长发育不良,被毛粗乱、污秽,体质较弱,偶尔下痢。体温和食欲变化不大。一部分患猪发展到一定时期突然症状恶化而死亡。

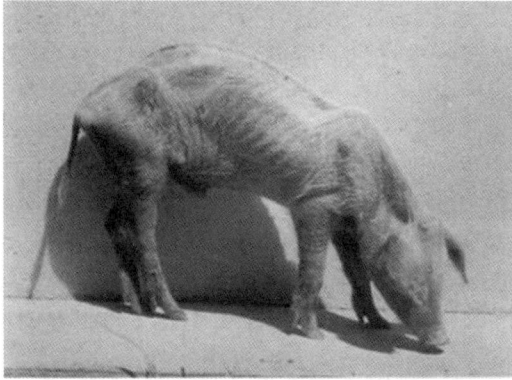

图 5-18　病猪腹泻、脱水,消瘦呈僵猪

(二)病理变化

①急性型。急性型以败血症变化为特征。尸体膘度正常,耳、腹、胁等部皮肤有时可见瘀血或出血,并有黄疸。全身浆膜、黏膜(喉头、膀胱等)有出血斑。脾肿大,坚硬似橡皮,切面呈蓝紫色。肠系膜淋巴结索状肿大,全身其他淋巴结也不同程度肿大,切面呈大理石样。肝、肾肿大、充血和出血,胃肠黏膜卡他性炎症。肺常见瘀血和水肿,小叶间质增宽,气管内有白色泡沫。

②亚急性型和慢性型。以坏死性肠炎为特征(图 5-19),多见盲肠、结肠,有时波及回肠后段。肠黏膜覆有一层灰黄色腐乳状物,强行剥离则露出红色、边缘不整的溃疡面。如滤泡周围黏膜坏死,常形成同心轮状溃疡面。肠系膜淋巴索状肿,有的干酪样坏死。脾稍肿大,肝有可见灰黄色坏死灶。有时肺发生慢性卡他性炎症,并有黄色干酪样结节。

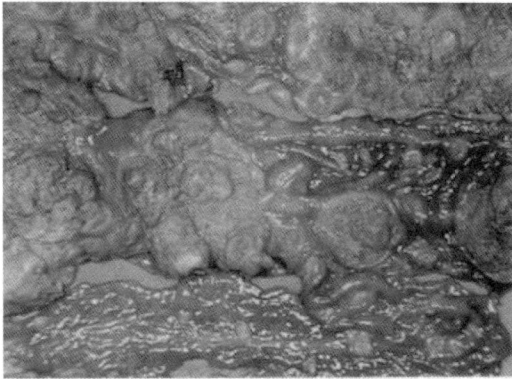

图 5-19　肠黏膜糜烂坏死

(三)诊断要点

多见于 2~4 月龄的猪。持续性下痢,粪便恶臭,有时带血,消瘦。耳、腹及四肢皮肤呈深红色,后期呈青紫色(败血症)。有时咳嗽。扁桃体坏死。肝、脾肿大,间质性肺炎。肝、淋巴结发生干酪样坏死,盲肠、结肠有凹陷不规则的溃疡和伪膜,肠壁变厚(大肠坏死性肠炎)。

实验室确诊先进行细菌分离,采取病猪的脾、肝、心血,用普通培养基及 SS 培养基进行分离,在普通琼脂平板上,形成圆形、半透明、光滑、湿润、边缘整齐的灰白色菌落;在 SS 琼脂上,沙门菌的菌落为灰色,菌落中心为黑色。也可用血清学检查,将沙门菌 A~F 群多价血清置载玻片上,挑取菌落做玻片凝集试验,如发生凝集判断为阳性。

(四)治疗及预防

常用药物有氟甲砜霉素、新霉素、恩诺沙星、复方新诺明等,这些药物再配合抗炎药使用,疗效更好。例如,氟甲砜霉素,口服 50~100 mg/(kg·天$^{-1}$),肌内注射 30~50 mL/(kg·天$^{-1}$),疗程 4~6 d,再配合地塞米松肌注。病死猪要深埋,不可食用,以免发生中毒,尚未发病猪要进行抗生素药物预防。

用仔猪副伤寒弱毒菌苗,对仔猪实施免疫。平时注意自繁自养,严防传染源传人。饮水、饲料等均进行严格卫生管理。

十一、猪链球菌病

猪链球菌病属国家规定的二类动物疫病,是由多种致病性链球菌感染引起的一种人畜共患病,包括猪淋巴结脓肿和猪败血性链球菌病。败血症、化脓性淋巴结炎、脑膜炎和关节炎是该病的主要特征。猪链球菌Ⅱ型可导致人类的脑膜炎、败血症和心内膜炎,严重时可致人死亡。

(一)临床症状

猪链球菌病主要表现为:败血症型、脑膜炎型和淋巴结脓肿型 3 种。

1.败血症型

①最急性型。主要常见于流行初期,发病急,病程短,往往不见任何症状猪突然死亡。或突然减食或停食,精神委顿,体温升高到 41~42 ℃,呼吸困难,便秘,结膜发绀,卧地不起,口、鼻流出淡红色泡沫样液体,多在 6~24 h 死亡。

②急性型。病例表现为精神沉郁,体温升高达 43 ℃,出现稽留热,食欲不振,眼结膜潮红,流泪,流浆液状鼻液,呼吸急促,间有咳嗽。颈部、耳廓、腹下及四肢下端皮肤呈紫红色(图 5-20),有出血点,出现跛行。病程稍长,多在 3~5 d 死亡。发病率一般为 30% 左右,死亡率可达 80%。

③慢性型。主要由前两型转来,或者从发病起就表现为关节炎。病猪一肢或几肢关节肿胀、疼痛、跛行,不能站立(图 5-21),病程 2~3 周。

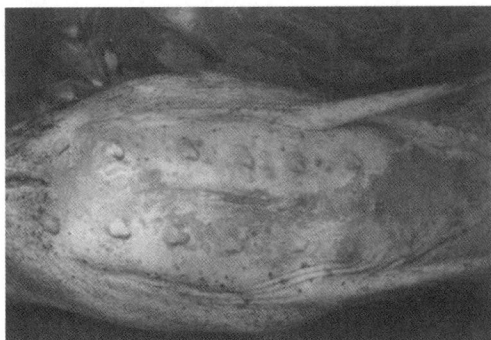

图 5-20　病猪腹下的紫色出血斑

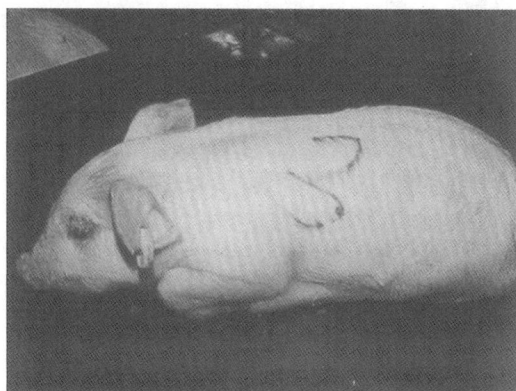

图 5-21　病猪关节疼痛,不能站立

2.脑膜炎型

多发生于哺乳仔猪和断奶仔猪,病初体温升高至 40.5 ~ 42.5 ℃,停食,便秘,有浆液性和黏性鼻液,出现神经症状,表现为运动失调、盲目走动、转圈、空嚼、磨牙、仰卧、后躯麻痹、侧卧于地、四肢划动,似游泳状。急性型多在 30 ~ 36 h 死亡。亚急性型或慢性型病程稍长,主要表现为多发性关节炎,逐渐消瘦衰竭死亡或康复。

3.淋巴结脓肿型

该型由猪链球菌经口、鼻及皮肤损伤感染而引起。断奶仔猪和出栏育肥猪多见,传播缓慢,发病率低,但猪群一旦发生,很难清除。主要表现为颌下、咽部、颈部等处的淋巴结化脓和形成脓肿。受害淋巴结最初出现小脓肿,然后逐渐增大,感染后 3 周局部显著隆起,触诊坚硬、有热痛。病猪的采食、咀嚼、吞咽和呼吸均有障碍。脓肿成熟后,表皮坏死,破溃流出脓汁。脓汁排净后,全身症状显著减轻,肉芽组织生长结疤愈合。病程 3 ~ 5 周。

(二)病理变化

1.败血症型

急性病死猪表现为天然孔流出暗红色血液,凝固不良,颈下、腹下及四肢末端等处有紫红色的血斑点,皮下、黏膜、浆膜出血,鼻镜、喉头及气管黏膜充血,内有大量气泡。肺充血肿胀,脾脏明显肿大,出血,色暗红或蓝紫。肾脏肿大、出血,皮质、髓质界限不清。胃肠黏膜、浆膜散在点状出血。全身淋巴结肿胀、出血。

慢性可见关节腔内多有浆液纤维素性的炎症。关节囊膜面充血、粗糙、滑液浑浊,并含有黄白色奶酪样块状物。有时关节周围皮下有胶样水肿,严重病例周围肌肉组织化脓、坏死。

2.脑膜炎型

主要表现为脑膜和脊髓软膜充血、出血。个别病例脑膜下水肿,脑切面可见白质和灰质小点状出血。

3.淋巴结脓肿型

早期淋巴结肿大,后淋巴结化脓,切开淋巴结流出脓性或干酪样物质。

(三)诊断要点

①新生仔猪发生多发性关节炎、败血症、脑膜炎,但少见。

②乳猪和断奶仔猪发生运动失调,转圈、侧卧、发抖,四肢呈游泳状划动(脑膜炎)。剖检可见脑和脑膜充血、出血。有的可见多发性关节炎、呼吸困难。超急性病例,仔猪死亡而无临床症状。

③肥育猪常发生败血症,发热,腹下有紫红斑,突然死亡。病死猪脾肿大。常可见纤维素性心包炎或心内膜炎、肺炎或肺脓肿、纤维素性多关节炎、肾小球肾炎。

④母猪出现歪头、共济失调等神经症状、死亡和子宫炎。

⑤猪链球菌可引起咽部、颈部、颌下局灶性淋巴结化脓。链球菌也可引起皮肤脓肿。

实验室确诊可取病变组织器官,直接触片染色镜检观察链状球菌,或取病变组织器官用血液培养基分离染色镜检为链状球菌(图5-22)。

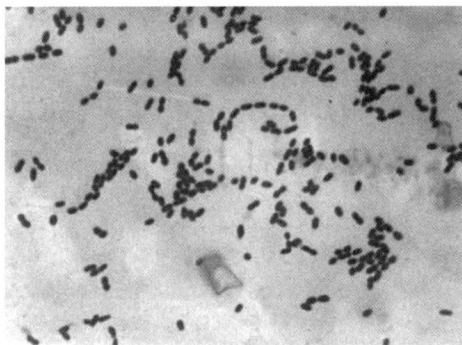

图5-22 链球菌形态

(四)治疗及预防

给病猪肌注抗菌药+抗炎药(如地塞米松),经口给药无效。目前,较有效的抗菌药为头孢噻呋,每日每千克体重肌注5.0 mg,连用3~5 d;青霉素+庆大霉素、氨苄青霉素或羟氨苄青霉素(阿莫西林)、头孢唑啉钠、恩诺沙星、氟甲砜霉素等。也有一些菌株对磺胺+甲氧苄啶敏感,肌注给药连用5 d。

做好免疫接种工作,建议仔猪断奶前后注射2次,间隔21 d。母猪分娩前注射2次,间隔21 d,以通过初乳母源抗体保护仔猪。可制作使用自家灭活菌苗。

十二、猪大肠杆菌病

猪大肠杆菌病是由病原性大肠杆菌引起的仔猪一组肠道传染性疾病。常见有仔猪黄痢、仔猪白痢和仔猪水肿病三种,以发生肠炎、肠毒血症为特征。仔猪黄痢主要发生于1~7日龄仔猪,是初生仔猪的一种高度致死性传染病;仔猪白痢主要发生于7~20日龄,发病率高,病死率较低;猪水肿病是由溶血性大肠杆菌引起的一种急性致死性疾病,断奶后1~2周仔猪发病较多。

(一)临床症状

仔猪黄痢发生于仔猪出生12 h后,一窝中先有1~2头仔猪发病、死亡,以后其他仔猪相继发生腹泻,粪便呈黄色糊状或稀便(图5-23),其中含凝乳小块。病仔猪迅速消瘦,脱水,昏迷而死。

图 5-23 黄色糊状稀便

仔猪白痢时排出乳白或灰白色的糊状粪便,腥臭。有的病猪反复发病,最后衰竭而死。

猪水肿病常突发于体格强壮的仔猪。病猪精神沉郁,食欲减少,口流白沫,心跳疾速。水肿是本病的特殊症状,常见眼睑和脸部等处水肿(图 5-24),触摸时病猪敏感。病猪站立时肌肉震颤,行走时共济失调。

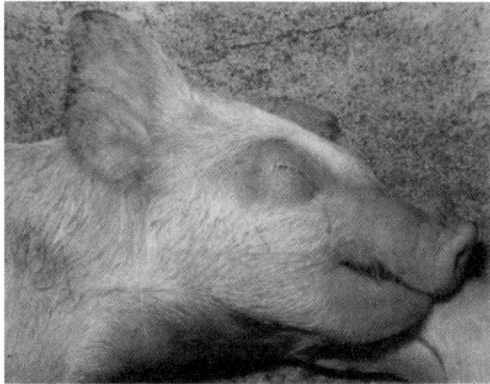

图 5-24 病猪眼睑和脸水肿

(二)病理变化

黄痢仔猪的尸体脱水,颈、腹部皮下常见黄色水肿液。小肠扩张、充气,肠壁变薄,肠内有大量黄色或灰白色稀汤样内容物,黏膜呈急性卡他性炎症变化。肠系膜淋巴结肿大、充血或出血。

白痢仔猪一般仅见肠道扩张,内容物呈灰白色或乳白色糊状或浆状,肠黏膜有卡他性炎症变化,肠系膜淋巴结肿胀。

水肿病猪的眼睑、头顶部皮下水肿;喉头黏膜水肿,肺水肿,心包和胸腹腔积有黄色体;胃壁水肿增厚,胃底黏膜水肿;大肠系膜水肿、充血或出血(图 5-25)。脑膜充血,脑回水肿。

(三)确诊

采取发病仔猪粪便(最好是未经治疗的),或新鲜尸体的小肠前段内容物,接种于麦康凯琼脂平板上,挑取红色可疑菌落作纯培养,经生化试验确定为大肠杆菌后,再做动物实验确定为致病性大肠杆菌。

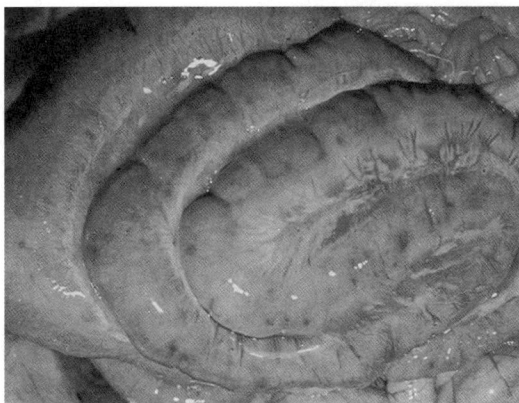

图 5-25 肠系膜水肿

（四）治疗

大肠杆菌极易产生耐药性。猪群有发病猪后,应迅速做药敏试验筛选敏感药物进行治疗,同时立即在饲料中添加适量维生素、矿物质和微量元素;病猪在应用抗生素注射治疗的同时,配合使用利尿性药物和盐类缓泻剂,对治疗可起到积极作用。

技能训练

技能一　猪瘟诊断方法

一、目的及要求

学生通过试验,掌握猪瘟的实验室诊断方法(荧光抗体实验、猪瘟病毒单抗酶联免疫吸附试验、猪瘟正向间接血凝试验)和相关操作程序,加深对血清学反应实际运用的理解。

二、设备和材料

（一）荧光抗体试验

荧光显微镜、冰冻切片机、载玻片、盖玻片、丙酮、缓冲甘油、猪瘟荧光抗体、伊文思蓝溶液、待检病料(扁桃体或脾、肾、淋巴结等)。0.01 mol/L pH 值 7.2 磷酸盐缓冲液(PBS):NaCl 8 g、KCl 0.2 g、Na_2HPO_4 1.15 g、KH_2PO_4 0.2 g、蒸馏水 1 000 mL。

（二）猪瘟病毒单抗酶免疫吸附试验

猪瘟弱毒单抗体纯化酶联抗原、猪瘟强毒单抗纯化酶联抗原、酶标抗体、猪瘟阳性血清、猪瘟阴性血清、酶联板、酶标仪、微量移液器。包被液:0.05 mol/L pH 值 9.6 碳酸盐缓冲液(Na_2CO_3 1.59 g、$NaHCO_3$ 2.93 g、蒸馏水 1 000 ml)。洗液:0.01 mol/L pH 值 7.4 磷酸盐缓冲液(PBS)+0.05% 吐温-20。稀释液:0.01 mol/L pH 值 7.4 磷酸盐缓冲液(PBS)+0.05% 吐温-20+5% 胎牛血清。底物溶液:pH 值 5.0 磷酸盐柠檬酸缓冲液 5 mL+邻苯二胺 5 mg+30% H_2O_2 18.75 μL。pH 值 5.0 磷酸盐柠檬酸缓冲液:取 19.2 g/L 柠檬酸 24.3 mL,加入

71.64 g/L Na$_2$HPO$_4$·12H$_2$O 25.7 mL 再加蒸馏水至 100 mL。终止液:2 mol/L H$_2$SO$_4$。

（三）猪瘟正向间接血凝试验

96 孔 110°~120° V 型医用血凝板、玻璃板（大小同血凝板）、10~100 μL 可调微量移液器、塑料嘴、微量振荡器等。猪瘟间接血凝抗原、阳性对照血清、阴性对照血清。稀释液:Na$_2$HPO$_4$·12H$_2$O 35.8g、NaH$_2$PO$_4$·2H$_2$O 1.56g、NaCl 8.5 g、NaN$_3$ 1.0 g 加去离子水 1 000 mL 灭菌后加入 2% 正常兔血清。待检血清每份 0.2~0.5 mL(56 ℃水浴灭活 30 min)。

三、方法和手段

本次实训提供 3 种猪瘟诊断方法,且全部操作完成需要较长时间。因此,可根据具体实训条件有选择地进行。最好学生分 3 组或 6 组进行,各组选择其中的一种诊断方法,学生通过试验,判断结果,并将此结果与正确结果对照,给予评价。

四、内容和步骤

（一）荧光抗体试验

①压片或切片的制备:取病猪的扁桃体、淋巴结、脾或其他组织一小片,用滤纸吸去外面的液体。取干净载玻片一块,稍微烘热;将组织小片的切面触压玻片,稍加转动,做成压片,置室温干燥,或用所采用的病料做成冰冻切片。滴加冷丙酮数滴,置-20 ℃固定 15~20 min。用 0.01 mol/L pH 值 7.2 磷酸盐柠檬酸(PBS)缓慢冲洗,阴干。

②染色:用 1/10 000 伊文思蓝溶液将荧光抗体做 8 倍稀释,将稀释的荧光抗体滴加到标本片上,于 37 ℃温箱内仅应 30~40 min。再用 0.01 mol/L pH 值 7.2 PBS 充分漂洗 3 次,每次 5~10 min,风扇吹干,滴加缓冲甘油数滴,加盖玻片封片,用荧光显微镜检查。

③镜检:如细胞质内出现弥散性、絮状或点状的亮黄绿色荧光,为猪瘟,如仅见到暗绿色或灰蓝色则不是猪瘟。

④常规荧光抗体试验不能区分猪瘟病毒和牛黏膜病病毒感染,采用针对猪瘟病毒保守抗原决定簇的单抗做荧光抗体试验,用单抗体时出现特异荧光是猪瘟,不出现特异荧光是牛黏膜病病毒感染。

（二）猪瘟病毒单抗酶联免疫吸附试验

①用包被液将猪瘟弱毒单抗纯化酶联抗原、猪瘟强毒单抗纯化酶联抗原各作 100 倍稀释,以 100 μL 分别加入做好标记的酶联板孔中,置湿盒于 4 ℃过夜。

②弃去孔内液体,用洗涤液冲洗酶联板 3 次,每次 3~5 min,拍干。

③用稀释液将待检血清做 400 倍稀释,每孔加 100 μL。同时,将猪瘟阳性、阴性血清以 100 倍稀释作对照,37 ℃放置 1.5~2 h。

④重复第 2 步。

⑤用稀释液将兔抗猪 IgG-辣根过氧化物酶结合物作 100 倍稀释,每孔加入 100 μL,37 ℃放置 1.5~2 h。

⑥重复第二步。

⑦每孔加入底物溶液(每块板所需的底物溶液按邻苯二胺 5 mg+底物缓冲液 5 mL+30% 过氧化氢 18.75 μL 配制)100 μL,在室温下观察显色反应(一般阴性对照孔稍微显色,立即

中止反应,并以阴性孔作空白调零)。

　　⑧每孔加入终止液 50 μL,用酶标仪测定 490nm 波长的光密度(OD)。

　　　　在猪瘟弱毒酶联板上:OD>0.2 为猪瘟弱毒抗体阳性。

　　　　　　　　　　　　OD<0.2 为猪瘟弱毒抗体阴性。

　　　　在猪瘟强毒酶联板上:OD≥0.5 为猪瘟强毒抗体阳性。

　　　　　　　　　　　　OD<0.5 为猪瘟强毒抗体阴性。

　　注意事项:

　　①运输单抗纯化酶联抗原时,必须用冰盒低温运输;猪瘟强弱毒单抗纯化酶联抗原在 4 ℃保存 6 个月,在−18 ℃保存 12 个月。

　　②配制洗涤液时,应使用新鲜蒸馏水或无离子水,每次洗板后,尽量不使孔内有残余液体,以免影响结果。

　　③底物溶液应临用前配制,将邻苯二胺完全溶解于底物缓冲液后再加入过氧化氢,混匀后立即加入孔中。

　　④终止反应后,应立即读数。

　　(三)猪瘟正向间接凝血试验

　　①检测前,应将冻干诊断液,每瓶加稀释液 5 mL,在 4 ℃浸泡 7～10 d 方可应用。

　　②稀释待检血清。在血凝板上的第 1 孔至第 6 孔各加稀释液 50 μL。吸取待检血清 50 μL 加入第 1 孔,混匀后从中取出 50 μL 加入第 2 孔,以此类推直至第 6 孔混匀后丢弃 50 μL,从第 1 孔至第 6 孔的血清稀释液依次为 1∶2、1∶4、1∶8、1∶16、1∶32、1∶64。

　　③阴性对照血清 64 倍稀释,加入第 8 孔,每孔 50 μL。阳性对照血清 512 倍稀释,加入第 9 孔,每孔 50 μL。稀释液空白对照加入第 10 孔,每孔 50 μL。

　　④在 1～6 孔和 8～10 孔加入诊断液,每孔 25 μL。加样完毕立即将血凝板置微量振荡器上振荡 1 min。

　　⑤振荡均匀后盖上玻璃板,在室温下静置 1.5～2 h 或次日判定结果。

　　⑥判定方法和标准。先观察阴性血清对照孔和稀释液对照孔,红细胞应全部沉入孔底,无凝集现象(−)或呈(+)轻度凝集为合格;阳性血清对照应呈(+++)凝集为合格。

　　在以上三孔对照合格的前提下,观察待检血清各孔的凝集程度,以呈现"++"凝集的待检血清最大稀释度为其血凝价。血清的血凝价达到 1∶16 为免疫合格。

　　"++++"红细胞在孔底凝成团块,面积较大,布满整个孔底。

　　"+++"红细胞在孔底形成较薄层凝集,卷边呈锯齿状。

　　"++"红细胞在孔底形成薄层均匀凝集,面积较以上两者小。

　　"+"红细胞不完全沉于孔底,周围少量凝集。

　　"±"红细胞沉于孔底,但周围不光滑或中心空白。

　　"−"红细胞呈点状滤于孔底,周边光滑。

　　注意事项:①勿用 90°～130°的血凝板,以免误判;②污染严重或溶血严重的血清样品不宜检测;③冻干血凝抗原,必须加稀释液浸泡 7～10 d,方可使用,否则易发生自凝现象。

五、报告

说明猪瘟诊断的原理,描述荧光抗体试验、猪瘟病毒单抗酶联免疫吸附试验、猪瘟正向间接血凝试验的步骤,并撰写试验报告。

技能二　仔猪黄痢的诊断

一、目的及要求

通过本次训练,学生掌握仔猪黄痢的初步诊断方法及实验室确诊方法。

二、材料和设备

患黄痢病猪、体温计、采样袋、麦康凯培养基、一次性手套、酒精棉球、恒温培养箱、生化发酵管。

三、方法和手段

学生先分成4~6人的小组,在教师和技术员指导下,在现场对猪进行临床诊断及病料采集,再分小组进行细菌学诊断,最后对各小组的检测结果进行汇总和分析,写出诊断报告。

四、内容和步骤

①病猪的临床观察:患病仔猪拉黄色粥样稀便。

②病料的采集和处理:将拉稀仔猪的肛门清洗干净后,用灭菌棉拭子直肠采集稀便后用无菌采样袋保存。

③分离培养和鉴定:将无菌采集的病料划线接种于普通琼脂平板和麦康凯琼脂平板上进行分离培养,37 ℃培养18~24 h,普通琼脂平板上形成湿润、黏稠、隆起半透明的露滴样菌落。麦康凯琼脂平板上形成湿润、黏稠、隆起的红色菌落,挑取菌落用革兰氏染色法染色显微镜检为红色纤细小杆菌。

④生化试验:大肠杆菌能分解葡萄糖、乳糖、麦芽糖、甘露醇产酸产气,靛基质试验阳性,MR试验阳性,V-P试验阴性,不能利用枸橼酸盐,不产生硫化氢。

五、报告

根据实际操作写出试验过程及诊断报告。

企业标准

猪病防治技术操作规程

一、兽医临床技术操作规程

为确保猪场正常生产,更有效地降低猪群的发病率、死亡率,减少疾病造成的损失,不断促进猪场疫病防治工作规范化、科学化,逐步提高兽医临床操作技术水平,特制定本规程细则,请猪场生产线员工参照执行。

①认真做好防疫工作,严格执行猪场卫生防疫制度。

②认真做好消毒工作,严格执行消毒制度。

③认真做好免疫工作,严格执行猪场免疫程序。

④认真做好驱虫工作,严格执行驱虫程序。

⑤加强饲养管理,严格按技术操作规程细则进行日常工作,提高猪群的抗病能力。

⑥注意了解、调查本地区疫情,掌握流行病的发生发展等有关信息,及时提出合理化建议并提出相应综合防治措施。

⑦定期检疫,定期进行抗体检测工作。

⑧一旦发生疫情或受到周围疫情威胁,猪场要及时采取紧急封锁等自卫措施,全体职工要绝对服从猪场发布的封锁令。

⑨建立健康猪群,引入种猪要检疫并隔离饲养观察至少40 d。尽量自繁自养。

⑩及时隔离病猪、处理死猪,污染过的栏舍、场地彻底消毒。各舍要设1~2个病猪专用栏。

⑪病死猪用专车运到腐尸池处理;解剖病猪在腐尸池解剖台进行,操作人员要消毒后才能进入生产线;每次剖检写出报告存档,临床检查、剖检不能确诊要采取病料化验。

⑫及时将猪群疫病情况反映给猪场生产技术部,以便有计划地进行药物控制与预防。

⑬对病猪必须做必要的临床检查,如体温、食欲、精神、粪便、呼吸、心率等全身症状的检查,然后进行正确的诊断。

⑭诊断后及时对因对症用药,有并发症、继发症要采取综合措施。

⑮残次、淘汰、病猪要经兽医鉴定后才能决定是否出售。

⑯预防中毒、应激等急性病,发现时及时抢救治疗。

⑰及时治疗僵猪,配方采用肌苷+维生素B_1+血康各2 mL,1次/d,连用7 d,治疗前驱虫、健胃。

⑱仔猪黄白痢等常见病要有目的地进行对照治疗,定期做药敏试验,有计划地进行药物预防。

⑲久治不愈或无治疗价值的病猪及时淘汰。

⑳饲养员熟练掌握肌注、静注、腹腔补液、去势手术、难产等简单的兽医操作技术。大猪治疗时采取相应保定措施。

㉑勤观察猪群健康情况，及时发现病猪，及时采取治疗措施，严重疫情，及时上报。

㉒做好病猪病志、剖检记录、死亡记录，经常总结临床经验、教训。

㉓兽医技术人员根据猪群情况科学地提出防治方案，并监督执行。

㉔按时提出药品、疫苗的采购计划，并注意了解新药品、新技术。

㉕正确保管和使用疫苗、兽药，有质量问题或过期失效一律禁用。

㉖药房专人管理，备齐常用药。库存无货要提前1周提出采购计划。注意疫苗、药品的保管要求、条件，避免损失浪费。接近失效的药品要先用或及时调剂使用，各猪舍取药量不得超过1周用量。

㉗注射疫苗时，小猪一栏换一个针头，种猪一针筒疫苗换一个针头。病猪不能注射，病愈后及时补注。

㉘接种活菌苗前后1周停用各种抗生素。

㉙发生过敏反应肌注肾上腺素，为预防过敏反应及加强免疫效果可在注射疫苗前饮水添加维力康等抗应激、免疫增效剂药物。

㉚严格按说明书或遵兽医嘱咐用药，给药途径、剂量、用法准确无误。

㉛用药后，观察猪群反应，出现异常不良反应时及时采取补救措施。

㉜有毒副作用的药品慎用，注意配伍禁忌。

㉝免疫和治疗器械用后消毒，不同猪舍不得共用注射器等器械。

㉞猪场有关疫情、防治新措施等技术性资料、信息，严格保密，不准外泄。

二、猪场卫生防疫制度

为搞好猪场的卫生防疫工作，确保养猪生产顺利进行，向用户提供优质健康的种猪或商品猪，必须贯彻"预防为主，防治结合，防重于治"的原则，杜绝疫病发生。现制定猪场卫生防疫制度，请全场员工及外来人员严格执行。

①猪场分生产区和非生产区，生产区包括养猪生产线、出猪台、解剖室、流水线走廊、污水处理区等。非生产区包括办公室、食堂、宿舍等。

②非生产区工作人员及车辆严禁进入生产区，确有需要者必须经场长或主管兽医批准并经严格消毒后，在场内人员陪同下方可进入，只可在指定范围活动。

③生活区防疫制度：

a.生活区大门应设消毒门岗，全场员工及外来人员入场时，均应通过消毒门岗，消毒池每周更换两次消毒液。

b.每月初对生活区及其环境进行1次大清洁、消毒、灭鼠、灭蚊蝇。

c.任何人不得从场外购买猪、牛、羊肉及其加工制品入场，场内职工及其家属不得在场内饲养禽畜(如猫、狗)。

d.饲养员要在场内宿舍居住，不得随便外出；场内技术人员不得到场外出诊；不得去屠宰场、其他猪场或屠宰户、养猪户场(家)逗留。

e.员工休假回场或新招员工要在生活区隔离2 d后方可进入生产区工作。

f.搞好场内卫生及环境绿化工作。

④车辆卫生防疫制度：

a.运输饲料进入生产区的车辆要彻底消毒。

b.运猪车辆出入生产区、隔离舍、出猪台要彻底消毒。

c.上述车辆司机不许离开驾驶室与场内人员接触,随车装卸工要同生产区人员一样更衣换鞋消毒。

⑤购销猪防疫制度：

a.从外地购入种猪,须经过检疫,并在场内隔离舍饲养观察40 d,确认无病健康猪,经冲洗干净并彻底消毒后方可进入生产线。

b.出售猪只时,须经兽医临床检查无病方可出场。出售猪只只能单向流动,如质量不合格退回,要作淘汰处理,不得返回生产线。

c.生产线工作人员出入隔离舍、售猪室、出猪台时要严格更衣、换鞋、消毒,不得与外人接触。

⑥疫苗保存及使用制度：

a.各种疫苗要按要求进行保存,凡是过期、变质、失效的疫苗一律禁止使用。

b.免疫接种必须严格按照公司制定的免疫程序进行。

c.免疫注射时,尽量不打飞针,严格按操作要求进行。

d.做好免疫计划、免疫记录。

⑦生产线员工必须经更衣室更衣、换鞋,脚踏消毒池、手浸消毒盆后方可进入生产线。消毒池每周更换2次消毒液,更衣室紫外线灯保持全天候开着状态。

⑧生产线内工作人员,不准留长指甲,男性员工不准留长发,不得带私人物品入内。

⑨生产线每栋猪舍门口,产房各单元门口设消毒池、盆,并定期更换消毒液,保持有效浓度。

⑩制定完善的猪舍、猪体消毒制度。

⑪杜绝使用发霉变质饲料。

⑫对常见病做好药物预防工作。

⑬做好员工的卫生防疫培训工作。

三、猪场免疫程序

（一）生长肥育猪的免疫程序

①日龄:猪瘟常发猪场,猪瘟弱毒苗超前免疫,即仔猪生后在未采食初乳前,先肌内注射一头份猪瘟弱毒苗,隔1~2 h后仔猪吃初乳。

②3 日龄:鼻内接种伪狂犬病弱毒疫苗。

③7~15 日龄:肌内注射气喘病灭活菌苗、蓝耳病弱毒苗。

④20 日龄:肌内注射猪瘟、猪丹毒二联苗(或加猪肺疫三联苗)。

⑤25~30 日龄:肌内注射伪狂犬病弱毒疫苗。

⑥30 日龄:肌内或皮下注射传染性萎缩性鼻炎疫苗。

⑦30 日龄:肌内注射仔猪水肿病菌苗。

⑧35～40 日龄:仔猪副伤寒菌苗,口服或肌注(在疫区首免后,隔 3～4 周再二免)。

⑨60 日龄:猪瘟、肺疫、丹毒三联苗,二倍量肌注。

⑩生长育肥期肌注两次口蹄疫疫苗。

(二)后备公、母猪的免疫程序

①配种前 1 个月肌内注射细小病毒、乙型脑炎疫苗。

②配种前 20～30 d 肌内注射猪瘟、猪丹毒二联苗(或加猪肺疫的三联苗)。

③配种前 1 个月肌内注射伪狂犬病弱毒、口蹄疫、蓝耳病疫苗。

(三)经产母猪免疫程序

①空怀期:肌内注射猪瘟、猪丹毒二联苗(或加猪肺疫的三联苗)。

②初产猪肌注 1 次细小病毒灭活苗,以后可不注。

③头 3 年,每年 3～4 月份肌注 1 次乙脑苗,3 年后可不注。

④每年肌内注射 3～4 次猪伪狂犬病弱毒疫苗。

⑤产前 45 d、15 d,分别注射 K_{88}、K_{99}、987p 大肠杆菌腹泻菌苗。

⑥产前 45 d,肌注传染性胃肠炎、流行性腹泻、轮状病毒三联疫苗。

⑦产前 35 d,皮下注射传染性萎缩性鼻炎灭活苗。

⑧产前 30 d,肌注仔猪红痢疫苗。

⑨产前 25 d,肌注传染性胃肠炎-流行性腹泻-轮状病毒三联疫苗。

⑩产前 16 d,肌注仔猪红痢疫苗。

(四)配种公猪免疫程序

①每年春、秋各注射 1 次猪瘟、猪丹毒二联苗(或加猪肺疫的三联苗)。

②每年 3～4 月份肌内注射 1 次乙脑苗。

③每年肌内注射 2 次气喘病灭活菌苗。

④每年肌内注射 3～4 次猪伪狂犬病弱毒疫苗。

(五)其他疾病的防疫

1. 口蹄疫

(1)常发区

①常规灭活苗,首免 35 日龄,二免 90 日龄,以后每 3 个月免疫 1 次。

②高效灭活苗,首免 35 日龄,二免 180 日龄,以后每 6 个月免疫 1 次。

(2)非常发区

①常规灭活苗,每年 1 月、9 月和 12 月各免疫 1 次。

②高效灭活苗,每年 1 月和 9 月各免疫 1 次。

2. 猪传染性胸膜肺炎

仔猪 6～8 周龄 1 次,2 周后再加 1 次。

3. 猪链球菌病

(1)成年母猪

每年春、秋各免疫 1 次。

（2）仔猪

首免 10 日龄,二免 60 日龄,或首免出生后 24 h,二免断奶后 2 周。

4.蓝耳病

①成年母猪:每胎妊娠期 60 d 免疫 1 次灭活苗。

②仔猪:14～21 日龄免疫 1 次弱毒苗。

③成年公猪:每半年免疫 1 次灭活苗。

④后备猪:配种前免疫 1 次灭活苗。

备注:上述免疫程序仅供参考,每个猪场应根据各自的实际情况,疾病的发生史,以及猪群当前的抗体水平高低制定自己的免疫程序。免疫的重点是多发性疾病和危害严重的疾病,对未发生或危害较轻的疾病可酌情免疫(表 5-1—表 5-3)。

表 5-1　常见猪病的免疫程序表

猪别及日龄		免疫内容
仔猪	吃初乳前 1～2 h	猪瘟弱毒疫苗超前免疫
	初生乳猪	猪伪狂犬病弱毒疫苗
	7～15 日龄	猪喘气病灭活菌苗、传染性萎缩性鼻炎灭活菌苗
	25～30 日龄	猪繁殖与呼吸综合征(PRRS)弱毒疫苗、仔猪副伤寒弱毒菌苗、伪狂犬病弱毒疫苗、猪瘟弱毒疫苗(超前免疫猪不免)、猪链球菌苗、猪流感灭活疫苗
	30～35 日龄	猪传染性萎缩性鼻炎、猪喘气病灭活菌苗
	60～65 日龄	猪瘟弱毒疫苗、猪丹毒、猪肺疫弱毒菌苗、伪狂犬病弱毒疫苗
初产母猪	配种前 10 周、8 周	猪繁殖与呼吸综合征(PRRS)弱毒疫苗
	配种前 1 个月	猪细小病毒弱毒疫苗、猪伪狂犬病弱毒疫苗
	配种前 3 周	猪瘟弱毒疫苗
	产前 5 周、2 周	仔猪黄白痢菌苗
	产前 4 周	猪流行性腹泻-传染性胃肠炎-轮状病毒三联疫苗
经产母猪	配种前 2 周	猪细小病毒病弱毒疫苗(初产前未经免疫)
	怀孕 60 d	猪喘气病灭活菌苗
	产前 6 周	猪流行性腹泻-传染性胃肠炎-轮状病毒三联疫苗
	产前 4 周	猪传染性萎缩性鼻炎灭活菌苗
	产前 5 周、2 周	仔猪黄白痢菌苗
	每年 3～4 次	猪伪狂犬病弱毒疫苗
	产前 10 d	猪流行性腹泻-传染性胃肠炎-轮状病毒三联疫苗
	断奶前 7 d	猪瘟弱毒疫苗、猪丹毒弱毒菌苗、猪肺疫弱毒菌苗

续表

猪别及日龄		免疫内容
青年公猪	配种前10周、8周	猪繁殖与呼吸综合征(PRRS)弱毒疫苗
	配种1个月	猪细小病毒病弱毒疫苗、猪丹毒弱毒菌苗、猪肺疫弱毒菌苗、猪瘟弱毒疫苗
	配种前两周	猪伪狂犬病弱毒疫苗
成年公猪	每半年1次	猪细小病毒弱毒疫苗、猪瘟弱毒疫苗、传染性萎缩性鼻炎、猪丹毒弱毒菌苗、猪肺疫弱毒菌苗、猪喘气病灭活菌苗
各类猪群	3~4月	乙型脑炎弱毒疫苗
	每半年1次	猪瘟弱毒疫苗、猪丹毒弱毒菌苗、猪肺疫弱毒菌苗、猪口蹄疫灭活疫苗、猪喘气病灭活菌苗

注意事项:
①猪瘟弱毒疫苗常规免疫剂量:一般初生乳猪1头份/只,其他大小猪可用到4~6头份/只。未作乳前免疫,仔猪可在21~25日龄首免,40、60日龄各免1次,4头份/只·次。
②有些地区猪传染性胸膜肺炎、副猪嗜血杆菌病的发病率比较高,需要进行相应的免疫。
③将病毒苗与弱毒菌苗混合使用,若病毒苗加有抗生素则可杀死弱毒菌苗,导致弱毒菌苗的免疫失败。在使用活菌制剂(包括猪丹毒、猪肺疫、仔猪付伤寒弱毒疫苗)前10 d和后10 d,应避免在饲料、饮水中添加或给予猪只肌内注射对活菌制剂敏感的抗菌药。

表5-2 某南方猪场的免疫程序

群别	时间	免疫品种	剂量	使用方法
后备种母猪、种公猪	100日龄	口蹄疫	3 mL	耳后根肌内注射
	150日龄	乙脑	2 mL	配专用稀释液耳后根肌内注射
	160日龄	口蹄疫	2 mL	耳后根肌内注射
	170日龄	伪狂犬	2头份	耳后根肌内注射
		猪瘟	4头份	配专用稀释液耳后根肌内注射
	180日龄	乙脑	2 mL	配专用稀释液耳后根肌内注射
		细小病毒	2 mL	耳后根肌内注射
	每年3~4月(180日龄以上)	乙脑苗加强免疫	2 mL	配专用稀释液耳根肌内注射(若180日龄接种离本次接种时间不超过2个月,则本次无须加强免疫)接种两个星期以后才能配种

续表

群别	时间	免疫品种	剂量	使用方法
经产母猪	妊娠 85 d	大肠杆菌	1 头份	配生理盐水稀释液,耳后根肌注
		伪狂犬	2 头份	耳后根肌注
	妊娠 93 d	口蹄疫	3 mL	耳后根肌注
	妊娠 100 d	腹泻二联	3 mL	耳后根肌注
	产后 23 d	猪瘟	4 头份	配生理盐水稀释液,耳后根肌注
		链球菌	4 头份	配生理盐水稀释液,耳后根肌注
仔猪	23 日龄	猪瘟	2 头份	配生理盐水稀释液,耳后根肌注
		链球菌	2 头份	配生理盐水稀释液,耳后根肌注
	40 日龄	口蹄疫	1 mL	耳后根肌注
	60 日龄	口蹄疫	2 mL	耳后根肌注
	70 日龄	猪瘟	3 头份	配生理盐水稀释液,耳后根肌注
		肺疫 A	3 头份	配铝胶水稀释液,耳后根肌注
种公猪	每年 3 月、9 月(每半年 1 次)	猪瘟(4 头份)、肺疫 A(4 头份)、伪狂犬苗(2 头份)		
	每年 2 月、7 月、11 月	口蹄疫苗(3 mL)		
	每年 3 月、9 月	乙脑(2 mL)		
种母猪	每年 3 月、9 月	猪肺疫 A(4 头份)		

注:各场应在每个季度内对空怀或超期未配的母猪集中进行 1 次口蹄疫苗(3 mL)和猪瘟苗(4 头份)注射。

表 5-3 某北方猪场的免疫程序

群别	时间	免疫品种	剂量	使用方法
后备种母猪、种公猪	100 日龄	口蹄疫	3 mL	耳后根肌内注射
	160 日龄	口蹄疫	2 mL	耳后根肌内注射
	170 日龄	伪狂犬	2 头份	耳后根肌内注射
		猪瘟猪丹毒猪肺疫	4 头份	配专用稀释液耳后根肌内注射
	180 日龄	乙脑	2 mL	配专用稀释液耳后根肌内注射
		细小病毒	2 mL	耳后根肌内注射
	每年 3~4 月(180 日龄以上)	乙脑苗加强免疫	2 mL	配专用稀释液耳根肌内注射(若 180 日龄接种离本次接种时间不超过 2 个月,则本次无须加强免疫),接种两个星期以后才能配种

续表

群别	时间	免疫品种	剂量	使用方法
经产母猪	妊娠85 d	大肠杆菌	1头份	配生理盐水稀释液,耳后根肌注
		伪狂犬	2头份	耳后根肌注
	妊娠93 d	口蹄疫	3 mL	耳后根肌注
	妊娠100 d	腹泻二联	3 mL	耳后根肌注
	产后23 d	猪瘟猪丹毒猪肺疫	4头份	配生理盐水稀释液,耳后根肌注
仔猪	23日龄	猪瘟猪丹毒猪肺疫	2头份	配生理盐水稀释液,耳后根肌注
	40日龄	口蹄疫	1 mL	耳后根肌注
		副伤寒	1头份	耳后根肌注
	60日龄	口蹄疫	2 mL	耳后根肌注
	70日龄	猪瘟猪丹毒猪肺疫	3头份	配生理盐水稀释液,耳后根肌注
种公猪	每年3月、9月（每半年）	猪瘟(4头份)、猪丹毒(4头份)、肺疫A(4头份) 伪狂犬苗(2头份)		
	每年2月、7月、11月	口蹄疫苗(3 mL)		
	每年3~4月	乙脑(2 mL)		

注:各场应在每个季度内对空怀或超期未配的母猪集中进行1次口蹄疫苗(3 mL)和猪瘟猪丹毒猪肺疫(4头份)注射。免疫程序不是通用、一成不变的,但程序一旦确定,就要在1~2年相对稳定,严格执行。

四、猪场驱虫程序

寄生虫分为体内寄生虫(如蛔虫、结节虫、鞭虫等)和体外寄生虫(如疥螨、血虱等),猪群感染寄生虫后不仅体重下降、饲料转化效率低,而且严重时可导致猪只死亡,造成很大的经济损失,因此猪场必须驱除猪只体内外寄生虫,一般的驱虫程序为:

①后备猪:外引猪进场后第2周驱体内外寄生虫1次,配种前驱体内外寄生虫1次。

②成年公猪:每半年驱体内外寄生虫1次。

③成年母猪:在临产前2周驱体内外寄生虫1次。

④新购仔猪在进场后第2周驱体内外寄生虫1次。

⑤生长育成猪:9周龄和6月龄各驱体内外寄生虫1次。

⑥引进种猪:使用前驱体内外寄生虫1次。

⑦猪舍与猪群驱虫消毒:

a.每月种公母猪及后备猪喷雾驱体外寄生虫1次。

b.产房进猪前空舍空栏驱虫1次,临产母猪上产床前驱体外寄生虫1次。

⑧驱虫药物视猪群情况、药物性能、用药对象等灵活掌握。

⑨同时驱体内外寄生虫一般采用帝诺玢、伊维菌素、阿维菌素等混饲连喂一周的方法，只驱体外寄生虫一般采用杀螨灵、虱螨净、敌百虫等体外喷雾的方法。

⑩如果采用一餐式混饲驱体内外寄生虫的方法，要隔 7 d 再用 1 次。

⑪商品猪驱虫前最好健胃。

五、猪场消毒制度

①生活区：办公室、食堂、宿舍及其周围环境每月大消毒 1 次。

②售猪周转区：周转猪舍、出猪台、磅秤及周围环境每售一批猪后大消毒 1 次。

③生产区正门消毒池：每周至少更换池水、池药 2 次，保持有效浓度。

④车辆：进入生产区的车辆必须彻底消毒，随车人员消毒方法同生产人员一样。

⑤更衣室、工作服：更衣室每周末消毒 1 次，工作服清洗时消毒。

⑥生产区环境：生产区道路及两侧 5 m 内范围、猪舍间空地每月至少消毒 2 次。

⑦各栋猪舍门口消毒池与盆：每周更换池、盆水、药至少 2 次，保持有效浓度。

⑧猪舍、猪群：配种怀孕舍每周至少消毒 1 次，分娩保育舍每周至少消毒 2 次。

⑨人员消毒：进入猪舍人员必须脚踏消毒池，手洗消毒盆消毒（表 5-4）。

表 5-4　常用消毒药使用方法

消毒药种类	消毒对象及适用范围	配制浓度
烧碱	大门消毒池、道路、环境、猪舍空栏	2% ~3%
生石灰	道路、环境、猪舍墙壁、空栏	直接使用，调制石灰乳
过氧乙酸	猪舍门口消毒池、赶猪道、道路、环境	1∶200
卫康（氧化+氯）	生活办公区、猪舍门口消毒池、猪舍内带猪消毒	1∶1 000
农福（酚）	生活办公区、猪舍门口消毒池、猪舍内带猪体消毒	1∶200
消毒威（氯）	生活办公区、猪舍门口消毒池、猪舍内带猪体消毒	1∶2 000
百毒杀（季铵盐）	生活办公区、猪舍门口消毒池、猪舍内带猪体消毒	1∶1 000

项目六　规模化猪场生产与管理

规模化猪场生产与管理指导手册

一、猪场建设

（一）猪场选址

远离村镇、交通要道、距离其他畜牧场 3 km 以上；远离屠宰场、化工厂及其他污染源；向阳避风、地势高燥、通风良好、水电充足（万头猪场日用水量 100～150 t）、水质好、排水方便、交通较方便；最好配套有鱼塘、果林或耕地。

（二）猪场布局

布局三区式：生活管理区、生产配套区（饲料车间、仓库、兽医室、更衣室等）、生产区。

生产区三点式：繁殖、保育、育肥，相距 500 m 以上；配种舍、怀孕舍、保育舍、生长舍、育肥（或育成）舍、装猪台，从上风向下风方向排列。配种舍要设有运动场。

（三）防疫环境与生物安全

猪场大门需设消毒池并配备消毒机，车辆要消毒；设人员消毒通道，进入人员登记消毒；猪场周围禁止放牧，协助当地周围村镇的免疫工作；最好设围墙、防疫沟及防疫林。

（四）粪尿处理与环保

建场前了解当地政府 30 年内的土地规划及环保规划、相关政策，因地制宜配套建设排污系统工程。

（五）猪场各类猪舍设计原则及参数

1. 设计原则

产房、保育舍按生产节律分单元全进全出设计；猪栏规格与数量的计算，产房两栏对应保育一栏，保育与育肥栏一一对应；先设计生产指标、生产流程，然后设计猪舍、猪栏。

2. 设计参数

以饲养 500 头基础母猪、年出栏约 1 万头商品猪的生产线为例，按每头母猪平均年产 2.2 窝计算，则每年可繁殖 1 100 窝，每周平均分娩 20～21 窝，即每周应配种 24 头（如果配种分娩率 85%）。产房 6 个单元（如果哺乳期 3 周、仔猪断奶后原栏饲养 1 周、临产母猪 1 周、空栏 1 周），每个单元 20 个产床；保育 5 个单元（如果保育期 4 周、空栏 1 周），每个单元 10 个保育床;生长育肥 16 个单元(如果生长育肥期 15 周、机动 1 周),每个单元 10 个育肥栏;肉猪全期饲养 23 周。

二、猪场生产指标、生产计划与生产流程

(一)生产指标

我国目前先进的规模化猪场,生产线均实行均衡流水作业式的生产方式,采用先进饲养工艺和技术,其设计的生产性能参数一般选择为:平均每头母猪年生产 2.2 窝,提供 20头以上肉猪,母猪利用期平均为 3 年,年淘汰更新率 30% 左右。肉猪达 90 ~ 100 kg 体重的日龄为 161 d 左右(23 周)。肉猪屠宰率 75%,胴体瘦肉率 65%(表6-1)。

表6-1 生产技术指标表

项目	指标	项目	指标
配种分娩率	85%	24 周龄个体重	93.0 kg
胎均活产仔数	10 头	哺乳期成活率	95%
个体出生重	1.2 ~ 1.4 kg	保育期成活率	97%
胎均断奶活仔数	9.5 头	育成期成活率	99%
21 日龄个体重	6.0 kg	全期成活率	91%
8 周龄个体重	18.0 kg	全期全场料肉比	3.1

(二)生产计划

生产计划见表6-2。

表6-2 生产计划一览表

基础母猪数(满负荷状态)	生产阶段		
	周	月	年
配种母猪数/头	24	104	1 248
分娩胎数/头	20	87	1 040
活产仔数/头	200	867	10 400
断奶仔猪数/头	190	823	9 880
保育成活数/头	184	797	9 568
上市肉猪数/头	182	789	9 464 ~ 10 000

注:1 万 ~ 3 万头场以周为节律,一年按 52 周计算,按基础母猪 470 ~ 500 头计划。

(三)生产流程

本方案以万头生产线为例,以"周"为生产节律,采用工厂化流水作业均衡生产方式,全过程分为四个生产环节,按下列工艺流程图(图6-1)进行。

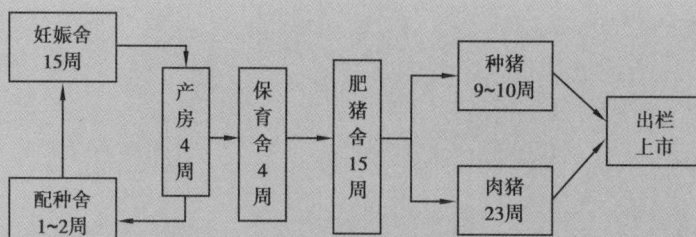

图 6-1　工艺流程图

1. 待配母猪阶段

在配种舍内饲养空怀、后备、断奶母猪及公猪进行配种。每条万头生产线每周参加配种的母猪 24 头,保证每周能有 20 头母猪分娩。妊娠母猪放在妊娠母猪舍内定位栏饲养,在临产前一周转入产房。

2. 母猪产仔阶段

母猪按预产期进分娩舍产仔,在分娩舍内饲养 4 周(临产 1 周,哺乳 3 周),仔猪平均 21 d 断奶。母猪断奶当天转入配种舍(先在运动场饲养 3 d),仔猪原栏饲养 7 d 后转入保育舍。如果母猪有产仔少、哺乳能力差等特殊情况,可将仔猪进行寄养过哺并窝,这样不负担哺乳的母猪可提前转回配种舍等待配种。

3. 仔猪保育阶段

断奶 7 d 后强弱分群,仔猪平均两窝并一栏,转入仔猪保育舍培育至 8 周龄转群,仔猪在保育舍饲养 4 周。

4. 肥猪饲养阶段

8 周龄仔猪由保育舍转入肥猪舍饲养 15 周,预计饲养至 23 周龄左右,体重达 95 ~ 105 kg 出栏上市。

三、猪场组织架构、岗位定编及责任分工

(一)猪场组织架构

猪场组织架构如图 6-2 所示。

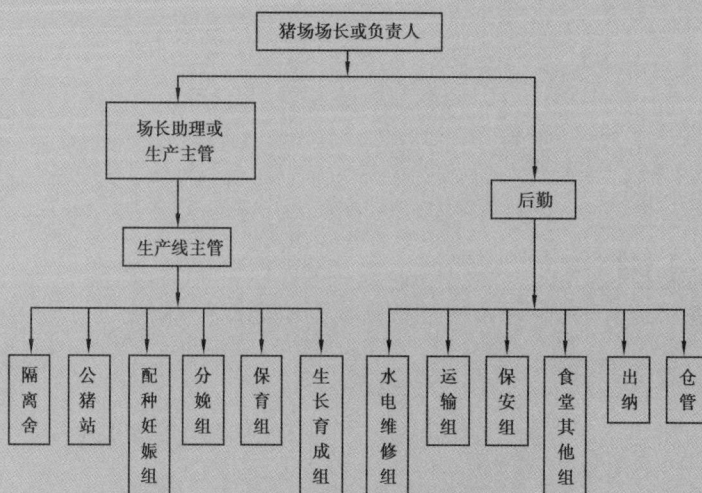

图 6-2　猪场组织架构图

（二）岗位定编

1. 管理岗定编

猪场场长 1 人，猪场助理 1 人（3 万头规模以上）或生产主管 1 人，生产线主管按区数而定，1~2 条生产线设主管 1 人（3 条生产线以内不设该岗位）。

2. 饲养员定编

配种妊娠组 4 人（含组长），分娩组 4 人（含组长），保育组 2 人，生长育肥组 6 人（含组长），夜班 1 人。

3. 后勤人员定编

按实际岗位需要设置人数，如后勤主管、会计出纳、司机、维修工、保安门卫、炊事员、勤杂工等。

（三）责任分工

以层层管理、分工明确、场长负责制为原则。具体工作专人负责，既有分工，又有合作，下级服从上级，重点工作协作进行，重要事情通过场领导班子研究解决。

1. 场长

①负责猪场的全面工作。

②负责制定和完善本场的各项管理制度、技术操作规程。

③负责后勤保障工作的管理，及时协调各部门的工作关系。

④负责制定具体的实施措施，落实和完成公司各项任务。

⑤负责监控本场的生产情况、员工工作情况和卫生防疫，及时解决出现的问题。

⑥负责编排全场的经营生产计划、物资需求计划。

⑦负责全场的生产报表，并督促做好月结工作、周上报工作。

⑧做好全场员工的思想工作，及时了解员工的思想动态，出现问题及时解决，及时向上反映员工的意见和建议。

⑨负责全场直接成本费用的监控与管理。

⑩负责落实和完成公司下达的全场经济指标。

⑪直接管辖生产线主管，通过生产线主管管理生产线员工。

⑫负责全场生产线员工的技术培训工作，每周或每月主持召开生产例会。

2. 生产线主管

①负责生产线日常工作。

②协助场长做好其他工作。

③负责执行饲养管理技术操作规程、卫生防疫制度和有关生产线的管理制度，并组织实施。

④负责生产线报表工作，随时做好统计分析，以便及时发现问题并解决问题。

⑤负责猪病防治及免疫注射工作。

⑥负责生产线饲料、药物等直接成本费用的监控与管理。

⑦负责落实和完成场长下达的各项任务。

⑧直接管辖组长，通过组长管理员工。

3. 组长

（1）配种妊娠舍组长

①负责组织本组人员严格按《饲养管理技术操作规程》和每周工作日程进行生产。

②及时反映本组出现的生产和工作问题。

③负责整理和统计本组的生产日报表和周报表。

④管理本组人员休息替班。

⑤负责本组定期全面消毒,清洁绿化工作。

⑥负责本组饲料、药品、工具的使用计划与领取及盘点工作。

⑦服从生产线主管的领导,完成生产线主管下达的各项生产任务。

⑧负责本生产线配种工作,保证生产线按生产流程运行。

⑨负责本组种猪转群,调整工作。

⑩负责本组公猪、后备猪、空怀猪、妊娠猪的预防注射工作。

（2）分娩保育舍组长

①负责组织本组人员严格按饲养管理技术操作规程和每周工作日程进行生产。

②及时反映本组出现的生产和工作问题。

③负责整理和统计本组的生产日报表和周报表。

④管理本组人员休息替班。

⑤负责本组定期全面消毒,清洁绿化工作。

⑥负责本组饲料、药品、工具的使用计划与领取及盘点工作。

⑦服从生产线主管的领导,完成生产线主管下达的各项生产任务。

⑧负责本组空栏猪舍的冲洗消毒工作。

⑨负责本组母猪、仔猪转群,调整工作。

⑩负责哺乳母猪、仔猪预防注射工作。

（3）生长育成舍组长

①负责组织本组人员严格按《饲养管理技术操作规程》和每周工作日程进行生产。

②及时反映本组出现的生产和工作问题。

③负责整理和统计本组的生产日报表和周报表。

④管理本组人员休息替班。

⑤负责本组定期全面消毒,清洁绿化工作。

⑥负责本组饲料、药品、工具的使用计划与领取及盘点工作。

⑦服从生产线主管的领导,完成生产线主管下达的各项生产任务。

⑧负责肉猪的出栏工作,保证出栏猪的质量。

⑨负责生长、育肥猪的周转、调整工作。

⑩负责本组空栏猪舍的冲洗、消毒工作。

⑪负责生长、育肥猪的预防注射工作。

4. 饲养员

（1）辅配饲养员

①协助组长做好配种、种猪转栏、调整工作。

②协助组长做好公猪、空怀猪、后备猪预防注射工作。

③负责大栏内公猪、空怀猪、后备猪的饲养管理工作。

（2）妊娠母猪饲养员

①协助组长做好妊娠猪转群、调整工作。

②协助组长做好妊娠母猪预防注射工作。

③负责定位栏内妊娠猪的饲养管理工作。

（3）哺乳母猪、仔猪饲养员

①协助组长做好临产母猪转入、断奶母猪及仔猪转出工作。

②协助组长做好哺乳母猪、仔猪的预防注射工作。

③负责 2 个单元大约 40 个产栏哺乳母猪、仔猪的饲养管理工作。

（4）保育猪饲养员

①协助组长做好保育猪转群、调整工作。

②协助组长做好保育猪预防注射工作。

③负责 2 个单元或大约 400 头保育猪的饲养管理工作。

（5）生长育肥猪饲养员

①协助组长做好生长育肥猪转群、调整工作。

②协助组长做好生长育肥猪预防注射工作。

③负责 3 个单元大约 600 头生长育肥猪的饲养管理工作。

（6）夜班人员

①每天工作时间为：白班的午休时间、夜间。一般为：11:30—14:00,17:30—次日 7:30,两名夜班人员轮流。

②负责值班期间猪舍猪群防寒、保温、防暑、通风工作。

③负责值班期间防火、防盗等安全工作。

④重点负责分娩舍接产、仔猪护理工作。

⑤负责哺乳仔猪夜间补料工作。

⑥做好值班记录。

四、猪场生产例会与技术培训制度

为定期检查、总结生产上存在的问题，及时研究解决方案，为有计划地布置下一阶段的工作，使生产有条不紊地进行，为提高饲养人员、管理人员的技术素质，进而提高全场生产的管理水平，特制定生产例会和技术培训制度如下：

①每周末 19:00—21:00 为生产例会和技术培训时间。

②该会由主场长主持。

③时间安排：一般情况下安排在星期一晚上进行，生产例会一小时，技术培训一小时。在特殊情况下灵活安排，但总的时间不变。

④内容安排：总结检查上周工作，安排布置下周工作；按生产进度或实际生产情况进行有目的、有计划的技术培训。

⑤程序安排:组长汇报工作,提出问题;生产线主管汇报、总结工作,提出问题;主持人全面总结上周工作,解答问题,统一布置下周的重要工作。生产例会结束后进行技术培训。

⑥会前组长、生产线主管和主持人做好充分准备,重要问题应准备书面材料。

⑦生产例会上提出的一般技术性问题,当场研究解决,涉及其他问题或较为复杂的技术问题,会后及时上报、讨论研究,并在下周的生产例会上予以解决。

五、猪场物资与报表管理

(一)物资管理

首先建立进销存账,由专人负责,物资凭单进出仓,货单相符,不准弄虚作假。生产必需品(如药物、饲料、生产工具等)每月制订计划上报,各生产区(组)根据实际需要领取,不得浪费。爱护公物,否则按公司奖罚条例处理。

(二)猪场报表

报表是反映猪场生产管理情况的有效手段,是上级领导检查工作的途径之一,也是统计分析、指导生产的依据。因此,认真填写报表是一项严肃的工作,应予以高度重视。各生产组长做好各种生产记录,并准确、如实地填写周报表,交到上一级主管,查对核实后,及时送到场部,其中配种、分娩、断奶、转栏及上市等报表应一式两份(表6-3)。

表6-3 猪场报表目录

生产类报表	其他报表
①种猪配种情况周报表	①饲料需求计划月报表
②分娩母猪及产仔情况周报表	②药物需求计划月报表
③断奶母猪及仔猪生产情况周报表	③生产工具等物资需求计划月报表
④种猪死亡淘汰情况周报表	④饲料进销存月报表
⑤肉猪转栏情况周报表	⑤药物进销存月报表
⑥肉猪死亡及上市情况周报表	⑥生产工具等物资进销存月报表
⑦妊检空怀及流产母猪情况周报表	⑦饲料内部领用周报表
⑧猪群盘点月报表	⑧药物内部领用周报表
⑨猪场生产情况周报表	⑨生产工具等物资内部领用周报表
⑩配种妊娠舍周报表	
⑪分娩保育舍周报表	
⑫生长育肥舍周报表	
⑬公猪配种登记月报表(公猪使用频率月报表)	
⑭猪舍内饲料进销存周报表	
⑮人工授精周报表	

六、猪场各项规章制度

（一）员工守则及奖罚条例

1. 符合下列条件者奖励

①关心集体,爱护公物,提合理化建议,主动协助领导搞好工作。

②在特定环境中见义勇为,敢于揭发坏人坏事。

③努力学习专业知识,操作水平较高。

④认真执行猪场各项规章制度,遵守劳动纪律。

⑤胜任本职工作,生产成绩特别显著,贡献很大。

2. 符合下列条件者受罚（警告、罚款、开除）

①违反劳动纪律。

②违反操作规程。

③出现责任事故造成损失。

④不爱护公物,损坏公物。

⑤挑拨离间、无理取闹、搞分裂。

⑥坏人坏事知情不报,见危不救、袖手旁观。

⑦以权谋私、化公为私。

⑧贪污受贿、挪用公款、收取回佣及厚礼。

⑨盗窃、赌博。

⑩语言行为粗暴及进行欺骗。

（二）员工休假、请假、考勤、顶班制度

1. 休假制度

①员工每月休假 4 d(可根据实际情况调整),正常情况不得超休。

②正常休假由组长、生产线主管逐级批准,安排轮休。

③有薪假:婚假 7 d,丧假(直系亲属)5 d,产假 45 d,人流休假 6 d,上环休假 3 d,下环休假 1 d,女结扎休假 13 d,男结扎休假 5 d,可根据公司实际情况调整。

④法定节假日上班,可领取加班补贴。

⑤休假天数积存多由生产线主管、场长安排补休,省内可积休 8 d,跨省 12 d,具体天数可根据公司实际情况调整。

2. 请假制度

①除正常休假,一般情况不得请假,病假等例外。

②请假需写员工请假单,层层报批,否则作旷工处理;旷工 1 d,扣薪 2 d,连续旷工 5 d以上作自动离职处理,具体可根据公司用人情况调整。

③员工请假期间无工资,因公负伤者可报公司批准,治疗期间工资照发。

④生产线员工请假 4 d 以上由主管批准,7 d 以上须由场长批准,具体可根据公司用人情况调整。

3. 考勤制度

①生产线员工由生产线主管负责考勤,生产线主管、后勤人员由场长负责考勤,月底上报。

②员工须按时上下班,迟到或早退 2 次扣 1 d 工资,具体可根据公司管理情况调整。

③有事须请假。

④严禁消极怠工,一旦发现经批评教育仍不悔改者按扣薪处理,态度恶劣者上报公司做开除处理。

4. 顶班制度

①员工休假(请假)由组长安排人员顶班,组长负责。

②组长休假(请假)由生产线主管顶班,生产线主管负责。

③生产线主管休假(请假)由场长顶班,场长负责。

④各级人员休假必须安排交接工作,保证各项工作顺利开展。

⑤出现特殊情况如外界有疫情需要封场,则不可正常休假,只能安排积休。

(三)会计出纳电脑员岗位制度

①严格执行公司制定的各项财务制度,遵守财务人员守则,把好现金收支手续关,凡未经领导签名批准的一切开支,不予支付。

②严格执行公司制定的现金管理制度,认真掌握库存现金的限额,确保现金绝对安全。

③做到日清月结,及时记账、输入电脑,协助公司会计工作。

④每月定时发放工资。

⑤负责出栏猪、淘汰猪等销售工作,保管员和后勤主管积极配合。

⑥配合后勤主管、生产管理人员物资采购工作。

⑦负责电脑工作,有关数据、报表及时输入电脑,协助生产管理人员的电脑查询工作,优先安排生产技术人员的查询工作。

⑧负责电脑维护与安全,监督和控制电脑的使用,有权限制、禁止与电脑数据管理无关人员进入电脑系统,有责任保障各种生产与财务数据的安全性与保密性。

⑨协助场长、后勤主管做好外来客人的接待工作。

⑩会计出纳电脑员直属场办公室。

(四)水电维修工岗位责任制度

①负责全场水电等维修工作。

②电工带证上岗,必须严格遵照水电安全规定进行安全操作,严禁违规操作。

③经常检查水电设施、设备,发现问题及时维修,及时处理。

④优先解决生产线管理人员提出的安装、维修事宜,保证猪场生产正常运作。

⑤水电维修工的日常工作由后勤主管安排,进入生产线工作听从生产线管理人员指挥。

⑥不按专业要求操作,出现问题自负。

⑦不能及时发现隐患并及时采取措施,出现问题或影响生产,追究其经济责任。

(五)机动车司机岗位责任制度

①遵守交通法规,带证上岗。

②场内用车不准出场,特殊情况须出场请示场长批准。

③爱护车辆,经常检查,有问题及时维修。

④安全驾驶,注意人、车安全。

⑤坚决杜绝酒后开车。

⑥车辆专人驾驶,未经场长批准,不得让他人使用。

⑦不准用车办私事,特殊情况请示场长批准。

⑧车辆必须在指定地点存放。

⑨除了特殊情况,所有猪场机动车都必须在指定地点加油,在指定地点维修。

⑩场内用车由后勤主管、生产主管协调安排,场外用车由场长安排。

(六)保安员门卫岗位责任制度

①负责猪场治安保卫工作,依法护场,确保猪场有一个良好的治安环境。

②服从猪场后勤主管、场长的领导,负责与镇派出所的工作人员联系。

③工作时间不准离场,坚守岗位,除了场内巡逻时间,平时在正门门卫室值班。

④请假须报后勤主管或场长批准。

⑤主要责任范围:

a.禁止社会闲散人员进入猪场。

b.禁止非生产人员进入生产区。

c.禁止村民到猪场附近放牧。

d.禁止场外人员到猪场寻衅滋事。

e.禁止打架斗殴,禁止"黄、赌、毒"。

f.保卫猪场的财产安全,做到"三防"。

g.协助后勤主管、场长调节猪场与当地村民的矛盾。

h.严重问题及时向场部汇报,或请求当地派出所处理。

(七)仓库管理员岗位责任制度

①严格遵守财务人员守则。

②物资进库时要计量、办理验收手续。

③物资出库时要办理出库手续。

④所有物资分门别类地堆放,做到整齐有序、安全、稳固。

⑤每月盘点一次,如账物不符,马上查明原因,分清职责,若失职造成损失追究其责任。

⑥协助出纳员及其他管理人员工作。

⑦协助生产线管理人员做好药物保管、发放工作。

⑧协助猪场做好销售工作。

⑨保管员由后勤主管领导,负责饲料、药物、疫苗的保存发放,听从生产线管理人员技术指导。

（八）食堂管理制度

为方便职工就餐，搞好职工生活，加强食堂管理工作，现将猪场食堂管理制度规定如下：

①食堂实行饭票或饭卡就餐制度，拒收现金。

②职工每人每月伙食费300元（随物价变化），饭票不够者可以找出纳购买或充值。

③临时外来人员必须购买饭票或充卡就餐，拒收现金，客餐记账，月底结算。

④伙食标准（随物价变化）：早餐2元，中餐4元，晚餐4元；临时外来人员就餐早餐4元，中餐8元，晚餐8元。

⑤早餐搭配小菜、稀粥、汤等，午餐、晚餐保持青菜2种、肉类2种，以供就餐人员选择。

⑥食堂将每周菜谱书写在黑板上公布，供员工参考监督。

⑦食堂保持清洁卫生，周围环境及食堂内每周消毒一次，餐具（碗、筷、碟）每餐用完后清洗干净，放在消毒柜消毒，炊事员穿工作服操作。

⑧饭堂工作人员态度和蔼，经常征求职工意见，不断提高伙食质量，不准与就餐人员吵架。

⑨食堂财务公开，互相监督，不准营私舞弊。每月底结算一次伙食费，并交后勤主管、财会或场长审阅，每月底将本月领取伙食费总金额（包括收入）、实际消费金额、结余金额等数据在黑板上公布。买菜和验收由两个人执行：即一人买菜，另一人验收，购买菜单由两个人签字，保存在月底结算。出纳员负责领取、保存、支出伙食费、发放饭票或充卡等事宜。

⑩食堂定编2~4人，设组长主厨一人，日常工作安排由组长负责，有事向后勤主管或场长汇报。

⑪就餐时间安排：

表6-4　就餐时间安排

早餐	6:00—7:00
中餐	11:00—12:00
晚餐	18:00—19:00（夏时制）
	17:30—18:30（冬时制）

（九）消毒更衣房管理制度

①员工上班必须更衣换鞋方可进入生产线。

②上班时，员工换下的衣服、鞋帽等留在消毒房外间衣柜，经沐浴后（种猪场设沐浴区），在消毒房里间穿上工作服、工作靴等上班。

③下班时候，工作服留在里间衣柜，然后在外间穿上自己的衣服鞋帽等回到生活区。

④换衣间必须保持整洁，衣服编号和衣柜编号一一对应，工作服、毛巾折叠整齐，禁止随意乱放，水鞋放在自己的编号柜下。

⑤地面、冲凉房保持清洁干净、整齐有序、无臭味。

⑥工作服、工作靴等不得乱拿乱放,整洁、整齐。

⑦上班员工应该互相检查督促,切实落实消毒房管理措施。

⑧消毒房管理人员负责消毒更衣房的管理工作。

七、每周工作流程

集约化和工厂化的现代规模猪场,其周期性和规律性相当强,生产过程环环相连;因此,全场员工对自己所做的工作内容和特点要非常清晰明了,做到每日工作事事清(表6-5)。

表6-5 每周工作日程表

日期	配种妊娠舍	分娩保育舍	生长育成舍
星期一	日常工作;大清洁大消毒;淘汰猪鉴定	日常工作;大清洁大消毒;临断奶母猪淘汰鉴定	日常工作;大清洁大消毒;淘汰猪鉴定
星期二	日常工作;更换消毒池盆药液;接收断奶母猪;整理空怀母猪	日常工作;更换消毒池盆药液;断奶母猪转出;空栏冲洗消毒	日常工作;更换消毒池盆药液;空栏冲洗消毒
星期三	日常工作;不发情不妊娠猪集中饲养;驱虫、免疫注射	日常工作;驱虫、免疫注射	日常工作;驱虫、免疫注射
星期四	日常工作;大清洁大消毒;调整猪群	日常工作;大清洁大消毒;仔猪去势、僵猪集中饲养	日常工作;大清洁大消毒;调整猪群
星期五	日常工作;更换消毒池盆药液;临产母猪转出	日常工作;更换消毒池盆药液;接收临产母猪;做好分娩准备	日常工作;更换消毒池盆药液;空栏冲洗消毒
星期六	日常工作;空栏冲洗消毒	日常工作;仔猪强弱分群;出生仔猪剪牙、断尾、补铁等	日常工作;出栏猪鉴定
星期日	日常工作;妊娠诊断、复查;设备检查维修;周报表	日常工作;清点仔猪数;设备检查维修;周报表	日常工作;存栏盘点;设备检查维修;周报表

八、猪场存栏猪结构

(一)计算方法

①妊娠母猪数=周配母猪数×15周。

②临产母猪数=周分娩母猪数=单元产栏数。

③哺乳母猪数=周分娩母猪数×3周。

④空怀断奶母猪数=周断奶母猪数+超期未配及妊检空怀母猪数(周断奶母猪数的1/2)。

⑤后备母猪数=成年母猪数×30%÷12个月×4个月。

⑥成年公猪数=周配母猪数×2÷2.5(公猪周使用次数)+1~2头(注:母猪每个发情期按2次本交配种计算)。

⑦仔猪数＝周分娩胎数×4 周×10 头/胎。

⑧保育猪数＝周断奶数×4 周。

⑨中大猪数＝周保育成活数×16 周。

⑩年上市肉猪数＝周分娩胎数×52 周×9.1 头/胎。

(二)万头场标准存栏

万头场标准存栏,见表6-6。

表6-6　万头猪场猪群存栏情况

猪群类别	存栏数量/头
妊娠母猪数	360
临产母猪数	20
哺乳母猪数	60
空怀断奶母猪数	30
后备母猪数	48
成年公猪数	20
后备公猪数	6
仔猪数	800
保育猪	760
中大猪	2 949
合计:5 053 头(其中基础母猪470 头),年上市肉猪数为 9 464 ~ 10 000 头。	

九、各类猪喂料标准

喂料标准见表6-7,肉猪各阶段最佳日增重、采食量、料肉比见表6-8,肉猪耗料标准见表6-9,猪场年饲料用量见表6-10。

表6-7　不同阶段猪群的喂料标准

阶段	饲喂时间	饲料类型	喂料量(kg/头·日)
后备	90 kg ~ 配种	S414	2.3 ~ 2.5
妊娠前期	0 ~ 28 d	S415	1.8 ~ 2.2
妊娠中期	29 ~ 85 d	S415	2.0 ~ 2.5
妊娠后期	86 ~ 107 d	S415	2.8 ~ 3.5
产前 7 d	107 ~ 114 d	S416	3.0
哺乳期	0 ~ 21 d	S416	4.5 以上
空怀期	断奶 ~ 配种	S416	2.5 ~ 3.0
种公猪	配种期	公猪料	2.5 ~ 3.0

阶段	饲喂时间	饲料类型	喂料量（kg/头·日）
乳猪	出生~28 d	S411S	0.18
小猪	29~60 d	S412S	0.50
小猪	60~77 d	S412S	1.10
中猪	78~119 d	S413S	1.90
大猪	120~168 d	S414S	2.25

表6-8　肉猪各阶段最佳日增重、采食量、料肉比

阶段	日增重/g	采食量/g	料肉比
24~36 日龄（6.5~10 kg）	267	334	1.25
37~56 日龄（10~20 kg）	468	766	1.64
57~88 日龄（20~40 kg）	655	1 386	2.11
89~124 日龄（40~70 kg）	741	1 911	2.58
125~158 日龄（70~90 kg）	765	2 555	2.53
24~158 日龄（6.5~90 kg）	653	—	2.39

表6-9　肉猪耗料标准

阶段	日龄	饲养天数/d	体重/kg	料型	每天耗料/kg	阶段耗料/kg	所占比例/%
哺乳期	1~28	28	7	乳猪料	0.1	2	1
保育期	29~49	21	14	仔猪料	0.6	12	5
小猪期	50~79	30	30	小猪料	1.1	33	14
中猪期	80~119	40	60	中猪料	2.0	80	33
大猪期	120~160	41	90	大猪料	2.8	115	47
合计		160	201		6.6	242	100

表6-10　500头母猪规模猪场年饲料用量

猪别	每头耗料量/kg	头数/头	饲料量/kg	所占比例/%
哺乳母猪	250	500	125 000	4.30
空怀母猪	80	500	40 000	1.40
妊娠母猪	620	500	310 000	10.6
哺乳仔猪	2	10 700	21 400	0.70

续表

猪别	每头耗料量/kg	头数/头	饲料量/kg	所占比例/%
保育仔猪	12	10 300	123 600	4.20
小猪	33	10 100	333 300	11.4
中猪	80	10 100	808 000	27.5
大猪	115	10 000	1 150 000	39.2
公猪	900	20	18 000	0.60
后备	240	160	4 800	0.20
合计	2 332	52 880	2 934 100	≈100

喂料注意事项:

①分季节制订饲料配方:夏季由于采食量低,营养浓度要高。

②根据市场制订饲料配方,考虑成本核算。

③制订饲料配方要保证营养全价性。

④制订一个科学的适合于本场的饲料添加剂保健方案。

⑤小猪用颗粒饲料,大猪用粉料最经济。

⑥小中猪料添加3%~5%脂肪可提高日增重和饲料转化率,同时可提高蛋白质的吸收率;夏天哺乳母猪料添加3%~5%脂肪可减少因采食量下降导致的能量供应不足,增加乳汁分泌,提高仔猪断奶重,减少母猪失重,缩短发情间隔。

⑦哺乳母猪每天维持需要2 kg,另外每头小猪加0.3 kg,母猪哺乳期平均采食量5 kg。

十、种猪淘汰原则与更新计划

(一)种猪淘汰原则

1.淘汰原则

①后备母猪超过8月龄不发情。

②断奶母猪两个情期(42 d)以上或2个月不发情。

③母猪连续二次、累计三次妊娠期习惯性流产。

④母猪配种后复发情连续两次以上。

⑤青年母猪第一、二胎活产仔猪窝均7头以下。

⑥经产母猪累计三产次活产仔猪窝均7头以下。

⑦经产母猪连续二产次、累计三产次哺乳仔猪成活率低于60%,以及泌乳能力差、咬仔、经常难产的母猪。

⑧经产母猪7胎次以上且累计胎均活产仔数低于9头。

⑨后备公猪超过10月龄不能使用。

⑩公猪连续两个月精液检查(有问题的每周精检1次)不合格。

⑪后备猪有先天性生殖器官疾病。

⑫发生普通病连续治疗两个疗程而不能康复的种猪。

⑬发生严重传染病的种猪。

⑭其他原因而失去使用价值的种猪。

2.注意事项

①严格遵守淘汰标准。

②分周/月有计划地均衡淘汰。

③现场控制与检定,最好每批断奶猪检定一次。

④保持合理的母猪年龄及胎龄结构。

(二)种猪淘汰计划

①母猪年淘汰率25%~33%,公猪年淘汰率40%~50%。

②后备猪使用前淘汰率:母猪淘汰率10%,公猪淘汰率20%。

(三)后备猪引入计划

①老场:后备猪年引入数=基础成年猪数×年淘汰率÷后备猪合格率。

②新场:后备猪引入数=基础成年猪数÷后备猪合格率,或后备母猪引入数=满负荷生产每周计划配种母猪数×20周。

生产管理要点说明

①品种选择和杂交模式:杜长大、杜大长、PIC配套系、迪卡配套系等;瘦肉型国外良种如长白、大约克、杜洛克、皮特兰、汉普夏等具有体躯长大、生长快速、饲料转化率高、瘦肉率高等优点,最好选用三、四元杂交,发挥遗传优势及杂交优势。

②饲料是养猪的基础,饲料成本占养猪成本70%~80%。饲料主要含五大营养要素,只有科学配方组成的配合饲料,才能使猪只正常发育、生长迅速。优质饲料才能使优良品种的猪生产性能充分表现出来。

③影响养猪效益的因素:管理、市场、品种、营养、防疫等,其中管理应在第一位;在猪病防治上,管理也是在第一位。科学养猪技术,以种、料、养、管、防为五要素。

④管理正规化,生产程序化,办公电脑化是现代养猪的特点。

⑤在所有被采用的管理技术中,排在第一位的可增加利润的策略是早期断奶和全进全出制相结合的方法。

⑥实施全进全出制:以周为生产节律(1万~3万头场以周为生产节律)安排生产;同类猪群按生产节律分成批次从各个相互独立的单元一次性地转入转出;冲洗、消毒、空栏时间1周左右。

⑦生产技术重要参数指标:平均每头母猪年生产2.2窝,提供20头以上肉猪,肉猪达90~100 kg体重的日龄为160 d左右(23周),配种分娩率85%,胎均活产仔数10头,全期成活率90%以上。

⑧以实际存栏成年(基础)母猪数多少来区别猪场规模的大小较为确切;如果准确计算一个猪场的存栏成年母猪数,则应按饲养日计算;考评一个猪场的生产指标如年产胎数、胎均产仔数等,都应在按饲养日计算的平均存栏成年母猪数的基础上进行。

⑨猪场存栏猪结构:国内先进的万头规模猪场基础母猪应少于 500 头,平时总存栏5 000 头左右(其中基础母猪为 470~500 头)。合理的母猪胎龄结构是保证较高生产水平、正常生产的前提。

⑩母猪使用年限 3 年,年淘汰更新率 30% 左右。

⑪控制合理的存栏猪结构,是控制生产的最有效方法。

⑫新场与老场的后备猪计划:新场分批引进后备猪,月龄结构要适合配种计划要求,一般所有后备猪初配完成需要 4.5~5 个月时间,即 20 周(20 周后有断奶猪参加配种)。如万头场每周配 24~25 头,共需合格后备猪约 500 头,购入后备猪约需 550 头(配前淘汰率 10%)。

⑬满负荷均衡生产:以周为单位安排生产、调控生产,保证均衡满负荷生产,其中满负荷均衡配种是关键。老场的成年猪淘汰计划与后备猪的补充计划要有年、月、周均衡计划,成年母猪年淘汰率 30%,万头场每年需补充 150~180 头后备母猪。

⑭一个万头场生产线员工一般应为 16 人,全场员工 20 人左右。

⑮新场每周一次,老场每月一次生产例会及员工培训比较合适,员工培训对提高员工素质及生产效益至关重要。

⑯正规化管理的猪场都有固定的每周生产流程,甚至每天每时做任何工作都是有规律的,用各项制度、操作规程指挥生产。

⑰猪场的报表体系要科学、实用、精简、准确、准时,统计报表的主要目的是分析生产,及时发现问题、解决问题。

参考文献

[1] 杜俊成.养猪与猪病防治[M].南京:江苏教育出版社,2012.

[2] 朱淑斌,宋之波.养猪与猪病防治[M].北京:中国农业出版社,2019.

[3] 郭亮.猪生产学[M].北京:中国林业出版社,2020.

[4] 李清宏.猪生产学[M].北京:中国农业出版社,2021.

[5] 李和国,关红民.养猪生产技术[M].北京:中国农业大学出版社,2014.

[6] 覃能斌,杜宗亮.仔猪科学饲养新技术[M].北京:中国农业出版社,2001.

[7] 杨公社.猪生产学[M].北京:中国农业出版社,2002.

[8] 赵书广.中国养猪大成[M].2版.北京:中国农业出版社,2013.

[9] 张立,刘德旺,李同宽,等.规模化猪场盈利模式:实战派养猪专家经验汇集[M].北京:中国农业出版社,2016.

[10] 周改玲,乔宏兴,支春翔等.养猪与猪病防控关键技术[M].郑州:河南科学技术出版社,2017.

[11] 鄂禄祥,吕丹娜.猪生产[M].2版.北京:化学工业出版社,2023.